JN295337

Web開発者のための
大規模サービス技術入門

データ構造、メモリ、OS、DB、サーバ/インフラ

伊藤直也、田中慎司
［著］

技術評論社

本書記載の内容に基づく運用結果について、著者、ソフトウェアの開発元／提供元、株式会社技術評論社は一切の責任を負いかねますので、あらかじめご了承ください。
本書記載の情報、ソフトウェアに関する記述などは本書原稿執筆時点（2010年4月）、ならびにはてなサマーインターン2009の技術講義が実施された2009年8月時点のものを掲載しております。
本書に登場する会社名、製品名は一般に各社の登録商標または商標です。本書中では、™、©、®マークなどは表示しておりません。

本書について

　自分が作ったWebサービス、将来大きくなってもシステムは大丈夫なんだろうか？ そんな不安を抱きながらWebサービス開発に携わっている方も多いでしょう。あるいは、毎日毎日システムが悲鳴を上げる、どうしたらこの状況を看破できるんだろう？ 成長したWebサービスを前に、困っている技術者の方もいるかもしれません。

　筆者も、まったく同じ経験をしてきました。

　月間1,500万人が訪れる、はてなというサイト。その大規模システムの開発と運用に、筆者らは取り組んでいます。1,000台のホストが、その負荷を捌きます。100万人以上のユーザによってブログやソーシャルブックマークに投稿され続けるデータは日々大きくなっていき、サーバリソースを逼迫させます。ギガバイト、テラバイト単位のデータ量が技術者たちを悩ませます。それでも、トラフィックの波は収まることを知りません。

　かつてまだ、はてなが組織としても未熟だったころ、大規模化するシステムを前に途方に暮れたこともありました。大きなデータに大量のトラフィックが押し寄せサーバがダウンし、サービスは停止。慌てて深夜に駆け付けて再起動。なんとか落ち着いたと思って明け方自宅に戻ると、再びサーバがダウン。そのような事態にも直面しました。

　どうしたらこの怪物、大規模サービスを抑え込むことができるのか。試行錯誤の連続の末、はてなの技術者である我々が手に入れた技術とノウハウ——すなわち大規模サービス技術の地図とコンパス——が本書にはあります。

　本書は、大規模サービスを開発・運用する技術者のための入門書です。成長し続けるWebサービスが、簡単には処理できない規模のデータを抱え込んでしまったとき、それをどう料理するのが正しいのか。自分の書いたコードが、システムをダウンさせないためには何に気をつけたら良いのか。スケーラビリティを考慮してシステムを設計するには、どんなことを押さえておくべきか。それらを解説しています。

　はてなでは、毎年夏に学生向けの就業体験を目的としたインターンシップを開催しています。このインターンシップでは学生に、はてなの実シス

テムの開発に参加してもらっています。開発経験の浅い学生とはいえ社員同等に扱い、大規模システム開発の成功体験を持ち帰ってもらう。それが、はてな流です。その学生たちに開発の前に知っておいてほしいことは何か。我々が遠回りして身につけた、大規模サービス開発と運用の知識そのものでした。

インターンシップ企画を通じて、はてなでは大規模サービス技術の教育方法が体系化されてきました。本書では、このインターンシップでの講義をベースにして、大規模サービス技術を解説することを試みています。

内容は、OSや計算機の動作原理に始まり、DBの分散方法、実践的なアルゴリズムをシステムに組み込む実装、大規模データを料理する検索エンジンのしくみ、そしてシステム全体を見渡すためのインフラ設計の知識。多方面にわたります。

実際に1,500万人のユーザの方々が使っているはてなだから伝えられる、実践的でリアルな技術と現場感。経験の浅い学生を、わずか数日の教育でその大規模サービス開発現場に導く必要から来た知識の体系化。それらをミックスし融合することで、おもしろく飽きずに読め、かつ本質的な知識が得られるような本になるよう努めました。

本書がWebサービス開発に携わるすべてのエンジニアにとっての助けとなり、また道具となることを願います。

2010年6月
㈱はてなCTO　伊藤 直也

本書の構成

本書は、はてなインターンシップ講義内容を収録した講義ベースの回と、書き下ろしの回とで構成されています。本書の細かな構成と執筆担当は以下のとおりです。

なお、本書では負荷の観点からOSレベルの基礎知識が必要な部分が出てきます。その補足情報として、書籍『サーバ/インフラを支える技術』(伊藤直也/勝見祐己/田中慎司/ひろせまさあき/安井真伸/横川和哉著技術評論社、2008)の4章「性能向上、チューニング」から一部ダイジェストで本書コラムコーナーに収録しました(p.33、p.41、p.47、p.63、p.71)。興味のある方はぜひご参照ください。

回			執筆担当
第1回	大規模Webサービスの開発オリエンテーション 全体像を把握する	[書き下ろし]	㈱はてな 伊藤 直也 (id:naoya)
第2回	大規模データ処理入門 メモリとディスク、Webアプリケーションと負荷	[講義ベース]	
第3回	OSのキャッシュと分散 大きなデータを効率良く扱うしくみ	[講義ベース]	
第4回	DBのスケールアウト戦略 分散を考慮したMySQLの運用	[講義ベース]	
第5回	大規模データ処理[実践]入門 アプリケーション開発の勘所	[講義ベース]	
第6回	[課題]圧縮プログラミング データサイズ、I/O高速化との関係を意識する	[講義ベース]	
第7回	アルゴリズムの実用化 身近な例で見る理論・研究の実践投入	[書き下ろし]	
第8回	[課題]はてなキーワードリンクの実装 応用への道筋を知る	[書き下ろし]	
第9回	全文検索技術に挑戦 大規模データ処理のノウハウ満載	[講義ベース]	㈱はてな 田中 慎司 (id:stanaka)
第10回	[課題]全文検索エンジンの作成 基本部分、作り込み、速度と精度の追求	[講義ベース]	
第11回	大規模データ処理を支えるサーバ/インフラ入門 Webサービスのバックエンド	[講義ベース]	
第12回	スケーラビリティの確保に必要な考え方 規模の増大とシステムの拡張	[講義ベース]	
第13回	冗長性の確保、システムの安定化 ほぼ100%の稼動率を実現するしくみ	[講義ベース]	
第14回	効率向上作戦 ハードウェアのリソースの使用率を上げる	[講義ベース]	
第15回	Webサービスとネットワーク サービスの成長	[講義ベース]	
特別編	いまどきのWebサービス構築に求められる実践技術 大規模サービスに対応するために	[書き下ろし]	

●協力(第9回、第10回):㈱はてな　倉井 龍太郎(id:kurain)

※本書Webサポートページのご案内

本書Webサポートページでは、サンプルコードのダウンロード提供のほか、はてなインターンシップのレポート記事(初出『WEB+DB PRESS』(Vol.53)の「Special Report」)などのスペシャルコンテンツを掲載しています。実際の講義風景やカリキュラム、エンジニア向け講義期間の一日のタイムスケジュールなどの紹介がありますので、興味のある方はぜひご参照ください。

URL http://gihyo.jp/magazine/wdpress/plus　※スペシャルコンテンツ
URL http://gihyo.jp/book/2010/978-4-7741-4307-1/support　※サンプルコードなど

※本書の公式タグ:hugedatabook
　(はてなブックマーク、Twitterなどで、ぜひご使用ください)

[Web開発者のための]
大規模サービス技術入門 データ構造、メモリ、OS、DB、サーバ/インフラ ●目次

本書について iii
本書の構成 v
目次 vi

講義 1

第1回
大規模Webサービスの開発オリエンテーション
全体像を把握する 002

Lesson 0
本書の源 ——本書で説明すること、しないこと 003
- 大規模サービスの開発に携わる ——大学生向けのはてなインターンシップ 003
- 本書で説明すること 003
- 本書で説明しないこと 005
- これから大規模サービスと向き合うみなさんへ 005

Lesson 1
大規模なサービスと小規模なサービス 006
- はてなのサービス規模 006
- はてなは大規模、GoogleやFacebookは超大規模 008
- 小規模サービスと大規模サービスの違い 009
  - スケーラビリティ確保、負荷分散の必要 009
  - 冗長性の確保 010
  - 省力運用の必要 010
  - 開発人数、開発方法の変化 011
- 大規模データ量への対処 011

Lesson 2
成長し続けるサービスと、大規模化の壁 013
- Webサービスならではの難しさ 013
- はてなが成長するまで 013
  - 試行錯誤のシステム規模拡張 015
  - データセンターへの移設、システムの刷新 015
- システムの成長戦略 ——ミニマムスタート、変化を見込んだ管理と設計 017

Lesson 3
サービス開発の現場 018

- はてなの技術チーム体制 018
- はてなでのコミュニケーションの仕方 019
- サービス開発の実際 019
- 開発に使うツール 021
  - プログラミング言語──Perl、C/C++、JavaScriptなど 021
  - おもなミドルウェア──ミドルウェア/フレームワークも統一 021
  - Webアプリケーションフレームワーク──自社開発のRidge 022
  - 手元のマシンのOSやエディタ──基本的に自由 022
  - バージョン管理はgit、BTSは独自開発の「あしか」 023
  - 開発ツールに関して 023
- まとめ 023

第2回
大規模データ処理入門
メモリとディスク、Webアプリケーションと負荷 024

Lesson 4
はてなブックマークのデータ規模──データが大きいと処理に時間がかかる 025
- はてなブックマークを例に見る大規模データ 025
- はてなブックマークのデータ規模 025
- 大規模データへのクエリ──大規模データを扱う感覚 026
- Column 日々起こる未知の問題──試行錯誤しながら、ノウハウを蓄積する 027

Lesson 5
大規模データ処理の難所──メモリとディスク 028
- 大規模データは何が難しいのか──メモリ内で計算できない 028
- メモリとディスクの速度差──メモリは10^5〜10^6倍以上高速 028
- ディスクはなぜ遅いのか──メモリとディスク 029
  - 探索速度に影響を与えるさまざまな要因 030
- OSレベルの工夫 031
- 転送速度、バスの速度差 031
- Column Linux単一ホストの負荷
  〜『サーバ/インフラを支える技術』ダイジェスト(OSレベルの基礎知識:その1)〜 033

Lesson 6
スケーリングの要所 037
- スケーリング、スケーラビリティ 037
- スケーリングの要所──CPU負荷とI/O負荷 038
- Webアプリケーションと負荷の関係 038
- DBのスケーラビリティ確保は難しい 039

> **Column** 二種類の負荷とWebアプリケーション
> 〜『サーバ/インフラを支える技術』ダイジェスト(OSレベルの基礎知識:その2)〜 041

Lesson 7
大規模データを扱うための基礎知識 044
- プログラマのための大規模データの基礎 044
- 大規模データを扱う三つの勘所 ── プログラムを作るうえでのコツ 044
- 大規模データを扱う前に。三大前提知識 ── プログラム開発のさらに下の基礎 045
- **Column** ロードアベレージの次は、CPU使用率とI/O待ち率
  〜『サーバ/インフラを支える技術』ダイジェスト(OSレベルの基礎知識:その3)〜 047

第3回
OSのキャッシュと分散
大きなデータを効率良く扱うしくみ 050

Lesson 8
OSのキャッシュ機構 051
- OSのキャッシュ機構を知ってアプリケーションを書く ── ページキャッシュ 051
  - Linux(x86)のページング機構を例に 051
- 仮想メモリ機構 052
- Linuxのページキャッシュのしくみ 054
  - ページキャッシュの身近な効果 055
- VFS 056
- Linuxはページ単位でディスクをキャッシュ 057
  - LRU 058
  - (補足) どのようにキャッシュされるか ── iノードとオフセット 058
- メモリが空いていればキャッシュ ── sarで確認してみる 059
- メモリを増やすことでI/O負荷軽減 060
- ページキャッシュは透過的に作用する 061
- **Column** sarコマンドでOSが報告する各種指標を参照する
  〜『サーバ/インフラを支える技術』ダイジェスト(OSレベルの基礎知識:その4)〜 063

Lesson 9
I/O負荷の軽減策 067
- キャッシュを前提にしたI/O軽減策 067
- 複数サーバにスケールさせる ── キャッシュしきれない規模になったら 068
- 単に台数を増やしてもスケーラビリティの確保はできない 069
- **Column** I/O負荷軽減とページキャッシュ
  〜『サーバ/インフラを支える技術』ダイジェスト(OSレベルの基礎知識:最終回)〜 071

Lesson 10
局所性を活かす分散 074
- 局所性を考慮した分散とは? 074
- パーティショニング ──局所性を考慮した分散❶ 075
- リクエストパターンで「島」に分割 ──局所性を考慮した分散❷ ... 078
- ページキャッシュを考慮した運用の基本ルール 079
- **Column** 負荷分散とOSの動作原理 ──長く役立つ基礎知識 081

第4回
DBのスケールアウト戦略
分散を考慮したMySQLの運用 082

Lesson 11
インデックスを正しく運用する ──分散を考慮したMySQL運用の大前提 083
- 分散を考慮したMySQL運用、3つのポイント 083
- ❶OSのキャッシュを活かす 083
  - [補足]正規化 084
- インデックス重要 ──B木 086
  - 二分木とB木を比べてみる 087
  - MySQLでインデックスを作る 089
- インデックスの効果 089
  - インデックスの効果の例 090
  - [補足]インデックスの作用 ──MySQLの癖 091
- インデックスが効くかどうかの確認法 ──explainコマンド ... 092
  - explainコマンドで速度に気を付ける 093
- **Column** インデックスの付け忘れ ──見つけやすいしくみでカバー ... 094

Lesson 12
MySQLの分散 ──スケーリング前提のシステム設計 095
- MySQLのレプリケーション機能 095
- マスタ/スレーブの特徴 ──参照系はスケールする、更新系はスケールしない ... 096
  - 更新/書き込みをスケールさせたい ──テーブル分割、key-valueストア ... 097

Lesson 13
MySQLのスケールアウトとパーティショニング 099
- MySQLのスケールアウト戦略 099
- パーティショニング(テーブル分割)にまつわる補足 099
- パーティショニングを前提にした設計 099
- JOINを排除 ──where ... in ...を利用 102
  - DBIx::MoCo 103

パーティショニングのトレードオフ 103
　運用が複雑になる 103
　故障率が上がる 104
　冗長化に必要なサーバ台数は何台? 104
　アプリケーションの用途とサーバ台数 106
　サーバ台数と故障率 106
第2回〜第4回の小まとめ 107

第5回
大規模データ処理［実践］入門
アプリケーション開発の勘所 108

Lesson 14
用途特化型インデキシング ──大規模データを捌く 109

インデックスとシステム構成 ──RDBMSの限界が見えたとき 109
　RPC、Web API 109
用途特化型のインデクシング ──チューニングしたデータ構造を使う 111
　［例］はてなキーワードによるリンク 111
　［例］はてなブックマークのテキスト分類器 113
　全文検索エンジン 114

Lesson 15
理論と実践の両側から取り組む 115

求められる技術的な要件を見極める 115
　大規模なWebアプリケーションにおける理論と実践 115
　計算機の問題として、道筋をどう発見するか 116
第2回〜第5回の小まとめ 117

第6回
［課題］圧縮プログラミング
データサイズ、I/O高速化との関係を意識する 118

Lesson 16
［課題］整数データをコンパクトに持つ 119

整数データをコンパクトに持つ 119
出題意図 ──この課題を解けると何がいいの? 119
課題で扱うファイルの中身 121

Lesson 17
VB Codeと速度感覚 122

VB Code ──整数データをコンパクトに保持しよう 122

VB Codeの擬似コード 123
アルゴリズム実装の練習 125
ソート済み整数を「ギャップ」で持つ 126
（補足❶）圧縮の基礎 126
（補足❷）対象が整数の場合――背景にある理論 127

Lesson 18
課題の詳細と回答例 129
課題の詳細 129
評価基準 130
（参考❶）pack( )関数――Perl内部のデータ構造をバイナリで吐き出す 131
今回の課題におけるpackの使いどころ 132
（参考❷）バイナリのread/write 133
（参考❸）プロファイリング 135
回答例と考え方 136
プログラム本体 138

第7回
アルゴリズムの実用化
身近な例で見る理論・研究の実践投入 142

Lesson 19
アルゴリズムと評価 143
データの規模と計算量の違い 143
第7回、二つの目的 144
アルゴリズムとは? 144
狭義のアルゴリズム、広義のアルゴリズム 145
アルゴリズムを学ぶ意義――計算機の資源は有限、エンジニアの共通言語 145
アルゴリズムの評価――オーダー表記 146
各種アルゴリズムのオーダー表記 147
ティッシュを何回折りたためるか?――$O(\log n)$と$O(n)$の違い 148
アルゴリズムにおける指数的、対数的な感覚 149
アルゴリズムとデータ構造――切っても切れない関係!? 149
計算量と定数項――やはり計測が重要 150
実装にあたって気を付けたい最適化の話 151
アルゴリズム活用の実際のところ――ナイーブがベターなことも? 151
はてなブックマークFirefox拡張の検索機能における試行錯誤 152
ここから、学んだこと 153
サードパーティの実装を上手に活用しよう――CPANなど 153
実例を見て、実感を深める 155
Column データ圧縮と速度――全体のスループットを上げるという考え方 155

Lesson 20
はてなダイアリーのキーワードリンク 156
- キーワードリンクとは? 156
- 当初の実装 156
- 問題発生! ──キーワード辞書が大規模化してくる 157
- パターンマッチによるキーワードリンクの問題点 158
- 正規表現➡Trie ──マッチングの実装切り替え 158
  - Trie入門 159
  - Trie構造とパターンマッチ 160
- AC法 ──Trieによるマッチングをさらに高速化 160
- Regexp::Listへの置き換え 162
- キーワードリンク実装、変遷と考察 163

Lesson 21
はてなブックマークの記事カテゴライズ 164
- 記事カテゴライズとは? 164
  - ベイジアンフィルタによるカテゴリ判定 164
- 機械学習と大規模データ 165
  - はてなブックマークの関連エントリー 165
- 大規模データとWebサービス ──The Google Way of Science 166
- ベイジアンフィルタのしくみ 167
  - ナイーブベイズにおけるカテゴリの推定 167
  - 楽々カテゴリ推定の実現 169
- アルゴリズムが実用化されるまで ──はてなブックマークでの実例 170
  - 実務面で考慮すべき点はそれなりに多い 170
- 守りの姿勢、攻めの姿勢 ──記事カテゴライズ実装からの考察 171
  - 既存の手法を引き出しに入れておく 171
- Column スペルミス修正機能の作り方 ──はてなブックマークの検索機能 172

第8回
[課題]はてなキーワードリンクの実装
応用への道筋を知る 176

Lesson 22
[課題]はてなキーワードリンクを作る 177
- AC法を使って、はてなキーワードリンクを作る 177
  - サンプルプログラム 177
  - AC法の実装の仕方 178
  - 実際の課題 179
  - 出題意図 179

テストを書こう 180
Column アルゴリズムコンテスト ── Sphere Online Judge、TopCorderなど 181

Lesson 23
回答例と考え方 182
回答例 182

第9回
全文検索技術に挑戦
大規模データ処理のノウハウ満載 184

Lesson 24
全文検索技術の応用範囲 185
はてなのデータで検索エンジンを作る 185
はてなダイアリーの全文検索 ── 検索サービス以外に検索システム 185
　以前はRDBで処理していた 186
はてなブックマークの全文検索 ── 細かな要求を満たすシステム 187

Lesson 25
検索システムのアーキテクチャ 190
検索システムができるまで 190
　今回の解説対象 191
検索エンジンいろいろ 191
全文検索の種類 193
　grep型 194
　Suffix型 195
　転置インデックス型 196

Lesson 26
検索エンジンの内部構造 198
転置インデックスの構造 ── Dictionary+Postings 198
Dictionaryの作り方 ── 転置インデックスの作り方1 200
　言語の単語をtermにする2つの方法 200
　❶辞書とAC法を使う方法 201
　❷形態素解析を使う方法（形態素を単語とみなしtermにする） 201
　検索漏れ 203
　n-gramをtermとして扱う 204
　クエリも同じルールで分割する 205
　n-gram分割の問題とフィルタリング 206
　再現率（Recall）と適合率（Precision） 207
　検索システムの評価と再現率/適合率 209

ここまでの小まとめ 210
Postingsの作り方 ──転置インデックスの作り方2 211
　　　今回は出現位置を保持しない、文書IDのみを保持するタイプ 212
スコアリングについて補足 213
参考文献 214

第10回
[課題]全文検索エンジンの作成
基本部分、作り込み、速度と精度の追求 216

Lesson 27
[課題]はてなブックマーク全文検索を作る 217
全文検索エンジンの開発 217
課題内容 217
　　　課題が解けると何がいいの? 218
サンプルデータの形式とデータサイズ 218
辞書の構成 ──Dictionary、Postings 219
インタフェース 220
基本部分＋作り込み 220
速度と精度で勝負 221

Lesson 28
回答例と考え方 223
回答例 223
indexer.plの実装 223
searcerh.plの実装 225
改善できるところは? 227
　　　Column　Twitterのスケールアウト戦略 ──基本戦略とサービスの特徴に合わせた戦略 ... 229

第11回
大規模データ処理を支えるサーバ/インフラ入門
Webサービスのバックエンド 230

Lesson 29
エンタープライズ vs. Webサービス 231
エンタープライズ vs. Webサービス ──応用範囲に見る違い 231
　　　Webサービスの特徴 ──エンタープライズとの比較 231
Webサービスのインフラ ──重視される3つのポイント 233

Lesson 30
クラウドvs.自前インフラ 235
- クラウドコンピューティング 235
- クラウドのメリット、デメリット 235
- はてなでのクラウドサービスの使用 236
- 自前インフラのメリット 237
- 自前インフラと垂直統合モデル 239
- はてなのサービス規模 240
- はてなブックマークのシステム構成図 240

第12回
スケーラビリティの確保に必要な考え方
規模の増大とシステムの拡張 242

Lesson 31
レイヤとスケーラビリティ 243
- スケーラビリティへの要求 ── サーバ1台で捌けるトラフィックの限界 243
- レイヤごとのスケーラビリティ 244

Lesson 32
負荷の把握、チューニング 245
- 負荷の把握 ── 可視化した管理画面 245
- 負荷を測るための項目 ── ロードアベレージ、メモリ関連、CPU関連 247
- 用途ごとに合わせたチューニング ── ユーザ用のサーバ、ボット用のサーバ 247
- APサーバ/DBサーバのチューニングポリシーと、サーバ台数 249
- サービスの規模とチューニング 250
- スケーラビリティの確保 251

第13回
冗長性の確保、システムの安定化
ほぼ100％の稼動率を実現するしくみ 252

Lesson 33
冗長性の確保 253
- 冗長性の確保 ── APサーバ 253
- 冗長性の確保 ── DBサーバ 254
  - マルチマスタ 255
- 冗長性の確保 ── ストレージサーバ 257

Lesson 34
システムの安定化 261
- システムを安定させるためのトレードオフ 261
- システムの不安定要因 262
  - ❶機能追加、❷メモリリーク 262
  - ❸地雷 263
  - ❹ユーザのアクセスパターン 264
  - ❺データ量の増加 264
  - ❻外部連携の追加 265
  - ❼メモリ・HDD障害、❽NIC障害 266

Lesson 35
システムの安定化対策 267
- 実際の安定化対策 ── 適切なバッファの維持と、不安定要因の除去 267
  - 異常動作時の自律制御 267

第14回
効率向上作戦
ハードウェアのリソースの使用率を上げる 270

Lesson 36
仮想化技術 271
- 仮想化技術の導入 271
- 仮想化技術の効用 272
- 仮想化サーバの構築ポリシー 273
  - 仮想化サーバ ── Webサーバ 274
  - 仮想化サーバ ── DBサーバ 274
- 仮想化によって得られたメリットの小まとめ 275
- 仮想化と運用 ── サーバ管理ツールで仮想化のメリットを運用上活かす 276
- 仮想化の注意点 277

Lesson 37
ハードウェアと効率向上 ── 低コストを実現する要素技術 280
- プロセッサの性能向上 280
- メモリ、HDDのコスト低下 281
  - メモリ・HDDの価格の推移 281
- 安価なハードの有効利用 ── 仮想化を前提としたハードウェアの使用 282
- SSD 284
- **Column** SSDの寿命 ── 消耗度合いの指標に注目! 287

第15回
Webサービスとネットワーク
ネットワークで見えてくるサービスの成長 288

Lesson 38
ネットワークの分岐点 289

- サービスの成長とネットワークの分岐点 289
- 1Gbpsの限界――PCルータの限界 289
- 500ホストの限界――1サブネット、ARPテーブル周りでの限界 290
- ネットワーク構造の階層化 291
- グローバル化 292
  - CDNの選択肢 293
  - Amazon Cloudfront 294

Lesson 39
さらなる上限へ 295

- 10Gbps超えの世界 295
- はてなのインフラ――第11回〜第15回のまとめ 296

特別編
いまどきのWebサービス構築に求められる実践技術
大規模サービスに対応するために 298

Special Lesson 1
ジョブキューシステム――TheSchwartz、Gearman 299

- Webサービスとリクエスト 299
- ジョブキューシステム入門 299
- はてなでのジョブキューシステム 300
  - TheSchwartz 301
  - Gearman 301
  - WorkerManagerによるワーカーの管理 301
- ログからの分析 302

Special Lesson 2
ストレージの選択――RDBMSかkey-valueストアか 303

- 増大するデータをどう保存するか 303
  - Webアプリケーションとストレージ 303
  - 適切なストレージ選択の難しさ 303
- ストレージ選択の前提となる条件 304
- ストレージの種類 305

RDBMS ... 305
- MySQL ... 306
- MyISAM ... 306
- InnoDB ... 307
- Mariaなど ... 307
- MyISAM vs. InnoDB ... 307

分散key-valueストア ... 308
- memcached ... 309
- TokyoTyrant ... 310

分散ファイルシステム ... 310
- MogileFS ... 310

その他のストレージ ... 312
- NFS系分散ファイルシステム ... 312
- WebDAVサーバ ... 312
- DRBD ... 313
- HDFS ... 313

ストレージの選択戦略 ... 314

Special Lesson 3
キャッシュシステム —— Squid、Varnish ... 315

Webアプリケーションの負荷とプロキシ/キャッシュシステム ... 315
- リバースプロキシキャッシュサーバ ... 316

Squid —— 基本的な構成 ... 317
- 複数台で分散する ... 318
- 二段構成のキャッシュサーバ —— CARPでスケールさせる ... 318
- COSSサイズの決定方法 ... 319
- 投入時の注意 ... 320

Varnish ... 321

Special Lesson 4
計算クラスタ —— Hadoop ... 323

大量ログデータの並列処理 ... 323
MapReduceの計算モデル ... 323
Hadoop ... 325

索引 ... 327

Web開発者のための
大規模サービス技術入門
データ構造、メモリ、OS、DB、サーバ/インフラ

講義

第1回
大規模Webサービスの開発オリエンテーション
全体像を把握する

書き下ろし　伊藤 直也

大規模Webサービスへの招待
大きなデータを処理する世界

　大規模Webサービスの世界へようこそ！ 本書の目的は、読者のみなさんが大規模データを持ったWebサービスを開発する時の基本方針と全体像——地図とコンパス——を手に入れるまでを導くことにあります。そのために、月間ユニークユーザ数1,500万を超える㈱はてな（http://www.hatena.ne.jp/）のWebサービス開発を題材に、大規模なWebサービスを運営するにあたっての基礎知識やノウハウを解説します。

　大規模なWebサービスとは、つまるところ巨大なデータを処理しなければならないWebサービスです。本書では、大きなデータを処理するための手法に軸を置いて、それにまつわる技術的な話題を取り上げます。実際に稼働しているブログサービス「はてなダイアリー」（http://d.hatena.ne.jp/）や国内最大のソーシャルブックマーク「はてなブックマーク」（http://b.hatena.ne.jp/）などの具体例を元に、解説を進めていくことにしましょう。

　第1回ではまず、本書のテーマである「大規模」の全体像をイメージできるようになることを目指します。大規模サービスにおける開発の導入として後続の回の解説内容を交えながら、大規模サービスの規模感、大規模データを扱う難所、開発の様子など取り上げていくことにしましょう。

> **memo**
> **大規模データを持つWebサービスの開発における基本方針と全体像**
> - 本書の源（➡Lesson 0）
> - 小規模なサービスと大規模なサービス（➡Lesson 1）
> - 成長し続けるサービスと、大規模化の壁（➡Lesson 2）
> - サービス開発の現場（➡Lesson 3）

Lesson 0
本書の源
本書で説明すること、しないこと

大規模サービスの開発に携わる──大学生向けのはてなインターンシップ

　本書の元になっているのは、はてなで行っているサマーインターンシップの講義内容です。はてなでは例年、大学生の就業体験提供を目的としたインターンシップを開催しています。

　このインターンシップでは、学生は最終的に、実際に動いているはてなの大規模サービスの開発に携わることになります。ユーザが利用している大規模サービスに変更を加えるにあたって規模を考慮しない中途半端な実装を放り込むことは、容易にシステム停止を招く原因となり得ます。そのため、はてなでは2週間、経験豊富な先輩社員による講義を実施し、学生にみっちりと大規模データ処理の勘所を教えます。この講義内容が、本書の源です。実際、いくつかの章は講義そのものを書き起こした内容となっています。対話形式の講義ならではの「実際のところどうなの」という、いわゆる"ぶっちゃけた話"をたくさん盛り込みました。

　講義にあたっては、毎日講義の終わりに学生に課題を出して理解度をテストするのがはてな流です。本書でも、講義を元にした章では実際に出題している課題、また回答を説明することで理解が深まるように構成しました。

本書で説明すること

　テーマは大規模サービス/大規模データ、ベースはインターンシップの講義、と一風変わった本書で、おもに解説するのは以下のような事柄です。

- 大規模なWebサービスの開発とは？
- 大規模データを扱うにあたっての課題、扱うための基本的な考え方とコツ。たとえばOSのキャッシュ (*cache*) の機構や大規模データ前提のDB運用方法
- アルゴリズムやデータ構造の選択の重要さ。大規模データを例に考える
- RDBMS (*Relational DataBase Management System*) で扱い切れなくなった規模のデータ処理の方法。その例として全文検索エンジンの作り方

第1回 大規模Webサービスの開発オリエンテーション──全体像を把握する

● 大規模サービスになることを前提としたサーバ/インフラシステムの例と概論

　大規模データ処理のために解説しなければならない事柄は多岐にわたるため、たとえばミドルウェアの設定方法やプログラミング言語のシンタックスなど細かなところまで説明していては日が暮れてしまいます。そこで、ソフトウェアの使い方などマニュアル的なことは解説せず、大規模サービス、大規模データを前にした場合の基本的な考え方や概念、概要に絞って説明を行います。大規模データ処理に限らず、技術の習得で大切なのはハウツー習得ではなく、下地となる全体像の把握です。

　本書では、第2回～第15回の講義にわたってこの類の話をまとめていきます。おもに第2回～第5回、第6回～第10回、第11回～第15回、三つのパートから成ります。

　第2回～第5回は、データが大きいときにどうしなければいけないか、スケーラビリティに問題があるコードができてシステムが止まってしまう、それをしないために基本的にどう考えたらいいか、という話が主題になります。おもに、大規模データを扱うアプリケーション開発に必要となる知識編という位置付けです。具体的には、はてなのサービス設計に見る「大規模データの扱い方」。第2回は、そもそも大規模なデータとはどのくらいかという話、それから第3回では大規模データ処理の下地であるOSのキャッシュの話を少しします。また、はてなではMySQLをたくさん使用してます。第4回では、それを大規模な環境で運用するときにはどういうところに気を付けなければならないか。第5回では大規模なデータを用いてアプリケーションを開発するときの勘所を説明します。

　第6回～第10回は、もう少し具体的にプログラミング、つまりは実装寄りのパートになります。第6回では手始めにデータ圧縮技法の概要を学んで、データをコンパクトに持つ意味や、速度感覚を明らかにしていきます。第7回以降はもう少しアプリケーション寄りのアルゴリズムの話をします。第7回では、はてなの各種機能のうちアルゴリズム的な要素が必要なものが、どのように実装されているかの概論。第8回は、はてなキーワードの実装を見ながらより具体的な実装に踏み込みます。第9回と第10回では、全文検索エンジンを実際に開発することで、RDBMSで扱えない規模のデ

ータをどう料理するかについて見ていきましょう。

第11回〜第15回は、はてなのインフラの構成などを扱い、オープンソース中心の大規模な環境でスケーラビリティを出すためにインフラはどのようになっているかを見ていきます。インフラの構成は、プログラムを書くときにもそのシステム構造がアプリケーション設計のヒントになるので、スケーラビリティを知る一環としてしっかり学んでおくと良いでしょう。

本書で説明しないこと

よって、以下のような事柄は解説しません。

- Webアプリケーション開発の基本的なハウツー。MVCフレームワークやORマッパの使い方など
- 各種ソフトウェアの使い方。Apache、MySQLの設定方法やコマンドなど
- PerlやC++のシンタックスや技法などプログラミング言語の解説、ノウハウ
- 基本的なアルゴリズムやデータ構造(たとえばソート、探索、リスト、ハッシュなど)の細かな解説

光栄なことに、はてなはコンシューマ向けWebサービスを運営する会社として一定の評価をいただいていますが、「Webアプリケーションの企画の仕方」といった、技術以外のテーマについては本書では取り上げません。

以上のような事項の説明は行いませんが、そのエキスパートであることを暗に求めることもしません。そもそも、企業でのWebサービス開発経験ゼロの学生向け講義を元にしています。趣味でもWebアプリケーション開発経験が多少あれば、無理なく読み進められるような構成になっています。

これから大規模サービスと向き合うみなさんへ

「自分が携わるWebサービスの規模が将来成長していったならどうしたらいいのだろう…」Webサービス開発者は、誰もがそんな不安を一度は抱くはず。あるいは、すでに大きくなったWebサービスを前に奮闘を繰り広げている方もいるかもしれません。本書がそんなみなさんの不安を取り除き、自信を与え、また大規模サービス運用の助けになることを願います。

第1回 大規模Webサービスの開発オリエンテーション —— 全体像を把握する

Lesson 1
大規模なサービスと小規模なサービス

はてなのサービス規模

　さっそく、大規模データ攻略、大規模サービス運用の実際を見ていくとしましょう！　ここまで「大規模、大規模」と言ってきましたが、具体的にどのくらいが「大規模」なのかというのをイメージできるよう、実際のはてなのサービス規模を見てみましょう。

　本書のベースになっている2009年サマーインターンシップ講義時点でのはてなのサービスは、大体次のような数字でした[注1]。参考までに図1.1が実際のサーバやデータが置かれるデータセンターの様子です。

- 登録ユーザは100万人以上、1,500万UU（ユニークユーザ）/月
- 数十億アクセス/月（画像などへのアクセスを除く）
- ピーク時の回線トラフィック量は430Mbps
- ハードウェア（サーバ）は500台以上

　100万人以上のユーザの方々がブログを書いたり、ブックマークを投稿したりしていて、1ヵ月に1,500万人以上が訪れています。この訪問者数によって、月に数十億アクセスが発生します。このくらいのアクセスになると、1日あたりのアクセスログは基本的にギガバイト（*gigabytes*）の大きさになってきますし、DBサーバが抱えるデータ規模も大体はギガバイトレベル、大きなところではテラバイト（*terabyte*）くらいになってきます。

　そのアクセス、データを処理するサーバは当然1台というわけにはいかず、500台にもなります。サーバが500台となると、サーバを格納するラックは20ラック以上を使います。20ラックあると、サーバの移動に台車が必要になってきて、なかなか体力を必要とする作業になってきます。

　500台というのはあくまでハードウェアの台数で、実際には本書後半で

注1　ここで紹介したのはあくまでインターン講義時点（2009年8月）の数字です。2010年4月の原稿執筆時点で、その後のサービスのヒットもあり数字はさらに伸びてもう少し大きな規模になっています（後述しますが、たとえばハードウェアは600台、仮想化して1,200台といった具合に伸びています）。

解説する仮想化技術により1台のサーバ内で複数ホストが稼働しています。結果として、ホスト数は1,000台を超えます。1,000台にもなると、どのサーバがどういう役割をしているだとか、はてなダイアリーで何台、はてなブックマークで何台といったホスト情報の把握は、記憶力だけでは困難で、ホスト情報を管理するためのツールなどが必要になってきます。

ピーク時の回線トラフィックは430Mbps。はてなのサービスはテキストを主体としているため、YouTubeやニコニコ動画のような動画配信をメインにしたサービスに比べるとトラフィックはだいぶ少なめではありますが、逆に、テキストの配信が中心でこの量のトラフィックが流れるとなると、その流通量は結構なものです。

以上が、はてなの規模です。なんとなくイメージが沸いてきたでしょうか。

●図1.1　データセンターの風景

はてなは大規模、GoogleやFacebookは超大規模

　周りのサイトとも比較してみるとしましょう。

　はてなは、各種インターネットのトラフィック調査などで、大体国内で上位20位以内には常にランクインするサイトです。Webサイトの統計情報を公開しているAlexaの国内トップサイトランキング[注2]では1位はYahoo! JAPAN、その後にGoogle、ブログサービスなどを展開するFC2などが続きます。20位に入って来るのは、YouTube、楽天、mixi、Twitter、ニコニコ動画、2ちゃんねる...などのメジャーサイトたちです。

　はてなと同程度か、はてなの数倍程度のトラフィックのサイトの規模感はおそらくそこまではてなと変わらないことでしょう。サービスの規模はサーバ台数などでざっくりと把握されることが多いですが、その観点でいくと、百台から数千台。このあたりが大規模サービスと言えるでしょう。

　Googleや、海外で人気のSNSで最近Googleのトラフィックを抜いたとニュースになったFacebookなど世界のトップクラスサイトは、サーバ台数は数百万台規模、扱うデータはテラバイト～ペタバイト（petabytes）級という、超大規模サービスです。Facebookのデータセンター内では、スタッフは作業のためデータセンター内で自転車やスクーターに乗って移動するとのことです[注3]。移動手段は冗談のような本当の話ですが、技術的にも運用的にも超大規模になるとまた違った苦労があることは容易に想像できます。Googleの規模感についてより詳しく知りたい方は『Googleを支える技術――巨大システムの内側の世界』（西田圭介著、技術評論社、2008）なども参考にしてみてください。

　なお、国内では、モバイルサイトにも大規模～超大規模のサイトが散見されることも覚えておいて損はないでしょう。代表的なのは、ここ数年で急激に成長したソーシャルゲームサイトのGREEやモバゲータウンなどです。これらも、サーバ台数が数千以上ある巨大なサービスとなっています。

注2　URL http://www.alexa.com/topsites/countries/JP
注3　「Facebook on bandwidth」URL http://link.brightcove.com/services/player/bcpid1701276884?bclid=1622640422&bctid=40363249001、「3億のユーザーを抱えるFacebookのデータセンター。移動は自転車、希望は100Gbイーサネット」URL http://www.publickey1.jp/blog/09/3facebook100gb.html

小規模サービスと大規模サービスの違い

サーバ数台程度の小規模なサービスにはない、大規模サービスならではの課題や苦労にはどのようなものがあるでしょうか。

スケーラビリティ確保、負荷分散の必要

真っ先に思いつくのは、スケーラビリティと負荷分散でしょう。

大量のアクセスがあるサービスでは、サーバ1台では処理しきれない負荷をどう処理するかが一番の問題です。ここ10年のトレンドとしてはいわゆる「スケールアウト」がこの問題に対する戦略の基礎になります。スケールアウトは、サーバを横展開、つまりサーバの役割分担を行ったり、台数を増やしたりすることでシステム全体トータルでの処理能力を上げて負荷を分散する手法です。一方のスケールアップは、ハードウェアの性能を上げるなどして処理能力を稼ぐ方法です。

ご存知のとおりハードウェアの性能と、その価格は比例しません。大量生産されている「コモディティ」なハードウェアほど安価に手に入ります。安価なハードウェアを横に並べてスケーラビリティを確保するのが、スケールアウト戦略です。スケールアウト戦略を採用した場合、コストが削減できる反面、さまざまな課題が生まれます。サーバが1台だったときにはまったく考えなくて良かった問題が出てきます。いくつか例を見てみましょう。

たとえば、ユーザからのリクエストはどう振り分けるか。答えとしてはロードバランサを使う、という所なのですが、サーバ1台のときはそもそもロードバランサを導入すること自体考える必要もないでしょう。

データの同期はどうするか。DBを分散させたとき、一方に書き込まれた更新内容を、もう一方のDBが知らないというのでは、アプリケーションに不具合が生じてしまいます。

ネットワーク通信のレイテンシ(遅延時間)をどう考えるか。小さなデータでも、Ethernet経由で通信を行った場合ミリ秒(ms)単位のレイテンシがあります。ミリ秒というと人間の体感的にはそれほどではなくても、マイクロ秒(μs)やナノ秒(ns)で動く計算機にとっては非常に長い時間です。通信のオーバーヘッドを最小限に止めながらアプリケーションを構成してい

く必要があります。そのほか、スケールアウトに伴う問題は多岐にわたります。

冗長性の確保

システムは冗長性を持った構成、つまり、どこかのサーバが故障しても、不調をきたしても、サービスが継続できる構成にする必要があります。

スケールアウトを行いサーバ台数が増えると、サーバの故障率も必然的に上がっていくことになります。したがって、どこか壊れたらサービスが全部停止してしまう、という設計は24時間365日稼働し続けなければいけないWebサービスでは到底許容できません。サーバが故障しても、あるいは急激に負荷が上がった場合でも、それに耐えうるシステムを構成する必要があります。サービスが大規模になればなるほど、システム停止の社会的インパクトも増えるため、ますますもって冗長性確保が大切になってきます。

2001年9月のアメリカ同時多発テロ事件発生時には状況を知ろうとする人々が一斉にYahoo!にアクセスし、Yahoo!トップページがダウンしてしまう事態が起きたそうです。有事の際、即時性で最も頼りとされるはずだったインターネットサービスが使えない。社会的インパクトの大きさを物語る例でした。Yahoo!はこのとき、CDNサービスのAkamaiにコンテンツをキャッシュさせてトラフィックを迂回させることで障害から回復したそうです注4。

Webサービスは、いついかなる場合でも故障に対して堅牢でなければいけません。とは言っても、それは非常に難しいタスクです。システムが故障したらそれでおしまい、でよいシステムの構築と、故障してもほかが自動的に処理を引き継ぐシステム構築との間には技術的にもコスト的にも非常に大きな隔たりがあります。

省力運用の必要

サーバが1台であれば、時々様子を見る程度で、サーバがまっとうに動作しているかは簡単に把握することができるでしょう。一方、サーバ台数

注4　URL http://d.hatena.ne.jp/yamaz/20060911

が100台を超えてくると、どのサーバが何の役割をしているのか覚えておくことすら困難になってきます。また、各サーバがどのような状況にあるのか、その把握も一苦労。負荷は大丈夫か、故障している箇所はないか、ディスク容量はまだ十分か、セキュリティ設定に不備はないか…これを全サーバに対して目配りしなければならないのですから大変です。

当然、このあたりは監視用のソフトウェアを使う、情報管理のためのツールを使うなどして自動化することになります。しかし、その監視ソフトウェアをセットアップしたり、情報を見たりするのは結局人間です。いかに人手をかけずに、大規模システムを健康的な状態に維持し続けるか。そのための省力運用を行っていかなければなりません。

開発人数、開発方法の変化

大規模サービスになると、当然一人では開発や運用が大変になってきますから、複数の技術者で役割分担をすることになります。人数が増えるとやはり考慮すべき課題が増えます。たとえば、開発の標準化はどうするか。アプリケーションの実装を、それぞれの技術者が好き勝手に行ったシステムの顛末などは考えたくもありませんね。プログラミング言語を統一する、ライブラリやフレームワークを統一する、コーディング規約を決めて標準化する、ソースコード管理をバージョン管理システムなどでしっかりやる。これらが正しく実行されてはじめて、複数人ならではの効率の良さが生まれます。ばらばらにやっていたのでは、人は増えても生産性は上がりません。

こうした標準化は、ツールを決めただけではなかなかうまくいかず、誰かが全体をファシリテート（*facilitate*）する必要も出てきます。各開発者、チームで標準化ルールが守られているか、技術者同士のレベル差によって効率の悪い箇所は生まれていないか、生まれているとしたらどのように教育を行うか…チームマネジメントが必要になってくるわけです。

大規模データ量への対処

そして、データ量。本書で一番大きなテーマがここです。

計算機はディスク（ハードディスク、HDD）からデータをロードしメモリに

ストア、そのメモリにストアされたデータをCPUがフェッチ(*fetch*)して何らかの処理を行います。またメモリからフェッチされた命令はより高速なキャッシュメモリにキャッシュされます。このようにデータはディスク➡メモリ➡キャッシュメモリ➡CPUといくつかの層を経由して処理されていきます。

　この各層の間には非常に大きな速度差がある、というのが近年の計算機の特徴です。ハードディスクからデータを読み取るにはその構造上、ヘッドの移動や円盤の回転といった、物理的動作が伴います。そのため、電気的に読み取るだけで良いメモリやキャッシュメモリからのデータの読み取りと比較すると10^6〜10^9もの速度差が生まれることになります。

　この速度差を吸収するため、OSはあの手この手を使う、たとえばディスクからロードしたデータをメモリでキャッシュしておく、などを行います。全体として、デバイス間の速度差を体感速度に影響を与えないようにしています。DBなどのミドルウェアも、基本この速度差を意識したデータ構造、実装を採用しています。

　OSやミドルウェアなどのソフトウェアが頑張るとは言っても、当然限界はあります。データ量が多くなると、そもそもキャッシュミスが多発し、結果として低速なディスクへI/Oが多く発生するようになります。ディスクI/O待ちに入ったプログラムは、他のリソースが空いていても読み取りが完了するまで次の処理を行うことができません。これがシステム全体の速度低下を招きます。

　大規模Webアプリケーションを運用するにあたっての苦労の多くは、この大規模データの扱いに集約されます。

　データが小さいうちは、とくに工夫をしなくてもすべてメモリで処理できますし、複雑なアルゴリズムを使うよりもナイーブなアルゴリズムのほうがオーバーヘッドがないため速い、なんてこともままあって、I/O負荷などはまず問題となりません。しかし、サービスがある程度以上の規模になるとデータは増加します。このデータ量が分水域を超えたところで問題が顕在化します。そしてその対策は、応急処置ではなかなかに難しい。ここが大規模サービスの難所です。

　いかにしてデータを小さく持つか、複数サーバに分散させるか、必要なデータを最小限の回数で読み取るか…そこが本質的な課題になります。

Lesson 2
成長し続けるサービスと、大規模化の壁

Webサービスならではの難しさ

　大規模になるとどんな問題が発生するか、そのあらましはLesson 1のとおりです。Webサービスが他のアプリケーションに比べて難しいもう一つの原因は、サービスが成長し続けることにあります。はじめは小規模だったサービスが、成長するに従って、その規模が拡大していくのです。その成長に合わせてシステム構成を変化させていく必要があります。

　サービスを、1年、2年と運用し続けていくと、そこで保持するデータ量も成長していきます。たとえばブログサービスなどを思い浮かべてください。それなりに使われているサービスであれば、毎日ユーザが、新しい記事、写真などを投稿することでしょう。ブログ事業者が、データが増えたから昔のデータを消しました、なんてことはできるわけがありませんから、それらのデータはしっかりと保持し続け、また必要な場合に取り出せる必要があります。

　ブログサービスのように、不特定多数のユーザに向けて開放するサービスが商業的にも成功した場合、データだけでなくトラフィックも増えていきます。それに伴いデータの読み出し回数や書き込み回数も増えることでしょう。こうしてサービスの成長に合わせて、システム拡張が必要になっていくわけです。

　以下、はてなの成長を振り返りながら、どのような難しさ、いかなる苦労があったかを見てみることにしましょう。

はてなが成長するまで

　はてなが2001年当初、Q&Aサイトの人力検索はてな[注5]を立ち上げた際は、従業員3名の小さなベンチャー企業でした（図2.1）。そのためシステム

注5　URL http://q.hatena.ne.jp/

第1回　大規模Webサービスの開発オリエンテーション──全体像を把握する

に投資できるお金もほとんどなかったため、初期システムはPentium ⅢのPCが1台。回線は当時ようやくエンドユーザが使えるようになったADSL回線というお粗末なものでした。いまでこそ大規模サービスを運営できるようになった私たちも当時は経験もなかったため、それは何の工夫もない割と見切り発車的なシステム構成でした。とはいえ、はじめのころはサービスはなかなかヒットせず、1台のPCが悲鳴を上げるなんてことはまずありませんでした。

　しばらくして、はてなアンテナ[注6]やはてなダイアリーなどの新しいサービスをリリースしたあたりから状況が変わってきました。サービスがクチコミなどで拡がり、徐々にユーザが増えてきました。さすがにユーザが増えてくると、サーバ1台では処理しきれずにサービスが停止してしまう、ということが頻繁に起こるようになります。これではよくない、ということで、徐々に冗長化や負荷分散を行っていくことになりました。しかし、当時は商用のロードバランサなどは非常に高価で、手出しできるような代物ではありませんでした。

●図2.1　人力検索はてな（2001年当時）※

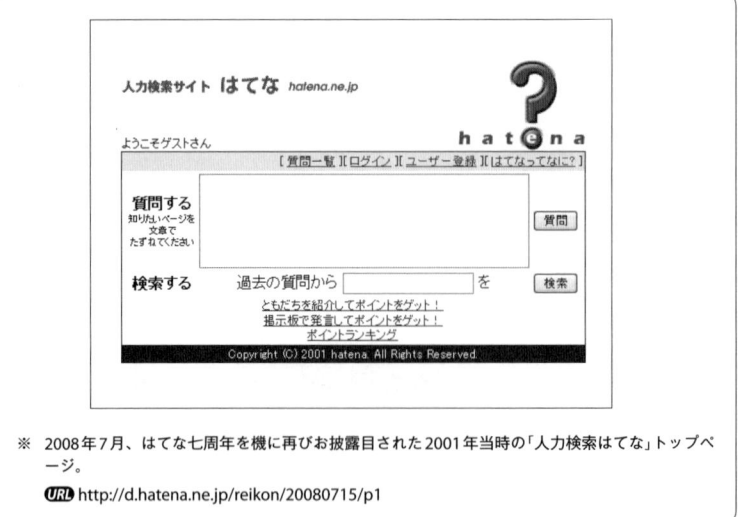

※　2008年7月、はてな七周年を機に再びお披露目された2001年当時の「人力検索はてな」トップページ。
URL http://d.hatena.ne.jp/reikon/20080715/p1

注6　URL http://a.hatena.ne.jp/

試行錯誤のシステム規模拡張

　そこでオープンソースソフトウェアを活用します。とはいえ、Webの負荷分散に関するベストプラクティス的な情報も出回っていませんでしたから、試行錯誤の連続でした。ルータはLinuxボックスで安価に構築、HTTPリクエストの振り分けはApacheのmod_rewriteで代用、DBの分散はまだまだ不安定だったMySQLのレプリケーション機能を恐る恐る使う…といった具合です。

　こうして徐々にシステム規模を拡張していったのですが、2004～2005年頃にはブログブームが到来して、トラフィック増加に対してシステム拡張が追いつかなくなりました。吹き出る問題量が多過ぎて対処が追いつかなくなり、そもそも大規模システムを運用するための体制が整っていなかったこともあり、深夜になると決まってサイトが重たくなったり、アクセス不能になったりして、はてなの安定性はお世辞にも褒められた状態ではありませんでした。

　当時は分散だけでなく、冗長化、省力運用に関しても落第点で、サービスが停止すると監視ソフトウェアから携帯電話にメールが届くのですが、冗長化されたシステムが自動復旧…ではなく、近所に住んでいたエンジニアの誰かが気付いて自転車で駆け付け、ハングアップしたサーバを再起動するなどの応急処置で凌いでいました。深夜メンテナンスは体力的にも精神的にも消耗します。場合によっては、深夜に数回システムがダウンするなんてこともあり、帰宅したと思ったらまたすぐ駆け付ける、なんてこともままありました。

　それでも現場の頑張りで何とか持ちこたえていたのですが、2006年には、他サービスなどのヒットが加わって、今度は回線トラフィック量が利用していた光回線の上限に達してしまいました。そればかりか、当時借りていた小さなサーバルームが、サーバの増設により電力不足となりこれ以上サーバを追加できない、追加するとブレーカーが落ちてしまう…という状況になってしまいました。

データセンターへの移設、システムの刷新

　当時、はてなは組織としても未熟で、増え続けるトラフィックや負荷に

対して計画的に対応するということができていなかったのが敗因だった、と今振り返ると思います。いかんともしがたい状況になって組織体制を見直し、システム運用専属のチームを構成してその後の対応に臨みました。

　ここから1年がかりで、小さなサーバルームから、さくらインターネットさんのデータセンターへサーバを移設する作業を開始します[注7]。この移設作業の中でネットワーク設計を根本から見直し、古いサーバはすべてリプレイスする方針を採りました。

　まずは事前に、既存のシステムの負荷状況をまとめました。この情報を活かして、各サービスの構成の中で、ボトルネックがどこかを計測から判定し、I/O負荷が高いサーバはメモリ重視、CPU負荷が高いサーバはCPU重視といった具合に、サーバの用途に合わせて最適な構成のハードウェアを用意していきました。

　冗長化に関しては、LVS＋keepalivedという、ロードバランサ＋稼働監視のオープンソースソフトウェアを導入。これによりLinuxボックスで安価に構築したロードバランサを各所に導入するなどして改善を行っていきました。

　サーバのリプレイスにあたっては、徐々にOSの仮想化も進めてサーバの稼働率を高めるとともに、メンテナンス性を上げていきました。

　サーバの情報管理のために、独自のWebベースのサーバ情報管理システムも開発しました。これにより、サーバの用途や負荷状態といった各種情報にアクセスしやすくなったことで、システム全体の把握が容易になりました。

　サーバ/インフラ的なシステム構成だけでなく、アプリケーションの各種ロジックやDBのスキーマの見直しなども行い、非効率な部分を徐々に排除していきました。必要に応じて、検索エンジンなどのサブシステムなどを独自開発する場合もありました。

　この手の作業を継続していった結果、徐々にシステムの安定性が向上し始め、結果として障害にも耐えうるシステムへと改善することができました。

注7　移設作業の様子は、筆者のブログ（http://d.hatena.ne.jp/naoya/）にて複数回に分けて公開しています。興味のある方は上記ブログにて"さくらインターネット移行記"で検索してみてください。

しかし、システムが安定したからといって、ここで終わりではありません。ここで手を止めてしまうと、結局その後の成長でまた同じことの繰り返しになってしまいます。現在も変わらず、開発担当、インフラ担当が一丸となって、システムの品質改善を日夜継続して行っています。

システムの成長戦略 ── ミニマムスタート、変化を見込んだ管理と設計

サービスがまだ小規模な段階では、シンプルな方法のほうがベターなことも多いため、早過ぎる最適化は良い方針とは言えません。将来大規模になることを想定して、はじめから完璧な負荷分散システムを構築しようとするとコストがかかり過ぎてしまいます（Webサービスが商業的にヒットする可能性がとても低いことを忘れてはいけません）。

一方、何も考えずに見切り発車、というのも考えものです。これは皮肉にも、はてなの歴史が証明しています。大規模化の壁は、突如として目の前に現れます。たとえばデータ規模が増加することによるI/O負荷の上昇は、それほどなめらかに増加するわけではありません。キャッシュミスが発生し始めてからいくばくもしないうちに急に問題が顕在化するため、気付いたときにはすでにシステムが低速化している、というケースがよくがあります。

こういった事態を引き起こさないため、ある程度のキャパシティ管理やサービス設計時に必要以上にデータを増加させない設計を行うなどは盛り込んだほうがよいでしょう。

今では、はてなも新サービスを始めるにあたって、要所要所で将来の成長を見込んだ構成にしておきながら、必要以上にはコストをかけずにミニマムスタートできるようなノウハウを保持しています。本書を通じて、そのノウハウを吸収していただければと思います。

Lesson 3
サービス開発の現場

はてなの技術チーム体制

さて、第1回の締め括りとして現在のはてなが、どのような体制でWebサービスを運営しているかを紹介することで、大規模サービス運用の裏側をより具体的にイメージしていただくことにしましょう。おもにエンジニアリングにまつわるチームは、大きく二つの部署に分かれています。

- サービス開発部：はてなの各種サービスの実装を担当するチーム。日々のアプリケーション的な改善を担当する
- インフラ部：サーバ/インフラシステムの運用を担当するチーム。サーバの用意、データセンターの運用、負荷分散などが彼らの担当

はてなのサーバ/インフラシステムは1,000台規模のホストを有する大きなシステムなので、専属のチームがその運用を担当しています。ホストが1,000もあると、数日の間に一度は何らかのトラブルが発生します。故障、過負荷、設定不備、古くなったのでリプレイス…などなど。それらを一手に引き受けつつ、仮想化やクラウドなど、より洗練された新しい姿へとシステムを拡張していくのも彼らインフラ部の仕事です。現在、社員4名とアルバイト数名が所属しています。

一方のサービス開発部は、サーバ/インフラシステムが地盤を支える上で、サービス開発を行います。はてなダイアリーやはてなブックマークに新機能を追加するのはこの部署です。サービス開発部の中はサービスごとにチームが分かれ、1チームあたり3～4人のエンジニアが所属しています。

負荷状況はサーバ/インフラチームが監視していて、インフラ部分の改善で対処できる問題は、彼らだけで即座に対応します。アプリケーションに原因がある場合など、実装が絡むようなケースでは、サービス開発部と協力して対応を行います。

一方のサービス開発側も、自分の担当サービスのパフォーマンスはトラッキングしていて、主要なページが大体どの程度のレスポンスタイムで応

答を返しているかを定量化し、日々それを指標に閾値(しきいち)を下回らないよう目標設定して改善を行います。

はてなでのコミュニケーションの仕方

はてなはまだ従業員40名程度の小さな企業ですので、基本指示のやり取りは口頭です。ただし、口頭だと効率が悪い場合もありますしログも残らないので、そこはいくつかのツールを組み合わせてやり取りを行います。

- はてなグループ🔗 http://g.hatena.ne.jp/
  ブログとWikiを組み合わせたグループウェア。日々の業務レポートの報告に使用。エンジニアは他の担当に作業を依頼する場合は、ブログに依頼内容を書いて担当者にトラックバックを飛ばす。メールは不使用。また、メンテナンスなどでシステム作業が発生した場合は手順を作業ログとしてブログに残したり、Wikiにまとめたりすることで後から参照できるようにしている
- IRC
  東京/京都でオフィスが分散していることもあり、IRCチャットを使ってのコミュニケーションも利用。メンテナンスの進行状況や、緊急のトラブルがあった場合、ちょっとした用事のお願いなどはIRCを利用するケースが多い。IRCはチームごとあるいはプロジェクトごとなど複数のチャンネルがある。チャンネルの中には、システムログが流れるチャンネルもある。サーバに障害が発生したとき、その通知をIRCに流すなどしてリアルタイムの情報を共有する目的で利用することもある
- サーバ管理ツール
  Lesson 32で紹介するサーバ管理ツールも、ある種のエンジニア間のコミュニケーションツールとして役立っている。現在のサーバ状況が一目でわかるツールなので、開発担当はこのツールを使って、メンテナンス予定の有無などを確認したり、システムの更新を行ってよいかなどを判断する。また、負荷状況なども本ツールで参照できるので、URLをやり取りしながら、ここの負荷はOK、ここはダメだめ、といった情報をIRCやはてなグループで共有することも多い

サービス開発の実際

システムに実装的な変更を加えるまでの一連の流れは次のようになって

います。

- 毎朝、各チームごとに10分程度の短いミーティングを行う。ミーティングの中で、昨日の進捗や今日やることなどを共有する
- このミーティングで、タスクの担当者が決まる。各担当はミーティング後、すぐにそのタスクの実装に入る
- 実装にあたっては、なるべくテストを書く。なるべく、というのは、テストを書くのが基本だが、レガシーなサービスなど少しテストを書きづらいサービスもあるので、ある程度の妥協をしているという意味である。原理主義的にテストをすべて書かなければ…という方針は採っておらず、テストに関しては柔軟に対応する
- テストを書いたら実装。実装が完了したらバージョン管理システムにコミットする
- 実装が終わったら、チーム内の他エンジニアにお願いしてコードレビューを行う。このレビューによって、バグが指摘されたり、社内のコーディング規約に従っていないコードを指摘されたり、またそのままでは過負荷になってしまうコードなどが洗い出されたりして、改善される。コードレビューは実装の品質を上げる、非常に有効な手段である
- レビューが通ったら、プロダクション(実際に動いているシステム環境)のコードにマージを行い、ステージング環境(動作確認用の環境)で動作確認を行ったあと、プロダクションシステムに反映を行う

　以上が基本的な流れです。変更の規模によっては、レビューを飛ばしたりすることもあります。ここもテストと同様に効率と品質を天秤にかけて、柔軟に対応するようにしています。

　実装者の実力や、実装の難易度によってはペアプログラミングを行う場合もあります。一人で作業をするのが不安なときがペアプロの出番であることが多いです。ペアプロにより、より高い品質を保証できます。ただし、ペアプロは非常に疲弊するので毎回とはいわず、ケースバイケースで実施するようにしています。

　全体的にアジャイルな開発スタイルといえますが、特定の教科書に従ってこのようなスタイルになったというよりも、創業時からさまざまな試行錯誤を経ていまの形に落ち着いている、というのが実情です。過去にはレビューもペアプロもなかった時期もありましたが、システム停止を招くなど致命的なコードをコミットしてしまうことが時折発生していたため、そ

の防止策として現在のやり方で開発を進めるようになりました。

開発に使うツール

エンジニアが開発に使っているツールも紹介しておきましょう。

プログラミング言語——Perl、C/C++、JavaScriptなど

サーバサイドのWebアプリケーションは創業時からPerlで開発しているため、Perlを利用します。検索エンジンなど、メモリ要件がシビアであったり速度が求められる箇所で一部C/C++なども使います。Webアプリケーションのユーザインタフェース開発は、とくに選択の余地なくJavaScriptを使います。

プログラミング言語選択のポリシーは「同じレイヤの言語は一つに絞る」です。たとえば昨今のWebアプリケーション開発ではPHP、Python、Rubyなどのスクリプト言語がよく使われます。開発者によってはそれらの言語が好みの人もいますが、基本はPerlを使うようにお願いしています。これは先に述べた標準化の観点で大切です。

同じ言語を使っていれば、自社内でノウハウが流通しますし、チーム間の移動もスムーズです。他の人が作ったシステムのメンテナンスも容易です。

Perl、PHP、Python、Rubyにはシンタックス的な特徴などで言語間の差異はあるものの、基本的に得意領域がかぶっています。どれを使っても、生産性もできることも同程度となるでしょう。このような場合、どれか一つを選択しますが、標準化の観点から慣習を重視します。一方、C/C++は明らかに、スクリプト言語が不得意とする領域でも力を発揮できる言語ですので、Perlにできないことをするときに利用します。

おもなミドルウェア——ミドルウェア/フレームワークも統一

同様に標準化の観点から、利用するミドルウェアやフレームワークも、全チームで統一しています。あるチームがMySQLを使っていて、一方のチームがPostgreSQLを使っている…というようなことが起こらないよう、管理はしっかり行っています。

おもなミドルウェアは、Linux、Apache、MySQL、memcachedといった昨今のWeb開発の定番ものです。新し過ぎるものに手を出すな、といったポリシーはないのですが、開発者の経験上枯れたものが一番使いやすいというところからか、定番のものが選ばれる傾向にあります。

Webアプリケーションフレームワーク——自社開発のRidge

今ではアプリケーション開発の効率を高めるため、また標準化を進める意味で、フレームワークを用いるのは当たり前となりました。はてなでは、WebアプリケーションフレームワークにはRidgeという自社開発のPerlのフレームワークを使っています。

Ridgeは、これといって特徴的な機能があるわけではないのですが、そのぶんシンプルかつ、素直に使えるMVCフレームワークです（公開はしていません）。Webサービスを一度作ると、その後、何年も開発を続ける場合も多いです。したがって、あまり流行に左右されない、定番的なフレームワークを使うのをよしと考えています。

O/RマッパにもDBIx::MoCoという自社開発のライブラリを使っています。こちらはPerlのライブラリ集積所であるCPANで公開しています[注8]。

手元のマシンのOSやエディタ——基本的に自由

フレームワークやミドルウェアはプロダクションで使うものと同一のものを使わなければ開発が難しいので標準化を行っていますが、それ以外の部分、たとえばエディタや手元のPCのOSは基本的に自由です。EmacsでもVimでも、WindowsでもMac OS Xでも各々好きなものを使っています。

とはいえ、Windows上でApacheを動かすわけではなく、VMwareやcoLinuxのような仮想OSを各開発者が導入して、その上で、プロダクションで使うLinuxを動かし開発を進めます。

エディタは自由ですが、コーディング規約でインデント幅やブロックのスタイルなどは大まかに決めていますので、ほぼすべての開発者はEmacsかVimを使ってはてなの規約どおりに整形してくれる設定を導入しています。

注8　URL http://search.cpan.org/dist/DBIx-MoCo/

バージョン管理はgit、BTSは独自開発の「あしか」

前者のソースコードのバージョン管理には、gitを使っています。gitは分散バージョン管理システムで、ブランチを切ったりマージしたりといった作業が簡単に行える点で重宝しています。以前はCVSやSubversionなどを使っていましたが、今では完全にgitに移行済みです。

BTS（*Bug Tracking System*、バグ追跡システム）は、自社のgitレポジトリと連動した「あしか」という独自開発のWebアプリケーションを利用しています。タスクとソースコードの変更を対比して見ることができる機能など、ホスティングサービスGitHubのようなシステムを自社用に用意したものです。

開発ツールに関して

そこまで特殊なソフトウェアを利用しているわけではないことが知ってもらえたことと思います。自社開発のフレームワークなども、変わった作りになっているというより、むしろ機能は少ないくらいです。

大規模開発にあたっては、高機能であるツールを選択するということよりも、いかに効率性を犠牲とせずに標準化を行うかや、自社のワークフローに合ったツールの使い方をするかといった、ツールではない部分の運用方法をどうするかのほうが本質的な課題だと感じています。

まとめ

第1回では、大規模なWebサービスの開発の模様として、そこに生じる課題を見てきました。また、本書で扱う「大規模」をイメージしていただくため、はてなの実際を紹介しました。

小規模なWebサービスがある程度成長すると、途端にそれまでにはなかった難題が出てきます。そして、サービスは日々成長していきます。その成長に伴う苦労は、はてなのこれまでから垣間見ることができたと思います。また、現在の規模のはてなを支える現場の体制、また開発ツールなどを見ていただくことで実際の現場の様子も、ある程度イメージできたかと思います。

さて、概論はここまでとして、続くレッスンでより具体的に大規模データの攻略方法と大規模システムの構成方法を解説していくとしましょう。

第2回
大規模データ処理入門
メモリとディスク、Webアプリケーションと負荷

講師 伊藤 直也

大規模データ特有の事情を知る
第2回～第5回に向けて

　第2回～第5回は、はてなのサービス設計に見る大規模データの扱い方です。第2回は大規模データ処理にまつわる概略、第3回はOSとキャッシュ、第4回は大規模運用を前提としたDB。概略、OS、ミドルウェアと進み、第5回では大規模なデータを用いるアプリケーション開発の勘所を取り上げます。そして第6回～第10回ではアプリケーション開発者向けに大規模データを処理するコツを実例を交えて見てみようという流れで進めます。

　第2回のアジェンダとしては、そもそも大規模なデータとは何かについて考えていきます。大規模とはどの程度なのか、小粒なデータ処理と何が違うのか、まずその感覚を掴まなければいけませんよね。それが第2回。

　Lesson 4では、はてなブックマークを例に本書で扱う大規模なデータについて説明します。次に、データが大きいと処理に時間がかかるようになるのはなぜかについて。ごく当たり前の話に思えるけれど実際に説明できる？ となると意外と難しいでしょう。Lesson 5では、大規模データ処理の難所と題して、なぜ時間がかかるのか、なぜ難しいのかの基本を見ていきます。Lesson 6では大規模データの感覚を踏まえたスケーリングの要所、Webアプリケーションと負荷の関係を解説し、Lesson 7ではプログラム開発へと話を展開して大規模データを扱うコツや前提知識を押さえます。第2回を通して、後半の講義への下地を固めていきます。それでは、講義に入っていきましょう。

> **memo**
>
> **はてなのサービス設計に見る大規模データの扱い方（第2回～第5回）**
> - 大規模データ処理入門（➡第2回）
> - OSのキャッシュ（➡第3回）
> - MySQLの運用（➡第4回）
> - 大規模データアプリケーションの開発（➡第5回）
> ➡第6回～第10回はアプリケーション開発者向け大規模データを処理するコツへ

Lesson 4
はてなブックマークのデータ規模
データが大きいと処理に時間がかかる

はてなブックマークを例に見る大規模データ

　最初に、大規模データの実際をはてなブックマークを例に見ていきます。同時に、データが大きいときのDBの振る舞いなども少し見てみましょう。実例を元に、大規模データのデータサイズの感覚を掴んでください。

　さっそくデータを見てみましょう。図2.1は、はてなブックマークのあるエントリにどういったキーワードが含まれているかというDBのテーブルの件数を出したものです。3億5千万レコードあります。このテーブルにいきなりselect * from relwordというクエリを投げたりすると、応答が返ってきません。3億レコード以上ありますから。

はてなブックマークのデータ規模

　はてなブックマークのデータ規模をざっくりと見ると、以下のとおりです（表2.1）。

　先に見た図2.1のテーブルはわりと極端な例ですが、それ以外でもレコード件数が1,500万や5,000万くらいはあります。データサイズとしてはentryというテーブルが3GB、bookmarkというテーブルが5.5GB。tagのテーブルが4.8GB、あとHTMLのテキストデータも圧縮しつつ保存しているのですが、それが200GBを超えています。図2.1のrelwordというキーワード用

●図2.1　はてなブックマークのあるテーブルの件数を見てみる

```
mysql> select count(*) from relword;
+-----------+
| count(*)  |
+-----------+
| 351277311 |   ←3億5千万レコード以上ある
+-----------+
1 row in set (0.00 sec)
```

のテーブルは大体10GBくらい。全体的に、わりと簡単にギガバイト単位になるといったところです。

　大規模、大規模と言っているのですが、GoogleやYahoo!が使ってる規模になると、さらにここからテラバイト、ペタバイトになってくるので、それらは超大規模。比較するとこれは大規模〜中規模くらいですね。

　とはいえ、普通にWebアプリケーションを作るうえではなかなかギガバイト単位のDBは出てこないので、一般的なWebアプリケーションという観点で見れば大きい規模でしょう。はてなブックマークは一応、日本で最大のソーシャルブックマークサービスで、このくらいのデータの規模のWebサービスとしてはてなブックマークがユーザ数の観点からも大きいといえるでしょう。したがって大規模な例として見るのには適しているのではないかと考え、例として使うことにしました。

大規模データへのクエリ — 大規模データを扱う感覚

　次に、大規模データへのクエリについて取り上げます。表2.1で見たくらいの規模のDBになってくると、クエリを投げて結果が返ってくる際の感覚も違ってきます。図2.2の`use index(hoge)`は、あえてインデックスを効かせないでクエリを投げているという例ですが、1件検索するだけなのに200秒経っても検索結果が返ってこない。わかりますか？ 200秒です、200秒。こりゃ、なんとかしないと。

　そう、これが本書で対象とする大規模なデータの感覚の例です。少しイメージできてきたでしょうか。

　レコード数が数千万件単位、データサイズは数GBから数百GB。このく

●表2.1　はてなブックマークのデータ規模（2009年8月時点）

レコード数	データサイズ[※]
entryテーブル：1,520万エントリ	エントリ：3GB
bookmarkテーブル：4,500万ブックマーク	ブックマーク：5.5GB
tagのテーブル：5,000万タグ	タグ：4.8GB
	HTML：200GB超

※　GB：gigabytes。

らいのデータになってくると、何の気なしに投げたクエリが応答を返しません。デバッグ目的でデータを出力してみたら、大きな負荷をかけてしまった、なんてことも冗談抜きにあります。

データが大きいと処理に時間がかかるようになる——直感ではわかりますが、なぜかを理解しておくことが重要です。もう少し詳しく掘り下げていきましょう。

● 図2.2 インデックスを効かせていない例

```
mysql> select url from entry use index(hoge) where eid = 9615899;
    →200秒待っても結果が返ってこない...
```

Column
日々起こる未知の問題
試行錯誤しながら、ノウハウを蓄積する

本書ではこうして大規模サービスの料理の仕方を解説しているわけですが、筆者らが大小雑多なノウハウを多数持っているのは、それと同じだけのトラブルに逢ってきたことの裏返し、というのも正直なところです。トラブルが起きなければそもそもそういう問題がシステムに内在しているというのはなかなかわかりませんし、データが大きくなったら「何か苦労しそうだな」くらいの不安感はあっても、実際にどのような苦労があるかはやってみるまでわからなかったわけです。

そして今でも、毎日のように何か問題が発生してはその解決に頭を悩ませているのは変わりません。「こう来たら、こう解決すべし！」というセオリーを誰かが知っているわけではなく、試行錯誤の連続がノウハウの蓄積となり今に至る、という感じです。もしかすると、どこかに問題解決のセオリーがあるのではと思われる方も少なくないかもしれません。しかし、実際に起こる問題は未知の問題も多いというのが現実でしょう。基本的なところは抑えつつ、「問題が起きたらその場で考えよう」くらいの割り切りも必要というのが正直なところです。

Lesson 5
大規模データ処理の難所
メモリとディスク

大規模データは何が難しいのか —— メモリ内で計算できない

　大規模データを扱うにあたり、難所とされるポイントを見ていきましょう。

　第一のポイントは「メモリ内で計算できない」という点です。メモリ内で計算できないことがなぜ難所となるかというと、メモリに載らないと基本的にディスクをずーっと読んでいき、ないないないと探して、なかなか見つからないという状態になるのです。データ件数が多いと、そのぶん入力となるデータ件数が増えるので計算量が多いというのも当然ありますが、そこよりも問題になるのは「ディスクを読んでいる」というところです。

　繰り返しておきます。大規模データの何が難しいのかを端的に言うと「メモリ内で計算できない」こと。メモリ内で計算できれば、力技でやっても計算はそこそこ速く返ってくる、さすがに200秒も待たされることはありません。しかし、Lesson 4で見た例くらいの規模になってくるとデータが大き過ぎてメモリ内で計算できないので、ディスクに置いてあるデータを検索することになる。そして、ディスクはメモリに比べてかなり遅い。結局、先の図2.2ほどの時間がかかる。そこが難しいというわけです。

> **memo**
> **大規模データの難しさは、メモリ内で計算できないところ**
> ➡ メモリ内で計算できないとディスクにあるデータを検索する必要がある
> ➡ でも、ディスクは遅いので、I/O（Input/Output）に時間がかかる
> ➡ どう対処するかが工夫のしどころ

メモリとディスクの速度差 —— メモリは10^5～10^6倍以上高速

　ここで、メモリとディスクの速度差についてクイズです。メモリ中の特定の番地にあるデータを探すデータ探索と、ディスク上のある特定の円盤の中にあるデータを探すのと、どのくらい速度差があるでしょうか？ おおよそで、かまいません。

学生:10の7乗倍?

10の7乗。じゃあ、念のため10の7乗ってどのくらい?

学生:...1000万倍?

そうですね、良い線いってます、悪くない答えです。答えは「10^5〜10^6」くらいの差。10万倍〜100万倍。この感覚はけっこう大事です。

> memo
> **メモリはディスクの10^5〜10^6倍以上高速**

ディスクはなぜ遅いのか——メモリとディスク

　なぜディスク上の探索が遅いのかについてもう少し解説しましょう(図2.3)。ここは簡単にでも知っておくと何かと役に立ちます。

　まずメモリ(*memory*)は電気的な部品ですので、探索速度に物理的構造はあまり関係ありません。実際には図2.3のような入り方はしないのですが...図2.3 **1** のメモリ図で、図2.3 ❶の部分にたとえば1バイト「5」という数字が入っていたとして、図2.3の❷に「0」という数字が入ったときに、❷の部分を見てるときに❶の部分を見るときにも、マイクロ秒(10^{-6}秒)単位でこちらにポインタを移すことができます。

　一方、ディスクは図2.3 **2** のような絵を見たことがあると思いますが、同軸上に「円盤」(*disk*)が並んでいると。この円盤が回転していて、そこからデータを読み取る。つまり、メモリとは違って回転などの物理的な動作を伴っている。この物理的な構造が探索速度に影響します。たとえば、図2.3 ❹のあたりにデータが1バイト入っているとします。もちろん実際はこんなに大きくないですよ(笑)。

　その横(図の左方)に、磁気を読み出す「ヘッド」がいます。このヘッドがくっつくかくっつかないかのギリギリのところで磁気を読み出してデータを読み出す構造になっています。まず、このヘッドを❹の円盤上の同軸上になっている手前の位置から、❹の奥のほうのデータを置いてある位置❸

● 図2.3　メモリとディスク（とCPU）

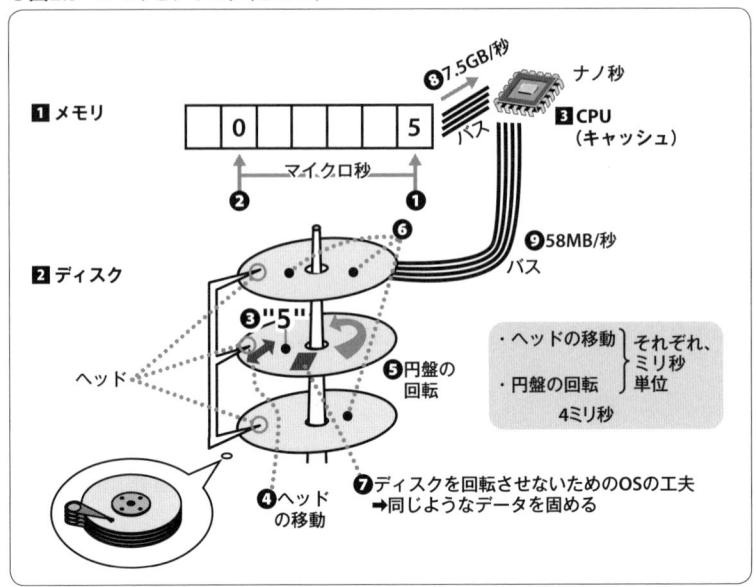

に移すという作業が必要になります。ですので、❹の手前からウィーンと、データのある位置までヘッドを移動するわけです。とはいえ実際にはマイクロ秒（μs）、ミリ秒（ms）の世界の話なので「ウィーン」なんてそんな流暢な動き方ではないのですが、イメージとして。

さらにここからデータを読み取る際、❺のように回転しているとすると、円盤上の❸の位置がすでにヘッドの少し先に行ってしまっていて読み取り損ねてしまっているので、円盤をぐるっと1回回さないといけません。

探索速度に影響を与えるさまざまな要因

ディスクでは、この❹ヘッドの移動と❺円盤の回転、という2つの物理的な移動が必要になりますが、さすがに今の技術を持っても円盤の回転速度を光の速度限界まで近づけることはできません。ディスクのほうでは、❹、❺それぞれミリ秒（10^{-3}秒）単位、合計で数ミリ秒とかかってしまいます。メモリは1回探索するときにマイクロ秒で済むのに対し、ディスクは数ミリ秒かかってしまうのです。

次に、❻のようにたとえばデータがばらばらに配置されていて、二分探索など、あっちこっちで探すといったアルゴリズムを使うとすると、1回回転してこちらに移動してもう1回こちら、もう1回こちら…と円盤をぐるぐる回さなければいけない。また例によってヘッドも動かさなければいけない。結果としてかなり時間かかってしまいます。しかし、これがメモリ上にあると「あそこかな」と探すときに物理的な動作がなく実質データ探索時のオーバーヘッドがほとんどないため速いわけです。

探索に使われるのがCPUのキャッシュに乗りやすいアルゴリズムやデータ構造だと、メモリの内容が図2.3❸のCPUキャッシュに乗るのでさらに高速になって、ナノ秒(10^{-9}秒)単位で処理できます。

以上がディスクとメモリの探索速度の違いです。

OSレベルの工夫

さて、ディスクは遅いわけですが、OSはその遅さをある程度カバーするような工夫をします。どういう工夫をするかというと、図2.3❼のようにOSは連続したデータを同じようなところに固めます。そしてデータ読むときに1バイトずつ読むのではなく、まとめて4KB(*kilobytes*)くらいをどかっと読むようになっています。

こうして似たようなデータを似たようなところに置いて1回のディスクの回転で読むデータの数を多くする。結果として、ディスクの回転回数を最小化できるわけですね。そういった工夫をして、ディスクをなるべく回転させしなくていいようにしている。とはいえ結局回転1回あたりミリ秒ですので、やっぱりメモリとの速度差を回避できるわけではありません。

転送速度、バスの速度差

ここまでは探索の速度がメモリのほうがディスクに比べて10^5～10^6倍以上高速という話でしたが、実はそれだけではありません。

次に、転送速度の差も見てみましょう。メモリにしてもディスクにしてもCPUとバスでつながっています(図2.3❽❾)。このバスの速度にもかなり差があるのです。あ、「探索」と「転送」の違いに気を付けてくださいね。

先に見たのはメモリ上あるいはディスク上にある任意のデータを探すときの速度差。ここで見たいのは転送速度です。見つかったデータを、ディスクからメモリなり、メモリからCPUなりに計算機内部で転送するための速度です。図2.4がその例で、hdparmというLinuxのツールを使うとその速度差がわかります。図中の「Timing cached reads」はメモリにあるキャッシュデータの転送速度なので、実質メモリの転送速度。「Timing buffered disk reads」はディスクの転送速度と思ってください。ざっと100倍くらい差がついてますね。

メモリとCPUはかなり速いバスでつながっているので7.5GB/秒ほど出ますが(図2.4❶)、ディスクは58MB/秒ほどしか出ていません(図2.4❷)。したがって、転送してくる間にも時間がかかってしまいます。データが大量になればなるほどディスクとメモリの差も出てくることになるので、転送速度でもディスクは遅くなりますね。

最近SSD(*Solid State Drive*、後述)が出てきています。SSDは物理的な回転がないのでシーク(探索)はかなり高速ですが、バスの速度がボトルネックになったり、その他構造に起因するところがあったりして、やはりメモリと同じほどの速度は出ません。

＊　＊　＊

このように、近年の計算機では、メモリとディスクの速度差を気にしてアプリケーションを作っていかなければいけません。これはスケーラビリティを考えるうえで非常に本質的なところ、かつ難しいところです。

---

memo

転送速度にも100倍以上差がある
- メモリ：7.5GB/秒
- ディスク：58MB/秒

●図2.4　ディスクとメモリの転送速度の差

```
% sudo /sbin/hdparm -tT /dev/sda

/dev/sda:
 Timing cached reads:   15012 MB in  1.99 seconds = 7525.03 MB/sec     ❶
 Timing buffered disk reads:  176 MB in  3.02 seconds =   58.37 MB/sec ❷
```

Column
Linux単一ホストの負荷
〜『サーバ/インフラを支える技術』ダイジェスト(OSレベルの基礎知識：その1)〜

「負荷分散」という言葉から思い浮かべるのは、多くの場合、複数のホストに処理を担当させる文字どおりの「分散」です。しかし、そもそも1台で処理できるはずの負荷をサーバ10数台で分散するのは本末転倒です。単一のサーバの性能を十分に引き出すことができてはじめて、複数サーバでの負荷分散が意味をなします。

推測するな、計測せよ……単一ホストの性能を引き出す

単一ホストの性能を引き出すには、まずサーバリソースの利用状況を正確に把握する必要があります。つまり、負荷がどの程度かかっているかを調べる必要があります。そして、この計測作業こそが単一ホストの負荷軽減で最も重要な作業です。

プログラムの世界には有名な格言があります。

推測するな、計測せよ

です。負荷分散の世界も例に漏れず、です。計測を行うことでシステムのボトルネックを見極め、それを集中的に取り除くことで性能を引き出すのです。

ボトルネック見極め作業の基本的な流れ

ボトルネックを見極めるための作業を大きく分けると、次のとおりです。

- ロードアベレージを見る
- CPU、I/Oのいずれがボトルネックかを探る

以下、それぞれの基本的な流れを説明します。

ロードアベレージを見る

まず、負荷見極めの入り口となる指標としてtopやuptimeなどのコマンドでロードアベレージを見ます。ロードアベレージはシステム全体の負荷状況を示す指標です。ただし、ロードアベレージだけではボトルネックの原因がどこかは判断できません。ロードアベレージの値を皮切りに、ボトルネック調査を開始します。

ロードアベレージは低いのにシステムのスループットが上がらない場合も時折あります。その場合はソフトウェアの設定や不具合、ネットワーク、リモートホスト側に原因がないかなどを探ります。

CPU、I/Oのいずれがボトルネックかを探る

ロードアベレージが高かった場合、次はCPUとI/Oどちらに原因があるかを探ります。sar(p.47、p.63のコラムで後述)やvmstatで時間経過とともにCPU使用率やI/O待ち率の推移が確認できるので、それを参考に見極めます。確認後、次のステップへ進みます。

「CPU負荷」が高い場合、以下のような流れで探っていきます。

- ユーザプログラムの処理がボトルネックなのか、システムプログラムが原因なのかを見極める。topやsarで確認する
- またpsで見えるプロセスの状態やCPU使用時間などを見ながら、原因となっているプロセスを特定する
- プロセスの特定からさらに詳細を詰める場合は、straceでトレースしたりoprofileでプロファイリングをするなりしてボトルネック箇所を絞り込んでいく

一般的にCPUに負荷がかかっているのは、

- ディスクやメモリ容量などそのほかの部分がボトルネックにはなっていない、いわば理想的な状態
- プログラムが暴走してCPUに必要以上の負荷がかかっている

のいずれかです。前者の状態かつシステムのスループットに問題があれば、サーバ増設やプログラムのロジック、アルゴリズムの改善で対応します。後者の場合は不具合を取り除き、プログラムが暴走しないよう対処します。

「I/O負荷」が高い場合、プログラムからの入出力が多くて負荷が高いか、スワップが発生してディスクアクセスが発生しているか、のいずれかである場合がほとんどです。sarやvmstatによりスワップの発生状況を確認して問題を切り分けます。

確認した結果、スワップが発生している場合は次のような点を手掛かりに探っていきます。

- 特定のプロセスが極端にメモリを消費していないかをpsで確認できる
- プログラムの不具合でメモリを使い過ぎている場合は、プログラムを改善する
- 搭載メモリが不足している場合はメモリ増設で対応する。メモリが増設できない

場合は分散を検討する

　スワップが発生しておらず、かつディスクへの入出力が頻繁に発生している状況は、キャッシュに必要なメモリが不足しているケースが考えられます。そのサーバが抱えているデータ容量と、増設可能なメモリ量を突き合わせて以下のように切り分けて検討します。

- メモリ増設でキャッシュ領域を拡大させられる場合は、メモリを増設する
- メモリ増設で対応しきれない場合は、データの分散やキャッシュサーバの導入などを検討する。もちろん、プログラムを改善してI/O頻度を軽減することも検討する

　以上が、負荷の原因を絞り込むための基本的な戦略になります。

OSのチューニングとは負荷の原因を知り、それを取り除くこと

　負荷の計測方法がわかったところで、OSの性能を向上させるためのチューニング...と言いたいところですが、実は、チューニングの方法は敢えて解説する必要はありません。チューニングという言葉から、本来そのソフトウェアが持っているパフォーマンスを二倍、三倍へと拡げるための施策を想像する方もいるかもしれません。

　しかし、チューニングの本当のところは「ボトルネックが発見されたらそれを取り去る」という作業です。そもそも、元々のハードやソフトが持っている性能以上の性能を出すことはどうがんばっても不可能です。やれることは「ハード/ソフトが本来持つ性能が十分発揮できるよう、問題になりそうな箇所があったらそれを取り除く」ぐらいです。

　最近のOSやミドルウェアは、デフォルトの状態でも十分なパフォーマンスが発揮できるよう設定されています。渋滞していない高速道路の車道を拡げても1台の車が目的地に到達するまでの時間が変わらないのと同じで、デフォルトの設定が最適であれば、いくら設定を変えても多くの場合効果はありません。

　たとえば、CPUの計算時間をフルに使って10秒かかる処理は、どんなにOSの設定をいじったところで10秒以下に縮めることはできません。これが渋滞していない高速道路の例です。

　一方、たとえば他のプログラムのI/O性能が影響していて、そのプログラムが本来10秒で終わるところを100秒かかっている、という場合にはI/O性

能を改善することで解決できます。これは渋滞している高速道路の例です。
　I/O性能を改善するためには、

- メモリを増設することによるキャッシュ領域の確保で対応できるのか
- そもそもデータ量が多過ぎるのか
- アプリケーション側でのI/Oのアルゴリズムを変更する必要があるのか

等々を見極める必要があります。結局、原因がわかればその原因に対する対応方法は自明なのです。この自明になった対応方法を実践することが、チューニングにほかなりません。

　本コラムの元となっている書籍『[24時間365日]サーバ/インフラを支える技術——スケーラビリティ、ハイパフォーマンス、省力運用（WEB+DB PRESS plusシリーズ）』(伊藤 直也／勝見 祐己／田中 慎司／安井 真伸／ひろせ まさあき／横川 和哉著、技術評論社、2008)では、そのために必要になる知識を得るための足掛かりとして、OSの内部のしくみや負荷の計測方法の基本について解説しています。本コラムから5回のコラムにわたって、その書籍から、大規模データ処理を解説する本書を読み解くために役立つであろうOSレベルの基礎知識に関する解説を抜き出し、ダイジェスト版をお送りしていきます。(➡p.41へ続く)。

Lesson 6
スケーリングの要所

スケーリング、スケーラビリティ

　Lesson 5では、メモリとディスクの速度差について話をしました。もう少し先でより詳しく扱いますが、データが大きくなると、その速度差に起因する問題が顕在化しやすいのです。Lesson 6でまずは、このあたりがシステム全体のスケーラビリティ戦略にどのような影響を与えるのかについて見ていきましょう。

　大規模な環境だとサーバをいくつも並べて、並べたサーバで負荷分散しましょう、といった話を聞いたことがあると思います。Webサービスでよく話に上がるスケーリング、スケーラビリティはそのあたりの話です。

　Webサービスでは、高価で速いハードウェアを買って性能を上げる「スケールアップ」戦略よりも、安価で普通の性能のハードウェアをたくさん並べてシステム全体としての性能を稼ぐ「スケールアウト」戦略が主流です。なぜスケールアウト戦略が良いかというと多くのWebサービスに適した形態であるからで、個別の理由はいろいろありますが、コストが安く済むのとシステム構成に柔軟性があるあたりがポイントです。

　ハードウェアの価格が性能とは比例しないのはみなさんよく知ってると思います。10倍の値段がする製品が10倍の速度や信頼性を発揮するわけではありません。いろいろなパターンがありますが、たとえば出たばかりの新製品の部品が十万円以上、一方何らかの速度がちょっと遅いだけで性能にはそれほど大差のない旧版の部品は桁が減った値段で手に入ったりします。同じ性能を確保するのに、安いハードウェアを並べて確保するほうが良かったりするわけです。

　システム構成の柔軟性というのは、考え方次第という面はありますが、たとえば負荷が少ないうちは最小限の投資で、負荷の上昇具合に合わせて拡張していきやすいとか、あるいはちょっとした用途のサーバでも安いし簡単に用意できるとか。何かと小回りが利きやすい、ということですね。

スケーリングの要所——CPU負荷とI/O負荷

さて、スケールアウトではハードウェアを並べて性能を稼ぐ、つまりハードウェアの横展開でスケーラビリティを確保していくことになります。このとき、CPU負荷のスケーラビリティを確保するのは簡単です。

たとえばWebアプリケーションのうち、Webアプリケーションの計算をやっているところ、つまり、HTTPリクエストを受け取って、DBに問い合わせをして、DBから返ってきたデータを加工してHTMLとしてクライアントに返すというところは、基本的にCPUの負荷しかかからない箇所です。これは後で説明するサーバ構成のうち、プロキシやAPサーバ（*application server*）が担当する仕事になります。

一方で、DBサーバのほうにはI/Oの負荷がかかります。これは、大規模データ、およびDBの二つの観点から詳しく見ておきましょう。

Webアプリケーションと負荷の関係

Webアプリケーションと負荷の関係を図にしてみましょう（図2.5）。Webアプリケーションの三層構造には、プロキシ（図2.5❶）、APサーバ（図2.5❷）、DB（図2.5❸）があります。

Webアプリケーションに図2.5❶❷とリクエストが来て、❸DBに到達、I/Oが発生して（図2.5❸）、このI/Oが発生して返ってきたコンテンツを書き換えて（図2.5❹）、クライアントに返します。基本的に❷APサーバにはI/Oの負荷はかかりません。❸DB側にI/Oの負荷がかかります。

❷APサーバはCPU負荷しかかからないので、分散が簡単です。なぜ簡単かというと、基本的にデータを分散して持っているわけではないので、❷'❷"と同じホストが同じように仕事さえできれば分散できるんです。だから台数を増やすだけで簡単に増やしていけるんですね。つまり、新しいサーバを追加したかったら元々あるサーバとまったく同じ構成のサーバ、極端な話コピーを用意して、追加してやるだけ。リクエストを均等に分散したりするのはロードバランサ（*load balancer*）という装置がやってくれます。これでOK。

●図2.5　Webアプリケーションの負荷

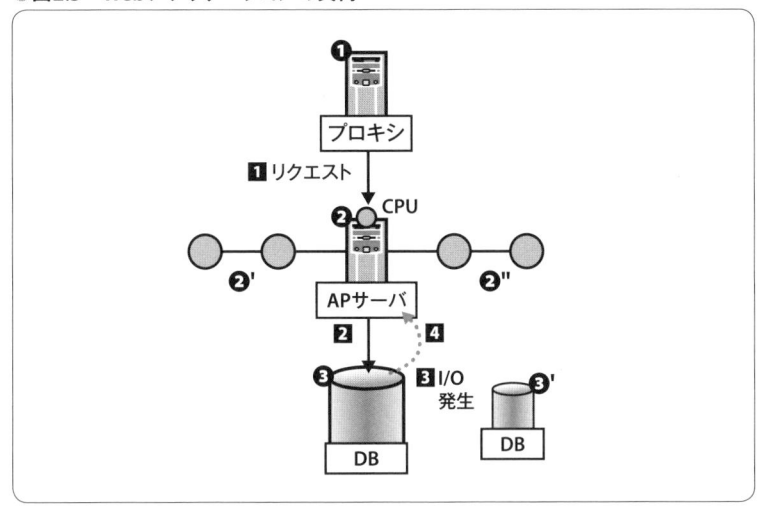

　一方で、I/O負荷には問題があります。❸'を追加することを考えるとすぐわかると思いますが、DB❸❸'を2つ置いてあるとしたら、たとえば❷から書き込みが発生したとして❸の持つデータと❸'のデータをどうやって同期をとるのかという問題が出てきます。❸のデータを❸'のDBにコピーしたはいいけれど、❸のDBに書き込んだ内容はどうやって❸'に書き込めばいいのか...という具合になってしまう。そう、書き込みは簡単には分散できません。

DBのスケーラビリティ確保は難しい

　以上のとおり、DBのスケーラビリティを確保するというのはなかなか難しいのです。

　そして、Lesson 5で先ほど説明したようにディスクが遅いという問題もここに影響します。図2.5の❷はディスクをほとんど使わないのでディスクのことはあまり考えなくていいですが、図2.5❸❸'のDBではディスクをかなり使うので、ディスクI/Oをたくさん発生するような構成になっていると、速度差の問題が出てくる。そして、データが大きくなってくればく

るほど、メモリで処理できずにディスク上で処理しなければならない要件が増えてくる。

　つまり、大規模環境では、I/O負荷を抱えるサーバはそもそも分散させるのが難しい上に、ディスクI/Oが多発するとサーバが簡単に遅くなってしまうという本質的な問題があるわけですね。

　サービスを運営していると、「サービスが重いからサーバ増やしたらどうか？」など提案をいただくこともありますが、実はサーバを増やして解決できるなら簡単なのです。それで解決するなら、いくらでも増やします。はてなはインフラはすごく安く調節できる環境が整っているので、しかも1日か2日で50台くらい導入するというのも、インフラ部の手にかかればわけはないので（笑）、非常に簡単にできるのですが、それで問題が解決しないからこそ難しいと。なので、みなさん、どこかのシステムを使って重いなあと思ったからといって、「サーバ増やせば…」と考えてしまうのは危険ですね。もしそれを言ってしまったら、その瞬間に技術的な知識の背景が透けて見られてしまうかも。この人わかってない？　って。怖い怖い。

　まあ、これは冗談として、とにかくこの難しいI/O負荷のスケーリングというのを考えなくてはいけません。ここをしっかり押さえておいてください。

> **memo**
>
> **CPU負荷のスケーリングは簡単**
> ・同じ構成のサーバを増やす、ロードバランサで分散
> ・Web、APサーバ、クローラ
>
> **I/O負荷のスケーリングは難しい**
> ・DB
> ・大規模データ（➡Lesson 7）

Lesson 6 スケーリングの要所

Column
二種類の負荷とWebアプリケーション
～『サーバ/インフラを支える技術』ダイジェスト(OSレベルの基礎知識：その2)～

前述のとおり、一般的に負荷は大きく二つに分類されます。

- CPU負荷
- I/O負荷

たとえば、大規模な科学計算を行うプログラムがあったとして、そのプログラムはディスクとの入出力(Input/Output、I/O)は行わないが、処理が完了するまでに相当の時間を要するとします。「計算をする」ということからも想像がつくとおり、このプログラムの処理速度はCPUの計算速度に依存しています。これがCPUに負荷をかけるプログラムです。「CPUバウンドなプログラム」とも呼ばれます。

一方、ディスクに保存された大量のデータから任意のドキュメントを探し出す検索プログラムがあったとします。この検索プログラムの処理速度はCPUではなく、ディスクの読み出し速度、つまり入出力に依存するでしょう。ディスクが速ければ速いほど、検索にかかる時間は短くなります。I/Oに負荷をかける種類のプログラムということで、「I/Oバウンドなプログラム」と呼ばれます。

一般的に、APサーバはDBから取得したデータを加工してクライアントに渡す処理を行います。その過程で大規模なI/Oを発生させることは稀です。よって多くの場合、APサーバはCPUバウンドなサーバであるといえます。

一方、Webアプリケーションを構成するもう一つの要素システムであるDBサーバは、データをディスクから検索するのがおもな仕事で、とくにデータが大規模になればなるほど、CPUでの計算時間よりもI/Oに対するインパクトが大きくなるI/Oバウンドなサーバです。同じサーバでも、負荷の種類が違えばその特性は大きく変わってきます。

マルチタスクOSと負荷

WindowsやLinuxなど近年のマルチタスクOSは、その名のとおり同時に複数の異なるタスク＝処理を実行することができます。しかし、複数のタスクを実行するといっても、実際にはCPUや、ディスクなど有限なハードウェアをそれ以上の数のタスクで共有する必要があります。そこで非常に短い時間間隔で複数のタスクを切り替えながら処理を進めることで、マルチタスクを

● 図B.1　マルチタスク

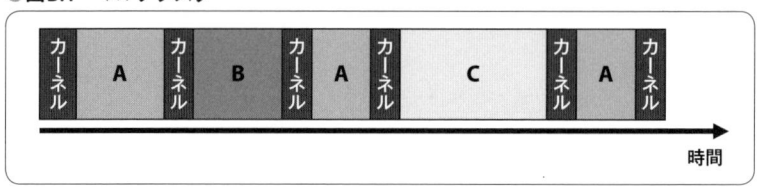

実現しています（図B.1）。

　実行するタスクが少ない状況では、OSはタスクに待ちを発生させずに切り替えを行うことができます。ところが、実行するタスクが増えてくると、あるタスクAがCPUで計算を行っている間、次に計算を行いたいほかのタスクBやCは、CPUが空くまで待たされることになります。この、「処理を実行したくても待たされている」という待ち状態は、プログラムの実行遅延となって現れます。

　topの出力には「load average」（ロードアベレージ）という数字が含まれます。

```
load average: 0.70, 0.66, 0.59
```

　ロードアベレージは、左から順に1分、5分、15分の間に、単位時間あたり待たされたタスクの数、つまり平均的にどの程度のタスクが待ち状態にあったかを報告する数字です。ロードアベレージが高い状況はそれだけタスクの実行に待ちが生じている現れですから、遅延がある＝負荷が高い状況といってよいでしょう。

ロードアベレージが報告する負荷の正体

　ハードウェアは、ある一定の周期でCPUに割り込み信号と呼ばれる信号を送ります。周期的に送られる信号であることから「タイマ割り込み」（Timer Interrupt）と呼ばれます。たとえば、CentOS 5では割り込み間隔は4ミリ秒になるよう設定されています。この割り込みごとに、CPUは時間を進めたり、実行中のプロセスがCPUをどれだけ使ったかという計算など、時間に関連する処理を行います。このとき、タイマ割り込みごとにロードアベレージの値が計算されます。

　カーネルはタイマ割り込みがあったそのときに、実行可能状態のタスクと、

I/O待ちのタスクの数を数え上げておきます。その数を単位時間で割ったものがロードアベレージ値として報告されます。実行可能状態のタスク、というのは他のタスクがCPUを占有していて計算を開始できないタスクです。つまり、ロードアベレージがいう負荷は、

- 処理を実行したくても、実行できなくて待たされているプロセスがどのぐらいあるか

であり、より具体的には、

- CPUの実行権限が与えられるのを待っているプロセス
- ディスクI/Oが完了するのを待っているプロセス

であることがわかります。

　これはたしかに、直感と一致します。CPUに負荷がかかるような処理、たとえば、動画のエンコードなどを行っている最中に別の同種の処理を行いたいと思っても結果が返って来るのが遅かったり、ディスクからデータを大量に読み出している間は、システムの反応が鈍くなったりします。一方、いくらキーボード待ちのプロセスがたくさんあっても、それが原因でシステムのレスポンスが遅くなることはありません。

　ロードアベレージそのものは二つの負荷をまとめて、あくまで待ちタスク数を表すだけの数字なので、これを見ただけでは、CPU負荷が高いのか、I/O負荷が高いのかは判断できません。最終的にサーバリソースのどこがボトルネックになっているのかを判断するには、もう少し細かい調査が必要です（➡ p.47へ続く）。

Lesson 7
大規模データを扱うための基礎知識

プログラマのための大規模データの基礎

　ここまで見てきたように、大規模なデータはメモリで処理しづらく、ディスクは遅い。また、分散もしづらいという難しさがあることがわかりましたね。とはいえ、厳しいからといってさじを投げるわけにはいかない。ここを何とかしましょうというのが、これから続いていく話です。
　以下、大規模データを扱うコツを二つの観点からまとめてみました。

❶プログラムを作るうえでのコツ
❷プログラム開発のさらに下の基礎という点で、前提として知って欲しいこと

　❶、❷もそれぞれ三つずつ挙げるので、くれぐれもこんがらからないように気をつけましょう。

大規模データを扱う三つの勘所 ── プログラムを作るうえでのコツ

　大規模システムを悩ませる大規模なデータ、これを扱うコツ❶は、「いかにメモリで済ませることができるか」というところです。なぜメモリで済ませなくてはいけないかというと、先ほど説明したとおりディスクのシーク回数がスケーラビリティ、パフォーマンスに大きく影響してくるからです。ディスクのシーク回数を最小化するという意味で、メモリを活用したい。あとは、局所性を活かした分散をするといった話もありますが、これについては後ほど取り上げます。
　コツの❷としては、データ量の増加に強いアルゴリズムを使いましょう、という点。単純に線形探索だと1,000万件レコードがあると、1,000万回計算が走ってしまうところをlogオーダーのアルゴリズムを適用すると数十回で済むという、基本的な話がありますよね。そういったアルゴリズムの基礎的なところをちゃんとやりましょうということです。
　次に、コツ❸。データ圧縮や検索技術というテクニックが活きてくる局

面があります。これは追々詳しく補っていきたいと思いますが、端的に言うと圧縮するなどしてデータが小さくできれば読み出すシークの回数も小さくなるので、ディスクの読み出し回数を最小化できます。それから、メモリにキャッシュしやすくなります。データが大きいとそもそもメモリから溢れてしまったり、ディスクに保存してても読み出してくるのに時間がかかったりするので、圧縮が重要になります。

また、なぜ検索が重要かというと、スケーラビリティ的にDBに任せきれなくなったときに、ある用途に特化した検索エンジンみたいなのを作り、その検索システムをWebアプリケーションから利用するという具合に切り替えてあげると、うまく速度が確保できることがあるからです。そのような理由で、圧縮や検索が重要なんですね。

> *memo*
>
> **大規模データを扱うための勘所**
> ❶いかにしてメモリで済ませるか
> - ディスクのシーク回数を最小化する
> - 局所性を活かした分散が実現できる（後述）
>
> ❷データ量の増加に強いアルゴリズム、データ構造
> - 例：線形探索➡二分探索
> - O(n) ➡ O(log n)
>
> ❸データ圧縮、情報検索技術

大規模データを扱う前に。三大前提知識 —— プログラム開発のさらに下の基礎

プログラムを作る側からは、アルゴリズム、圧縮、検索などが大事。そして、プログラム開発のさらに下の基礎という点で、知っておいて欲しいことをお話しします。ここでは三つ取り上げます。

まず❶はOSのキャッシュ。❷は、分散を考慮してRDBMSを運用するときにはどうしなければいけないかというところ。それから❸として、大規模な環境でアルゴリズムとデータ構造を使っていくとはどういうことかというところを見ていきます。これらの三つは後続の第3回〜第5回で詳しく見ていくことにしましょう。

その前にＱ＆Ａコーナー。ここまでで何か疑問はありますか？

学生：インフラの解説と重複するかもしれませんが、I/O負荷のスケーリングに関連して、APサーバとDBサーバの台数はどれくらいでしょうか？

一概には言えませんが、大体はてなブックマークだと先ほどの図2.5❷(p.39)のようなAPサーバが現在10台くらい、図2.5❸のようなDBサーバが25台くらいあります。

台数が多ければ速いというわけではないのは、先ほど説明したとおりです。したがって、補足しておくと、このDBサーバの30台というのは、たとえばDBサーバのほうがI/O負荷のスケーリングが難しいからDBサーバのほうが必ずしも台数が多くなる、というわけではありません。

学生：DBサーバを増やすのと、同期が難しくなるのと関係があるのでしょうか？

そう、ありますね。図2.5❷のAPサーバは増やせば増やすほどどんどん速くなるので、足りなくなったら増やせばいいです。一方、❸のDBサーバは増やしても意味がないというケースがよくあります。後で少し資料が出てるので、そこで改めて取り上げましょう。ここまでは、大丈夫ですか？

では、いよいよ、三大前提知識「OSのキャッシュ」「分散を考慮したRDBMSの運用」「大規模環境におけるアルゴリズムとデータ構造」について、詳しく説明していくことにしましょう。

---

memo

プログラムで大規模データを扱う。その前に…
❶OSのキャッシュ層（➡第3回）
❷分散を考慮したRDBMSの運用（➡第4回）
❸アルゴリズムとデータ構造（➡第5回）

Column
ロードアベレージの次は、CPU使用率とI/O待ち率
~『サーバ/インフラを支える技術』ダイジェスト（OSレベルの基礎知識：その3）~

前出のコラム（p.41）で、ロードアベレージの具体的な算出方法を見ていくと、その値がCPU負荷とI/O負荷を表していることがわかりました。このことは逆にいうと、過負荷でシステムのパフォーマンスが劣化する原因は、ほとんどの場合CPUかI/Oのどちらかに原因がある、ということを示しています。よって、ロードアベレージを見て対応の必要があるとみなした場合、次はCPUとI/Oどちらに原因があるのかを調べることになります。

sarでCPU使用率、I/O待ち率を見る
ここで、CPU使用率やI/O待ちの割合（I/O待ち率）の指標が活きてきます。これらの指標はsarコマンドで確認するとよいでしょう。sar（*System Activity Reporter*）はその名のとおりシステム状況のレポートを閲覧するためのツールです。

図C.1はCPUバウンドなシステムでのsarの実行結果です。sarが他のツールよりも優れている点は、負荷の指標を時間の経過とともに比較しながら閲覧できる点です。図C.1では00:00～00:40までの間のCPU使用率の遷移が確認できます。「%user」はCPUのユーザモードでの使用率で、「%system」がシステムモードです。ロードアベレージが高く、かつこれらCPU使用率の値が高ければ、待たされているプロセスの負荷の原因はCPUリソース不足であると判断できるでしょう。

I/Oバウンドな場合のsar
次に、I/Oバウンドなサーバでのsarの結果を見てみます（図C.2）。「%iowait」はI/O待ち率です。ロードアベレージが高く、かつここの値が高い場合は、負荷の原因がI/Oであると判断できます。

CPU、I/Oいずれかに原因があることがわかったら、そこからさらに詳細に調査していくためにほかの指標、たとえばメモリの使用率やスワップ発生状況などを参照していきます。

このように、ボトルネックを見極める際は、ロードアベレージなどの総合的な数字から、CPU使用率やI/O待ち率などのより具体的な数字、さらには各プロセスの状態へとトップダウンで見ていく戦略が有効です。

マルチCPUとCPU使用率

　昨今のx86 CPUアーキテクチャ（IntelアーキテクチャのCPUの総称を指す）は、マルチコア（*Multi-Core*）化が進んでいます。マルチコアになると、たとえCPUが物理的に1つでもOSからは複数のCPUが搭載されているように見えます。Linuxカーネルは、CPU使用率統計をそれぞれのCPUごとに保持するようになっています。確認してみましょう。

　sarの-Pオプションを利用します。図C.3は、コア4つのクアッドコアCPU

● 図C.1　sarの実行例（CPUバウンドなシステム）

```
% sar
Linux 2.6.19.2-103.hatena.centos5 (jubuichi.hatena.ne.jp)      02/08/08

00:00:01          CPU     %user     %nice   %system   %iowait    %steal     %idle
00:10:01          all     59.84      0.00      1.54      0.00      0.00     38.62
00:20:02          all     48.72      0.00      1.48      0.00      0.00     49.80
00:30:01          all     54.91      0.00      1.45      0.00      0.00     43.64
00:40:01          all     66.39      0.00      1.51      0.02      0.00     32.09
Average:          all     57.47      0.00      1.49      0.01      0.00     41.03
```

● 図C.2　sarの実行例（I/Oバウンドなサーバ）

```
Linux 2.6.18-8.1.8.el5 (takehira.hatena.ne.jp)    02/08/08

00:00:01          CPU     %user     %nice   %system   %iowait    %steal     %idle
00:10:01          all      0.14      0.00     17.22     22.88      0.00     59.76
00:20:01          all      0.15      0.00     16.00     22.84      0.00     61.01
00:30:01          all      0.16      0.00     19.66     18.99      0.00     61.19
00:40:01          all      0.10      0.00      8.50     13.09      0.00     78.30
Average:          all      0.14      0.00     15.34     19.45      0.00     65.07
```

● 図C.3　sar -Pの実行例（CPUバウンドなサーバ、マルチCPU搭載）

```
% sar -P ALL | head -13
Linux 2.6.19.2-103.hatena.centos5 (jubuichi.hatena.ne.jp)      02/08/08

00:00:01          CPU     %user     %nice   %system   %iowait    %steal     %idle
00:10:01          all     59.84      0.00      1.54      0.00      0.00     38.62
00:10:01            0     68.10      0.00      3.71      0.00      0.00     28.19
00:10:01            1     52.82      0.00      0.81      0.00      0.00     46.37
00:10:01            2     53.52      0.00      0.76      0.00      0.00     45.72
00:10:01            3     64.94      0.00      0.88      0.00      0.00     34.18
00:20:02          all     48.72      0.00      1.48      0.00      0.00     49.80
00:20:02            0     62.81      0.00      3.59      0.01      0.00     33.59
00:20:02            1     39.11      0.00      0.81      0.01      0.00     60.07
00:20:02            2     38.17      0.00      0.71      0.00      0.00     61.12
00:20:02            3     54.79      0.00      0.82      0.00      0.00     44.39
```

Column

(*Quad-Core CPU*)が搭載されたサーバでの結果です。各CPUにはCPU IDという連番の数字が付いており、出力のCPU列で確認できます。各CPUごとに使用率の統計が得られています。

　これはCPUバウンドなサーバですが、I/Oバウンドなサーバでの結果を見てみましょう(図C.4)。まずは-Pオプションは用いずに総計だけを見てみます。I/O待ち(%iowait欄)が、平均して20%前後であることが確認できます。このサーバは、コアが2つのデュアルコアCPUを利用しています。sar -Pで個別に見てみます(図C.5)。結果は少し意外です。I/O待ちはほぼCPU 0番だけで発生しており、CPU 1番はほとんど仕事をしていないことがわかります。

　マルチCPUが搭載されていても、ディスクは1つしかない場合、CPU負荷はほかのCPUに分散できてもI/O負荷は分散できません。その偏りがsarの結果となって現れています。平均するとI/O待ちは20%程度とそれほど多くないようにも見えますが、CPUごとに見るとその値の偏りが顕著に現れます。マルチコア環境では、場合によってはCPU使用率を個別に見ていく必要があるといえます(➡ p.63へ続く)。

●図C.4　sarの実行例(I/Oバウンドなサーバ、マルチCPU搭載)

```
% sar | head
Linux 2.6.18-8.1.8.el5 (takehira.hatena.ne.jp)  02/08/08

00:00:01          CPU     %user     %nice   %system   %iowait    %steal     %idle
00:10:01          all      0.14      0.00     17.22     22.88      0.00     59.76
00:20:01          all      0.15      0.00     16.00     22.84      0.00     61.01
00:30:01          all      0.16      0.00     19.66     18.99      0.00     61.19
```

●図C.5　sar -Pの実行例(I/Oバウンドなサーバ、マルチCPU搭載)

```
% sar -P ALL | head
Linux 2.6.18-8.1.8.el5 (takehira.hatena.ne.jp)  02/08/08

00:00:01          CPU     %user     %nice   %system   %iowait    %steal     %idle
00:10:01          all      0.14      0.00     17.22     22.88      0.00     59.76
00:10:01            0      0.28      0.00     34.04     45.58      0.00     20.10
00:10:01            1      0.00      0.00      0.40      0.18      0.00     99.42
00:20:01          all      0.15      0.00     16.00     22.84      0.00     61.01
00:20:01            0      0.30      0.00     31.61     45.58      0.00     22.51
00:20:01            1      0.00      0.00      0.38      0.11      0.00     99.50
```

第3回
OSのキャッシュと分散
大きなデータを効率良く扱うしくみ

講師 伊藤 直也

大規模データを扱うときのポイント
I/O対策の地盤はOSにあり

　第2回で大規模なデータとはどのくらいか、どのようなところが難しいのか、イメージできましたか？続いて第3回は、第2回で登場したメモリやディスクをはじめハードウェアの上に乗っかっているOS部分の話へ移ります。

　第3回では、第2回の大規模データを踏まえて、OSのキャッシュの話をします。OSがキャッシュによって大きなデータを効率良く扱おうとしているしくみの話です。OSのキャッシュで捌ききれなくなったとき、さらに分散の考え方が求められます。プログラミングに入る前に知っておくと、それらを前提にしてプログラム設計をすることができるようになります。これは、大規模なデータを扱う場合、重要なポイントになってきます。

　講義の内容は、Lesson 8でまずOSのキャッシュとは何か、そのしくみを解説します。続くLesson 9では、しくみの理解を踏まえ、キャッシュを前提にしたI/O軽減策について。できるだけメモリで完結させるための対策と、メモリで収まらなくなって複数サーバに分散させるかどうかの指針、分散させるならどうスケーラビリティを確保するかといった話を扱います。Lesson 10では、複数のサーバに分散させた場合にもキャッシュを考慮したい、そのために必要な局所性などの考え方を取り上げます。

> **memo**
>
> **OSのキャッシュと、分散**
> - OSのキャッシュ（➡Lesson 8）
> - キャッシュを前提にしたI/O軽減策（➡Lesson 9）
> - キャッシュを考慮した局所性を活かす分散（➡Lesson 10）

Lesson 8
OSのキャッシュ機構

OSのキャッシュ機構を知ってアプリケーションを書く──ページキャッシュ

　Lesson 5でディスクとメモリの速度差が10^5倍、10^6倍以上あるという話をしましたが、そもそもOSにはディスクのデータに速くアクセスできるようなしくみが乗っています。OSは、メモリを使ってディスクアクセスを減らします。しくみを知って、その前提でアプリケーションを書けばOSにかなりのことを任せられます。

　そのしくみがOSのキャッシュです。Linuxだとページキャッシュ（page cache）とかファイルキャッシュ（file cache）、バッファキャッシュ（buffer cache）と呼ばれるキャッシュ機構を持っています。なお、ファイルキャッシュという呼び方はあまり適切ではありません。理由は後ほど説明します。

　今回は、「ページキャッシュ」と呼んでいきます。このLinuxのページキャッシュの特性をしっかり知っておくべき、というのがここからの話です。

> **memo**
> **メモリ、ディスクと、OSのキャッシュ機構**
> - メモリとディスクの速度は10^5倍〜10^6倍
> - メモリを使ってディスクアクセスを減らしたい
>   ➡ OSはキャッシュ機構のしくみを持っている

Linux（x86）のページング機構を例に

　図3.1を見てみましょう。いきなりx86のページング機構というのは、少し話がマニアックですが。そこは重要なのではなく、「ページというのはそもそも何か」という話をしたくて図3.1の資料を持ってきました。

　図3.1にもありますが、仮想メモリについては、みなさん大丈夫ですか？スワップは？

学生：用語としては聞いたことがありますが、しくみまではわかりません。

● 図3.1　Linux（x86）のページング機構

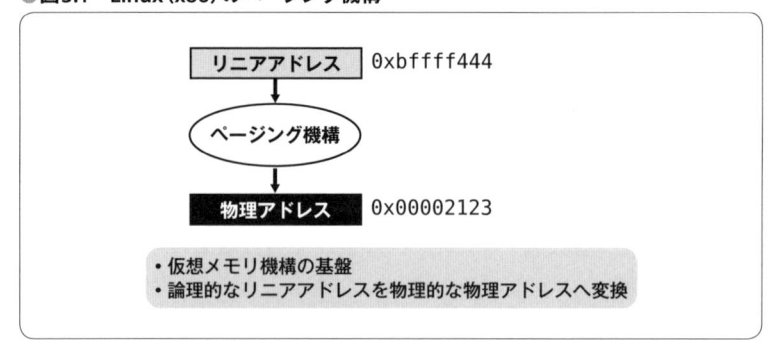

```
リニアアドレス    0xbffff444
      ↓
  ページング機構
      ↓
物理アドレス      0x00002123
```

・仮想メモリ機構の基盤
・論理的なリニアアドレスを物理的な物理アドレスへ変換

　たしかに、しくみはちょっと難しいですね。ちょっと説明しておきましょう。

　巷にはよく仮想メモリ＝スワップと解説している本も少なくありませんが、そうではありません。OSは「仮想メモリ機構」を持っています。仮想メモリ機構は、論理的なリニアアドレスを物理的な物理アドレスへ変換する、という働きをしているというのを示したのが図3.1です[注1]。

仮想メモリ機構

　仮想メモリのしくみがあるのは、OSが物理的なハードウェアを抽象化したいということが一番の理由です。図3.2を元に、もう少し詳しく仮想メモリを見てみましょう。図3.2中、**1**メモリ、**2**OS、**3**アプリケーションプロセスです。

　図3.2**1**のメモリには❶のような番地が付いています。番地＝アドレスですね。この❶だと、0x00002123とか32ビット（*bit*）の番地が付いている。しかし、❶のアドレスを直接プログラムの側から使うといろいろ困ったことが起こります[注2]。

注1　スワップは仮想メモリを応用した一機能で、物理メモリが不足したときに2次記憶（おもにディスク）をメモリに見せかけて、見た目上のメモリ不足を解消するしくみです。
注2　本項の仮想メモリに関する解説は、『サーバ/インフラを支える技術』でも詳しく取り上げています。本書で必要な予備知識は、『サーバ/インフラを支える技術』から一部ダイジェストとして、コラム掲載しています（p.33、p.41、p.47、p.63、p.71）。合わせてぜひご参照ください。

さて、プロセスがメモリがほしいよ（図3.2[1]）となると、いきなり❶のアドレスを持ってくるのではなくて、図3.2[2]のようにOSが❶のメモリの空いてるところを探します。❶のメモリはOSが管理してるんですね。そして、図3.2[3]のとおり空いてるところを返すのですが、❶の0x00002123というアドレスと❷のアドレスを違うアドレスにします。

なぜそうするかというと、あるプロセスというのはメモリを自分がどこを使っているかというのを気にせず、必ずここの地点から始まる、0x000番から始まる、とわかっていると扱いやすいからです（図3.2の下方のmemoを参照）。たとえば、UNIXの共有ライブラリはプロセス内のある決まった番地に割り当てられるようになっています。プロセス内で、特定のアドレスは予約されているんです。そのときもし開始番地がそれぞれバラバラだと、どこからメモリを確保すればいいのかという話になって大変ですね。

このあたりはOSの教科書などを詳しく読んでもらうとよいのですが、ポイントはOSというのはメモリを直接プロセスに渡すのではなくて、いったんこのカーネルの中でメモリのしくみを抽象化していること。それが仮想

● 図3.2　仮想メモリ機構

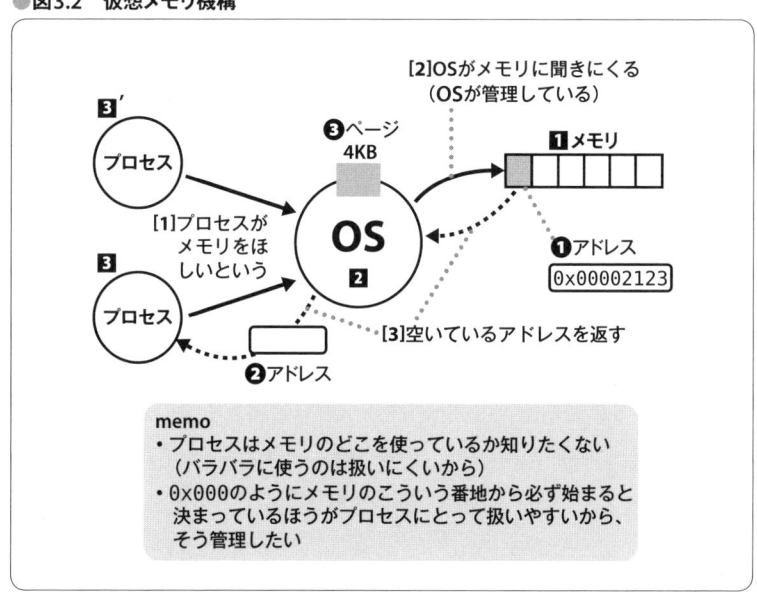

メモリ機構です。

　アドレスの番地を揃えるという以外にも、このアドレス変換にはさまざまな利点がありますが、ここでは割愛します。

　ところで、Lesson 5のディスクのときにもOSがまとめて読み出す…という話がありましたが、図3.2[2]からメモリを確保するときもそれと同じ考え方で、図3.2❸のようにメモリ1バイトずつアクセスするのではなくて適当な4KBくらいをブロックで確保してあげて、それをプロセス側に渡すということをします。その1個のブロックのことを「ページ」といいます。OSはプロセスにメモリを要求されたらページを1個以上、必要なだけページを確保してそれをプロセスに渡すということをやっています。

> memo
>
> **仮想メモリ**
> - プロセスによるメモリの扱いやすさなどの利点を提供する
> - OSがカーネルの中でメモリを抽象化している
> - ページ：OSが物理メモリを確保/管理する単位

Linuxのページキャッシュのしくみ

　そして、OSは、確保したページをメモリ上にずっと確保し続けておく機能を持っています。

　プロセスがディスクからデータを読み出す流れを見てみましょう（図3.3）。OSは図3.3❶のようにディスクからまず4KBのブロックを読み出します。読み出したものは、図3.3❷のように1回メモリ上に置かなければなりません。なぜなら、プロセスは直接ディスクにアクセスできないからです。あくまでプロセスがアクセスできるのは(仮想)メモリだけ。そのため、OSは図3.3❷のように読み出したブロックをメモリに書きます。そして、OSはそのメモリの番地(図3.3❸)をプロセス(❶)に(仮想アドレスとして)教えてあげる。そしてプロセスがそのメモリの❸にアクセスすることになります(図3.3❹)。

　データを読み終えたプロセス(❶)が、「ここのディスクの読み出しは終わ

ってデータは全部処理したからいらない」となっても図3.3❸を解放しないで残しておきます。そうすると次に、別のプロセス(❷)が同じディスクの図3.3❶にアクセスするときには、残しておいたページを使えるのでディスクを読みに行く必要がなくなります。これが、ページキャッシュです。つまり、カーネルが1回割り当てたメモリを解放しないでずっと残しておく...というのがページキャッシュの基本です(図3.3❺)。

ページキャッシュの身近な効果

　これは例外を除き、すべてのI/Oに透過的に作用します。つまり、Linuxではディスクにデータを読みにいくと必ず1回メモリにいって、それが必ずキャッシュされるんですね。したがって、2回め以降のアクセスが速くなります。Linuxでは、と言いましたが、近年のOSは大体このページキャッシュと同様のしくみを持ってます。OSをずっと立ち上げっぱなしにしておくと、ディスク上のデータをメモリの許す限りずっとキャッシュし続けていく。よって、OSはずっと動かしているほうが速くなります。

　Windowsマシンとかみなさんけっこう気軽に再起動しますが、実は再起

●図3.3　ページキャッシュ

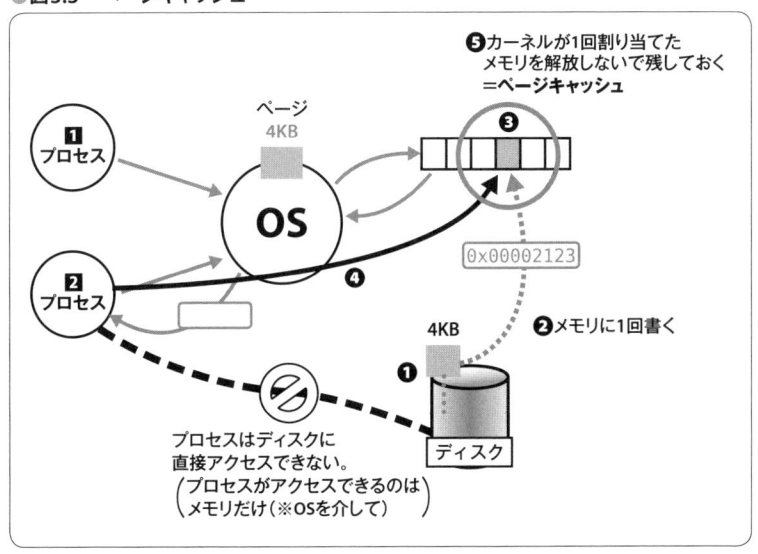

動しないほうがディスクを読み出すときにキャッシュが効きやすくなって速度は速くなります。起動直後はキャッシュがないから、ディスクI/Oが発生しやすいので、ちょっともたつく。WindowsもLinuxも、最近はそういったしくみになっています。

> **memo**
>
> **Linuxのページキャッシュ**
> - ディスクの内容をいったんメモリに読み込む
>   ➡ページが作成される
> - 作成したページは破棄せずに残す
>   ➡ページキャッシュ
> - 例外を除きすべてのI/Oに透過的に作用する
>   ➡ディスクのキャッシュを担う個所(VFS➡後述)

VFS

　ディスクのキャッシュはこんな風にページキャッシュにより提供されますが、実際そのディスクを操作するデバイスドライバとOSの間にはファイルシステムが挟まってますよね(図3.4)。Linuxにはext3、ext2、ext4、xfsなどいくつかのファイルシステムがありますが、その下にデバイスドライバがあり、そのデバイスドライバが実際にハードディスクなどを操作します。ファイルシステムの上にはVFS(Virtual File System、仮想ファイルシステム)という抽象化レイヤがあります。ファイルシステムはいろいろな関数を持っているんですが、そのインタフェースの統一をすることがVFSの役割です。そしてこのVFSがページキャッシュのしくみを持っている。どんなファイルシステムを使って、どんなディスクを読み出しても必ず同じしくみでキャッシュされます。これはすごく良くて、普段みなさんがいろいろなPCを使ったり、いろいろなハードウェア使ったり、いろいろなファイルシステムを使ったりしているのですが、すべて同じしくみで同じようにキャッシュされるので全部同じように考えていればいいということですね。

　VFSの役割はファイルシステムの実装の抽象化と、パフォーマンスに関わるページキャッシュの部分です。このあたりはさらっと押さえておけば

OK。重要なのは次です。

Linuxはページ単位でディスクをキャッシュ

先ほどページキャッシュと言いました。Lesson 8の最初のほうで、ファイルキャッシュというと名前が適切じゃないという話をしましたが、それがここからの話です。

図3.5を見ていきましょう。図3.5❶のディスク上にたとえば4GBくらいのとても大きなファイルが置いてあったとして、図3.5❷のメモリが2GBしかなかったとします。

2GBのうち、500MBくらいをOSがプロセスに割り当てたとします（図3.5❸）。そして、いま1.5GBくらい余裕がありますというときに、4GBのファイルをキャッシュできますか？ という問題が浮かんできます（図3.5❹）。

"ファイル"キャッシュと考えると、ファイル1個の単位でキャッシュして

●図3.4 VFS

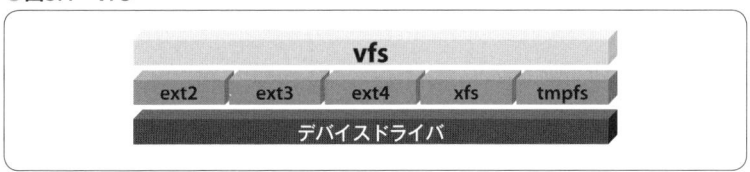

●図3.5 ディスクをページ単位でキャッシュする

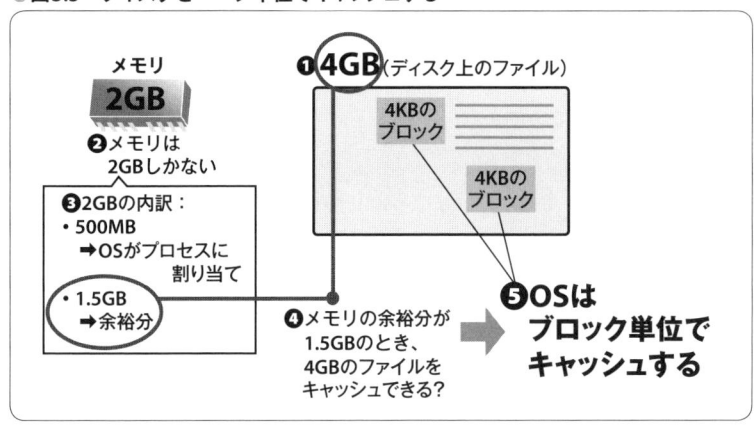

いるようなイメージを与えてしまうので、4GBもキャッシュできないんじゃないだろうかと考えてしまいそうなのですが、実はそうではありません。

OSは、図3.5❺のように読み出したブロック単位だけでここだけとか、ここだけというようにキャッシュします。ここでは、ディスク上で配置されている4KBブロックだけをキャッシュするので、あるファイルの一部分だけ、読み出すところだけをキャッシュできます。このディスクをキャッシュする単位がページです。ここで、前述したファイルキャッシュという呼び方が適切ではない理由も納得できるかと思います。

> **memo**
> ページ＝仮想メモリの最小単位

LRU

メモリの余裕が1.5GBあって、ファイルを4GB分全部読んだらどうなるかというと、しくみとしてはLRU（*Least Recently Used*）、一番古いものを廃棄して一番新しいものを残すという形になっているので、最近読んだところがキャッシュに残って、昔読んだ古いものが破棄されていきます。よって、DBもずっと動かしていればキャッシュがどんどん最適化されていくので、起動した直後より、後になるほどだんだんと負荷、I/Oが下がっていくという特性を見せます。

（補足）どのようにキャッシュされるか ── iノードとオフセット

実際に、どのように図3.5❺の一部分だけキャッシュされているか、説明しておきます。このあたりはしくみのところなので、必ずしも覚える必要はありません。

Linuxはファイルをiノード番号という番号で識別していて、そのファイルのiノード番号と、そのファイルのどこから始まるかというオフセットの2つの値をキーにキャッシュします。この2つをキーにすると、❶どのファイルの、❷どのあたりをというペアでキャッシュのキーを管理できるので、結果としてファイル全体ではなく、ファイルの一部をキャッシュしていけます。

そしてファイルがいくら大きくても、このキーから該当ページを探すときのデータ構造は最適化されています。そのOS（＝カーネル）内部で使われているデータ構造はRadix Treeといって、ファイルがどんなに大きくなってもキャッシュの探索速度が落ちないように工夫されたデータ構造です。したがって、大きいファイルの一部分をキャッシュしても小さいファイルの一部分をキャッシュしても、同じ速度でキャッシュを探すことができるようになっています。

メモリが空いていればキャッシュ ——sarで確認してみる

　実例を見ながらページキャッシュの特性を見ていきましょう。まず、Linuxはメモリが空いていれば全部キャッシュします。これには制限がなく、Linuxは空いていれば空いているだけずっとディスクの内容をキャッシュし続けます。なお、プロセスがメモリをほしいと言ったときに、キャッシュのせいでメモリがもう空いていなければキャッシュの古いものを捨ててプロセスにメモリを確保します。

　sarというツール、みなさんのシステムに入っていますか？ sysstatというパッケージを入れると、sarというツールが入るので入れてくださいね注3。

　では図3.6を見てください。図3.6はsar -rの実行例です。sar -rは、1秒に1回今のメモリの状態を出力しろという命令になります。

　見てほしいのがまず、図3.6の❶の部分。kbcachedは「kilo byte cached」の略で、キャッシュされている容量です。今、図3.6のシステムは大体1GBメモリを持ってます。そのうちの694MB、700MB近くにキャッシュに使っています。次に見てほしいのが❷の%memusedのところ。メモリを99％くらい使ってしまっていますね。

　メモリを99％も使っていて、しかもそのうちの700MB近くをキャッシュに割り当てている。これをページキャッシュのしくみを知らないときに見たら、「おれのPC、まったくメモリ足りない！」「1GBしかないのにキャッシュに700MBも使ってる！」と慌てるかもしれませんが… 実際はそうでは

注3　本書ではsarで説明しますが、vmstatというツールも同様の用途に使えます。sarの使い方についてはコラムでも取り上げていますので、合わせて参照してみてください（p.47、63）。

●図3.6　sar -rの実行例（一部省略）

```
% sar -r 1 10000
Linux 2.6.11-co-0.6.4 (colinux)          05/28/07
                                    ↓❷              ↓❶
19:50:32      kbmemfree  kbmemused  %memused  kbbuffers  kbcached  %swpused  kbswpcad
19:50:33           5800    1005888     99.43      28244    694088      0.00         0
19:50:34           5800    1005888     99.43      28244    694088      0.00         0
19:50:35           5800    1005888     99.43      28244    694088      0.00         0
19:50:36           5800    1005888     99.43      28244    694088      0.00         0
```

ないですね。

OSが、メモリの空いているところにどんどんディスクをキャッシュしていってるだけです。キャッシュ以外でメモリが必要になったら古いキャッシュが破棄される。ですので後で少し触れますが、たとえばディスクに数GBくらいしかデータがないなら、メモリを8GBくらい積んでおくと全部キャッシュに載るんです。

> **memo**
> **Linuxはメモリが空いていれば全部キャッシュ**
> ・制限なし ➡ sar -rで確認

メモリを増やすことでI/O負荷軽減

以上の話を踏まえると、メモリを増やすと実はI/Oが軽減できるということはすぐわかりますね。メモリを増やすとキャッシュに使える容量が増える、キャッシュに使える容量が増えるとよりたくさんのデータがキャッシュできる、たくさんキャッシュされるとディスク読み出し回数が減る…という流れです。

ここでも実例を見てみましょう。図3.7、図3.8は実際のはてなブックマークの昔のデータです。sar -rで先ほどメモリの状態を見ましたが、図3.7、図3.8のように、ある時間帯にI/Oでどれくらいプロセスが待たされているのかも確認できます。

さて、図3.7の出力を見ていくと、%iowaitが大体20%くらいありますね。これはプロセスが仕事をするときにしょっちゅうI/Oで待たされていると

いう信号です。これはあまり良くない。で、メモリを4GB(図3.7)だったものを8GB(図3.8)にしたら、ほとんど待ちがなくなってます。

これはどういうことかというと、4GBではキャッシュしきれなかったけど、8GBにしたらデータベース上のファイルをほとんどキャッシュに乗せることができたという結果です。

このように「メモリを増やしてI/Oの負荷を軽減していきましょう」というのが、データが大きくなったときの基本方針。あれ？ だったら工夫しなくてもメモリどんどん増やせばいいのでは？ というような考えが浮かびそうなものですが、そうは問屋が卸さない。そこは後回しにするとして、もう少し本題の続きをお話しします。

ページキャッシュは透過的に作用する

もう1つ実例。図3.9も同じくsar -rのメモリの状況で、これはキャッシュが透過的に作用するということを示しています。❷行を見ると突然96.98％にメモリの使用量が上がっています。これはどういうことか。

図3.9❶行から❷行の間にとても大きなファイルをreadしたのです。これが全部キャッシュに入ったので、96％を使ってしまった。実際❶行まで

● 図3.7　メモリ(4GB)

```
% sar -f /var/log/sa/sa05
14:10:01        CPU     %user    %nice   %system   %iowait    %idle
14:20:01        all      8.58     0.00      5.84     16.58    69.00
14:30:01        all      7.41     0.00      5.14     17.81    69.63
14:40:01        all      7.74     0.00      4.97     18.56    68.73
14:50:01        all      7.02     0.00      5.01     16.24    71.72
```

● 図3.8　メモリ(8GB)

```
% sar -f /var/log/sa/sa06
14:10:01        CPU     %user    %nice   %system   %iowait    %idle
14:10:01        all     18.16     0.00     11.56      0.80    69.49
14:20:01        all     12.48     0.00      9.47      0.88    77.17
14:30:01        all     14.20     0.00     10.17      0.91    74.72
14:40:01        all     13.25     0.00      9.74      0.75    76.25
```

キャッシュが50MBとか60MBしか使っていなかったのが、突然4GBくらいのキャッシュが載ったということになります。OS起動直後はカーネルがディスクをあまり読みに行かないので、ほとんどキャッシュが入っていないのですが、何かファイルをreadするとそれをバーッとキャッシュしてくれます。

ファイルのキャッシュのしくみは、大体こんな感じになっています。

●図3.9 OS起動直後に数GBのファイルをreadした結果（一部省略）

```
% sar -r
18:20:01   kbmemfree kbmemused  %memused kbbuffers kbcached %swpused kbswpcad
18:30:01     3566992    157272      4.22     11224    50136     0.00        0
18:40:01     3546264    178000      4.78     12752    66548     0.00        0   ←①
18:50:01      112628   3611376     96.98      4312  3499144     0.00       44   ←②
                                  ↑%memusedの値が大幅に上昇
```

Column
sarコマンドでOSが報告する各種指標を参照する
~『サーバ/インフラを支える技術』ダイジェスト(OSレベルの基礎知識:その4)~

　ここまででたびたび取り上げてきましたが、OSが報告する各種指標を参照するツールはいろいろとある中で、汎用的で便利なのがsarです。sarには2つの使い方があります。

- 過去の統計データに遡ってアクセスする(デフォルト)
- 現在のデータを周期的に確認する

　sarにはsadcというバックグラウンドで動くプログラムが付属していて、sysstatパッケージをインストールすると、自動でsadcがカーネルからレポートを収集して保存してくれるようになっています。先ほどのコラム(p.47)で見たようにsarコマンドをオプションを付けずに実行すると、sadcが集めたCPU使用率の過去の統計を参照することができます。

　デフォルトでは、直近の0:00からのデータが表示されます。さらに遡って昨日以前のレポートを見たい場合は、図D.1のように-fオプションで/var/log/saディレクトリに保存されたログファイルを指定します。この過去のデータを閲覧する機能は非常に重宝します。たとえば障害があった後など、障害が発生した原因を探る場合に障害発生時間帯のデータが役に立ちます。また、プログラムを入れ替えた後などのパフォーマンスの変化はsarのデータをしばらく取って、プログラム入れ替え前後を比較することで確認できます。

　過去のデータではなく、今現在のデータが見たい場合はsar 1 3と数字を引数に与えます。「1 3」は「1秒おきに3回」という意味です。こうすると、図D.2のように1秒おきにCPU使用率を閲覧できます。今そのときシステムで何が起こっているかを確認するには、多くの場合sarのこの機能を使うことでカバーできます。

● 図D.1　sar -fの実行例

```
% sar -f /var/log/sa/sa04 | head
Linux 2.6.19.2-103.hatena.centos5 (goka.hatena.ne.jp)    02/04/08

00:00:01        CPU     %user    %nice   %system   %iowait    %steal     %idle
00:10:01        all      3.21     0.00      2.51      2.16      0.00     92.12
00:20:01        all      3.10     0.00      2.48      2.04      0.00     92.38
00:30:01        all      3.01     0.00      2.34      1.94      0.00     92.71
00:40:02        all      2.92     0.00      2.29      1.95      0.00     92.84
```

sarはオプション指定で、CPU使用率以外にもさまざまな値を参照できるようになっています。多数のレポートが閲覧できますが、以降ではよく使うものだけに絞って紹介します。なお、-PオプションでCPUごとにデータを閲覧することができるのは、前述のとおりです。

sar -u──CPU使用率を見る

デフォルトで表示されるCPU使用率などの情報はsar -u相当です（図D.3）。各列の指標は、

- user
  ユーザモードでCPUが消費された時間の割合
- nice
  niceでスケジューリングの優先度を変更していたプロセスが、ユーザモードでCPUを消費した時間の割合
- system
  システムモードでCPUが消費された時間の割合
- iowait
  CPUがディスクI/O待ちのためにアイドル状態で消費した時間の割合

●図D.2　sarで今現在のデータを見る

```
% sar 1 3
Linux 2.6.19.2-103.hatena.centos5 (goka.hatena.ne.jp)    02/08/08

16:13:30          CPU     %user     %nice   %system   %iowait    %steal     %idle
16:13:31          all      2.04      0.00      3.56      3.82      0.00     90.59
16:13:32          all      2.27      0.00      2.02      1.26      0.00     94.44
16:13:33          all      2.28      0.00      2.03      1.52      0.00     94.16
Average:          all      2.20      0.00      2.54      2.20      0.00     93.07
```

●図D.3　sar -uの実行例

```
% sar -u 1 3
Linux 2.6.19.2-103.hatena.centos5 (koesaka.hatena.ne.jp)    02/08/08

16:19:14          CPU     %user     %nice   %system   %iowait    %steal     %idle
16:19:15          all     14.89      0.00      1.74      0.00      0.00     83.37
16:19:16          all     26.37      0.00      1.49      0.00      0.00     72.14
16:19:17          all     17.00      0.00      1.50      0.00      0.00     81.50
Average:          all     19.42      0.00      1.58      0.00      0.00     79.00
```

- steal

    XenなどOSの仮想化を利用している場合に、ほかの仮想CPUの計算で待たされた時間の割合

- idle

    CPUがディスクI/Oなどで待たされることなく、アイドル状態で消費した時間の割合

となります。負荷分散を考慮するにあたってはuser/system/iowait/idleの値が重要な指標となります。

sar -q──ロードアベレージを見る

-qを指定すると、ランキューに溜まっているプロセスの数、システム上のプロセスサイズ、ロードアベレージなどが参照できます（図D.4）。値の推移を時間とともに追える点が、ほかのコマンドよりも便利です。

sar -r──メモリの利用状況を見る

-rを指定すると、物理メモリの利用状況を一覧することができます。図D.5は、4GBの物理メモリを搭載したサーバでのsar -rの結果です。各列の

● 図D.4　sar -qの実行例

```
% sar -q 1 3
Linux 2.6.19.2-103.hatena.centos5 (koesaka.hatena.ne.jp)      02/08/08

16:15:19       runq-sz   plist-sz   ldavg-1   ldavg-5   ldavg-15
16:15:20             0        123      0.62      0.72       0.81
16:15:21             0        123      0.62      0.72       0.81
16:15:22             2        122      0.62      0.72       0.81
Average:             1        123      0.62      0.72       0.81
```

● 図D.5　sar -rの実行例（一部カラム省略）

```
% sar -r | head
Linux 2.6.19.2-103.hatena.centos5 (koesaka.hatena.ne.jp)      02/08/08

00:00:01    kbmemfree  kbmemused  %memused  kbbuffers   kbcached  kbswpfree  kbswpused
00:10:01       522724    3454812     86.86     114516    2236880    2048204         72
00:20:01       534972    3442564     86.55     114932    2225880    2048204         72
00:30:01       437964    3539572     88.99     115348    2238952    2048204         72
00:40:01       491184    3486352     87.65     115768    2251440    2048204         72
00:50:01       491208    3486328     87.65     116160    2263248    2048204         72
01:00:01       457364    3520172     88.50     116524    2274732    2048204         72
01:10:01       453172    3524364     88.61     116904    2281576    2048204         72
```

Column

kbmemfreeやkbmemusedの「kb」はKilobyteの略です。おもな項目の意味を以下に記します。

- kbmemfree：物理メモリの空き容量
- kbmemuserd：使用中の物理メモリ量
- memused：物理メモリ使用率
- kbbuffers：カーネル内のバッファとして使用されている物理メモリの容量
- kbcached：カーネル内でキャッシュ用メモリとして使用されている物理メモリの容量
- kbswpfree：スワップ領域の空き容量
- kbswpued：使用中のスワップ領域の容量

sar -rを使うと、時間推移とともにメモリがどの程度、どの用途に使われていくかを把握できます。後述のsar -Wと組み合わせると、スワップが発生した場合に、その時間帯のメモリ使用状況がどうであったかを知ることができます。

sar -W──スワップ発生状況を見る

-Wを指定すると、スワップの発生状況を確認できます（図D.6）。「pswpin/s」は1秒間にスワップインしているページ数、「pswpout/s」はその逆、スワップアウトしているページ数です。スワップが発生すると、サーバのスループットは極端に落ちてしまいます。サーバの調子が悪いとき、メモリ不足でスワップが発生しているか否かが疑わしい場合はsar -Wを利用すると、その時間にスワップが発生している/いたかどうかを確認することができます（→p.71へ続く）。

●図D.6　sar -Wの実行例

```
19:20:01        pswpin/s  pswpout/s
19:30:01            0.00       0.00
19:40:01            0.00       0.00
19:50:37           44.01     811.27
Average:            0.39       7.21
```

Lesson 9
I/O負荷の軽減策

キャッシュを前提にしたI/O軽減策

　Lesson 8で見たように、キャッシュによるI/O軽減効果は非常に大きい。キャッシュを前提にI/Oを軽減するという対策をしていくのが有効なのがわかりますね。これこそがI/O対策の基本です。この基本から導き出せるポイントを二つ紹介します。

　一つめのポイントは、データ規模に対して物理メモリが大きければ全部キャッシュできるので、そこを考えること。扱おうとしているデータの、データサイズに注目せよということですね。

　また途中、大規模データ処理ではデータの圧縮が重要だと言ったのはこのあたりで、圧縮して保存しておけばディスクの内容を全部そのままキャッシュできることが多いです。たとえば一般的な圧縮のアルゴリズムだと、LZ法など圧縮率はそこそこというものでもテキストファイルだと大体半分くらいに圧縮できます。4GBのテキストファイルだとメモリ2GBのマシンでほとんどキャッシュできず、後半のほうがまったくキャッシュできなかったものが、圧縮して保存しておけば2GBでキャッシュできる割合がかなり増えますね。

　もう一つは、経済的コストとのバランスを考慮したいという点です。現状、メモリは8GB～16GBくらいが1つのサーバのコモディティ、すなわちよくある構成です。今どきのサーバは大体、納品されるとメモリが8GB～16GB載っています。APサーバはそんなにメモリが必要ないので、4GBくらいだったりしますが、DBだとこれくらいのメモリが載ってきます。

　本項執筆時点の2009年8月で、メモリの市場価格は2GB単体モジュールだったら2,000円くらいなので、8GB積んでも1万円いきません。すごい時代ですね。筆者がインフラの仕事を中心にやっていたのは2年くらい前ですが、その当時で8GBだと少し高かった。8GB積んで3万円とか4万円くらいでしたが、今は1万円いきません。

　がんばってソフトウェアを開発して、よしこれはデータをめちゃめちゃ

切り詰めてキャッシュするようにできるぞと5人月くらいを半年くらい投入してすごい圧縮のアルゴリズムを考えた。でも、そもそも8GBのメモリに収まる内容だったら、実は1万円程度しかかからないので、コスト的にはそんなことしなくてもよかったという話になってしまいます。したがって、市場ではどのくらいの性能のサーバがコモディティなのかというのも重要になってきます。

なお、メモリはたとえば今だと、1枚で2GBのメモリと1枚で4GBのメモリではまったく値段が違ってきます。よって、メモリが32GBとか64GBくらいないとキャッシュできないという話になってくると、ハードウェアコストが突然高くなるので、ソフトウェアで頑張りましょうという話になってきますよね。

> **memo**
>
> **キャッシュを前提にしたI/O軽減策**
> - データ規模＜物理メモリならすべてキャッシュできる
> - 経済的コストとのバランスを考慮
>   ➡現状のコモディティ：8GB〜16GB

複数サーバにスケールさせる ── キャッシュしきれない規模になったら

メモリを増やして全部キャッシュできればいいですが、当然データがキャッシュしきれない規模になることはあります。そうなったら、どうするか？ そこではじめて、複数サーバにスケールさせるという考え方が必要になってきます。

Lesson 6の図2.5(p.68)で取り上げたプロキシ、APサーバ、DBサーバという3層構造のおさらいです。図3.10を見てください。図3.10❶のAPサーバを増やす理由というのは基本的にCPU負荷を下げたいから、分散させたいからです。一方、図3.10❷のDBサーバを増やしたいときは、必ずしも負荷ではなくて、むしろキャッシュの容量を増やしたい、あるいは効率を上げたいというときのほうが多いです。

したがって、図3.10❶APサーバのを増やすということと❷DBサーバを増やすということは、同じサーバを増やすという話でも必要になるリソー

スというか、要求されるリソースがまったく異なります。DBサーバは「増やせばいい」というロジックがあてはまらなくなってきます。頑張って、ここで図3.10 ❷の部分でDBサーバをたくさん増やして100台にしても、増やし方の方針によっては思ったような効果が得られないことになります。

> **memo**
>
> **キャッシュしきれない規模になったら**
> ・複数サーバにスケールさせる
>   ➡ CPU負荷分散では単純に増やす
>   ➡ I/O分散では局所性を考慮する（後述）

単に台数を増やしてもスケーラビリティの確保はできない

キャッシュの容量を増やしたいという話になりましたが、単純に台数を増やしただけでは実はダメです。なぜなら、たとえば図3.11のように単にデータをコピーして台数増やしてしまうと、そもそもキャッシュの量が足りなくて増やしたのに、その足りない部分もそのまま同じだけ増やしてしまっていることになります。つまり、図3.11の黒部分が相変わらずキャッシュできていないという状況になります。

● 図3.10　サーバの増設と負荷（おさらい）

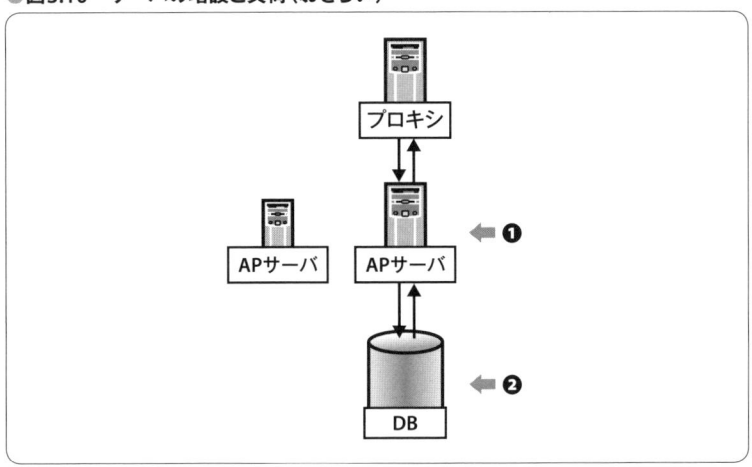

●図3.11 単純にコピーして増やすのは微妙なことも

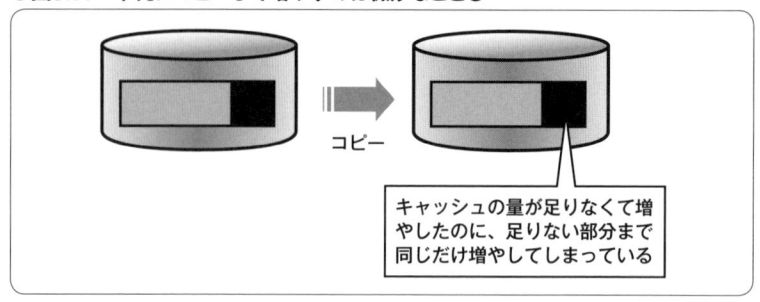

キャッシュの量が足りなくて増やしたのに、足りない部分まで同じだけ増やしてしまっている

　前述のとおり、例によってメモリとディスクの速度差が10^5倍とか10^6倍くらいあるので、結局黒部分にアクセスした瞬間に遅くなってしまうというのは変わりません。サーバを増やしたことでシステム全体としてはほんのちょっとは速くなるかもしれませんが、増設のコストに対してその性能向上ではまったく足りなくて、スケーラビリティを確保するというときには、サーバを増やしたら10倍とか100倍くらい速くなってもらわないと困ります。よって、単純に台数を増やすだけ…というのは良い選択肢ではありません。では、どうするかという話が気になるところですね。Lesson 10で詳しく見ていくことにしましょう。

> **memo**
>
> **単純に台数を増やす**
> - キャッシュできない割合は相変わらずそのまま
>   ➡すぐに再度ボトルネックになる

Lesson 9 I/Oの軽減策

Column
I/O負荷軽減とページキャッシュ
～『サーバ/インフラを支える技術』ダイジェスト(OSレベルの基礎知識:最終回)～

　前出の図D.5(p.65)を今一度見てみましょう。図D.5では「%memused」が90%近くの数字を示し、空き容量「kbmemfree」はわずか500MB程度です。また時間を追うごとにkbmemfreeの数字は少なくなっていっており、このままではメモリ不足になってしまうかのようにも見えます。しかし、ここでLinuxの「ページキャッシュ」の存在を忘れてはいけません。本文で説明したとおり、Linuxは一度ディスクから読み出したデータは可能な限りメモリにキャッシュして、次回以降のディスクリード(*disk read*)が高速に行われるよう調整します。このメモリに読み出したデータのキャッシュは「ページキャッシュ」と呼ばれます(Lesson 8でも解説しています)。

　Linuxはメモリ領域を4KBの塊に区切って管理します。この4KBの塊は「ページ」と呼ばれます。ページキャッシュは、その名のとおりページのキャッシュです。つまり、ディスクからデータを読み取るとはページキャッシュを構築することにほかなりません。読み出したデータはページキャッシュからユーザ空間へ転送されます。

　Linuxのページキャッシュの挙動で覚えておくべきは「Linuxは可能な限り空いているメモリをページキャッシュに回そうとする」というポリシーです。つまり、

- 何かディスクからデータを読んで、
- まだそれがページキャッシュ上になく、
- かつメモリが空いていれば、
- (古いキャッシュと入れ替えるのではなく)いつでも新しいキャッシュを構築する

のです。キャッシュ用のメモリがなければ、古いキャッシュを捨てて新しいキャッシュと入れ替えます。また、プロセスがメモリを必要とした場合は、ページキャッシュよりも優先的にメモリが割り当てられることになります。

　`sar -r`の結果で、時間を追うごとにkbmemfreeが減っていくのはページキャッシュが理由です。その証拠に、ページキャッシュに割り当てたメモリ容量に相当するkbcachedの値は、徐々に増加しています。

ページキャッシュによるI/O負荷の軽減効果

　ページキャッシュの効果は、どの程度期待できるのでしょうか。結論だけ

述べると、完全にデータがメモリに載るだけの容量があれば、ほぼすべてのアクセスはメモリから読み出しを行うことになるので、プログラムでメモリ上にファイルの内容をすべて展開した場合と変わらない速度が期待できます。

たとえば図E.1は、実際にMySQLが稼動しているDBサーバのメモリを、8GBから16GBへ増設した前後の sar -P 0 の出力の比較です。このDBが保存しているデータは20GB弱で、16GBメモリがあれば有効なデータのほとんどはキャッシュに載せることができます。

メモリ増設の効果は一目瞭然です。20%強あったI/O待ち（%iowait）がほとんどなくなるまでになりました。このように、とくにI/Oバウンドなサーバでは、そのサーバが扱うデータ量に合わせてメモリを搭載するのがI/O負荷を軽減するのに効果的な方法です。

sar -r を見れば、どの程度カーネルがキャッシュを確保しているかが判断できます。そのキャッシュの容量と、実際にアプリケーションが扱う有効なデータ量を比較して、データ量のほうが多ければメモリ増設を検討します。うまくキャッシュにデータが載っている状態では、ディスクに対するアクセスは最低限になります。後述する vmstat を使えば、実際のディスクアクセスがどの程度発生しているかを確認できます。

メモリを増設できない場合は、データを分割して別々のサーバでホストすることを検討します。データを上手に分割すると、単純にディスクI/O回数が台数を増やしたぶん減るだけでなくキャッシュに載るデータの割合が増え

●図E.1　sar -P 0の出力の比較

```
• メモリ8GB時
13:40:01        CPU     %user     %nice   %system   %iowait    %idle
13:50:01          0     20.57      0.00     15.61     23.90    39.92
14:00:01          0     18.65      0.00     16.54     30.36    34.45
14:10:01          0     19.50      0.00     15.26     20.51    44.73
14:20:01          0     19.38      0.00     16.19     21.93    42.50

• メモリ増設後
15:20:01        CPU     %user     %nice   %system   %iowait    %idle
15:30:01          0     23.31      0.00     17.56      0.81    58.32
15:40:01          0     22.43      0.00     16.60      0.86    60.11
15:50:01          0     22.90      0.00     16.93      1.06    59.11
16:00:01          0     23.54      0.00     18.37      1.02    57.07
```

ページキャッシュは一度 read してから

前述のとおり、ページキャッシュはその名のとおりキャッシュですので、当然キャッシュミスしたデータは直接ディスクから読み込みます。OS が起動した直後はほとんどのデータが未キャッシュ状態ですので、ほぼすべての読み取り要求はキャッシュではなく、ディスクへと転送されます。

MySQL などの DB サーバを運用するにあたって、大規模なデータを扱う場合はここに注意が必要です。たとえば、メンテナンスなどでサーバを再起動した場合、それまでにメモリにキャッシュされていたページキャッシュは、すべてフラッシュされてしまいます。リクエストの多い DB サーバを、キャッシュが構築されていない状態で実際に稼動させた場合はどうなるでしょうか。ご想像のとおり、ほぼすべての DB アクセスはディスク I/O を発生させてしまいます。大規模な環境ではこれが原因で DB がロックしてしまい、サービス不能になるということも珍しくありません。一度必要なデータ全体に読み込みをかけてから、プロダクション環境に戻すといった工夫が必要になります。

たとえば、I/O バウンドなサーバが I/O 負荷が高くスループットが出ないという場合には、ページキャッシュが最適化された前なのか後なのかで話が変わってくるともいえるでしょう。

最後に、一つおもしろいデータを紹介します。図 E.2 は、メモリを 4GB 搭載している MySQL サーバでの OS 起動後から 20 分程度の sar -r の結果です。OS が起動した後、MySQL の各種データファイル全体を読み込むプログラム（ファイルを read するだけのプログラム）を動かしました。

起動直後はメモリの使用率は 5％弱で、空きメモリが 3.5GB 程度あります。この後データファイルを読み込んだことで、メモリ使用率が 96.98％まで上がっています。ファイルを読み込んだおかげで、その内容がページキャッシュとして保持されているのがわかりますね。

●図E.2　ページキャッシュとして保持された例（一部カラム省略）

	kbmemfree	kbmemused	%memused	kbbuffers	kbcached
18:20:01					
18:30:01	3566992	157272	4.22	11224	50136
18:40:01	3546264	178000	4.78	12752	66548
18:50:01	112628	3611636	96.98	4312	3499144

Lesson 10
局所性を活かす分散

局所性を考慮した分散とは？

　キャッシュの容量を増やすべく、どうしたら複数台のサーバにスケールさせるかという話に突入します。そのためには、局所性を考慮して分散させます。局所性はローカリティとも呼ばれます。先ほど図3.11ではデータをまるごと複製していました。そうではなく、アクセスのパターンを考慮して分散させるという方法が、局所性を考慮した分散にあたります。

　図3.12がそのイメージです。図3.12❶のDBサーバに、アクセスパターンAのときは図3.12**1**にアクセスがいっぱい来て、アクセスパターンBのときには**2**に来るというように、データのアクセスの傾向に処理によって偏りがあるということがよくあります。

　たとえばはてなブックマークを例にすると、「人気エントリー」のページを表示する場合には人気エントリー用のデータベースのキャッシュテーブルをかなり引きに行くのですが、自分のブックマークテーブルを引くとき、つまりid:naoya(筆者伊藤)のブックマークのデータにアクセスするのとでは、まったくアクセスのパターンが違います。ここで人気エントリーへのアクセスのときはDBサーバ❶の**1**、そうじゃないときはDBサーバ❷の**2'**

●図3.12　アクセスパターンを考慮した分散

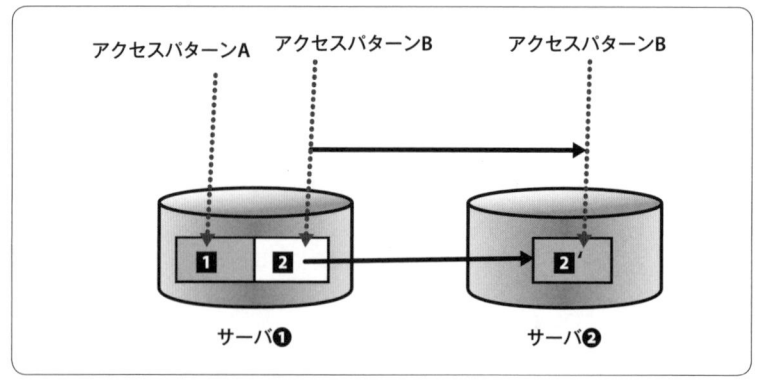

にリクエストを振り分けます。すると、アクセスAはDBサーバ❶の**1**、アクセスBはDBサーバ❷の**2**'、とそれぞれ分散されます。このように振り分けを行うと、**2**へのアクセスはなくなりますね。

サーバ❶とサーバ❷両方にとくにアクセスパターンを考慮せずに振り分けた場合は、**2**へのアクセスは依然として続くので、サーバ❶は**2**のデータ領域もキャッシュを行う必要があります。しかし、図のようにアクセスパターンを考慮して振り分けた場合は**2**の箇所はもうアクセスが来なくなるので、そのぶんキャッシュ領域をほかに回すことができますね。サーバ❷側でも同じことが言えます。結局システム全体としては、メモリに載せられるデータ量が増えることになります。

> **memo**
>
> **局所性を考慮した分散**
> - アクセスパターンを考慮した分散
> - キャッシュできない箇所がなくなる
>   ➡ メモリはディスクの10^6倍の速度の恩恵が得られる

パーティショニング──局所性を考慮した分散❶

局所性を考慮した分散を実現するためには、パーティショニングと呼ばれる方法をよく使います。パーティショニングは、1つだったDBを複数のサーバに分割する手法のことです。分割の手法はいろいろあるのですが、簡単なのは「テーブル単位での分割」です。

図3.13がその例です。たとえば、はてなブックマークだと、

- 図3.13 ❶ entry テーブル
- 図3.13 ❷ bookmark テーブル
- 図3.13 ❸ tag テーブル
- 図3.13 ❹ keyword テーブル

というテーブルがあります。❶❷と、❸❹の間で分割してそれぞれ別のサーバで管理するようにします。これがテーブル単位の分割によるパーティショニングです。それぞれのテーブルがどういったデータを保存している

かはここでは重要ではないので、割愛します。

❶❷のあたりは一緒にアクセスされることが多いので、同じサーバに置いています。ほかにもいくつかの種類が同じサーバに載っていて、サイズ的には1個あたり2GBくらいのテーブルが複数個、大体16GBくらいのメモリを積んだマシンを用意しておけば全部メモリに乗ってきます。❸tag、❹keywordテーブルはそれぞれ結構大きくて10GBとかある。これを❶+❷と同じサーバに同居させてしまうと、16GBではすべてをキャッシュしきれなくなる。そこで❶+❷と❸+❹を分けてあげる。そうするとキャッシュできるようになります。以上が、いわゆるテーブル単位でのパーティショニングです。

テーブル単位で分割を行ったら、entryやbookmarkテーブルへのリクエストは❶+❷のサーバへ、tagやkeywordへのリクエストは❸+❹のサーバへリクエストが行われるよう、アプリケーション側を変更する必要があるのはもちろんです。

別の分割の方法には「データの途中での分割」があります。図3.14がその例です。ある特定の1つのテーブルを、小さな複数のテーブルに分割する。これがデータの途中での分割ですね。はてなダイアリーで実際に、この分割を行っていて、具体的にはID（id:〜）の先頭の記号でのパーティショニングになります。たとえばIDの先頭記号がa〜cの人のデータは図3.14のサーバ❶。d〜fの人のデータはサーバ❷というようにに分ける。だからid:naoyaはn〜pのサーバ❸と決まっている。id:yaottiは僕id:naoyaとは別のサーバ❹にいます。こういった感じで分けていく。

そうするとid:yaottiのデータのリクエストが来たときはサーバ❹にアクセス、id:naoyaが来たときは❸にばかりアクセスするので、サーバ❸でキ

●図3.13　テーブル単位の分割

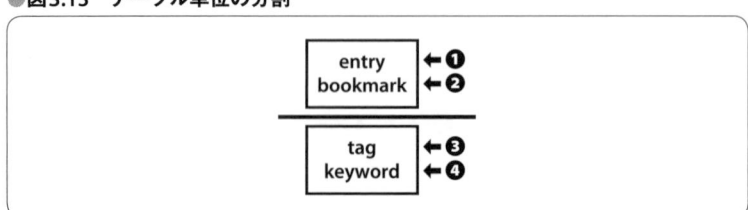

●図3.14　データ途中での分割

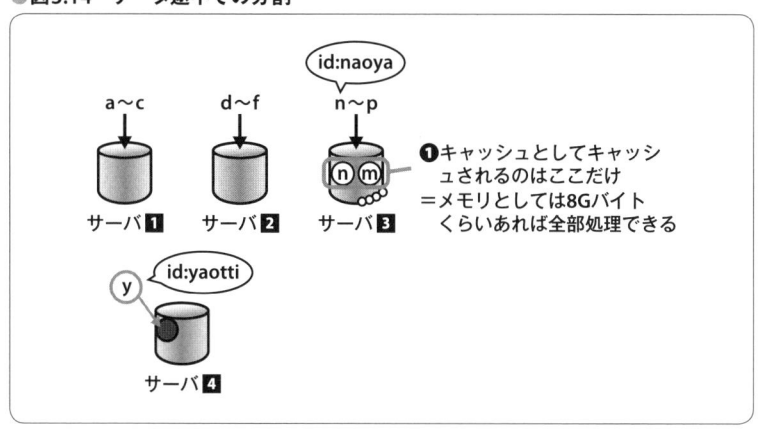

```
      a〜c        d〜f      id:naoya
                           n〜p
     サーバ1     サーバ2    n m       ❶キャッシュとしてキャッ
                          サーバ3       シュされるのはここだけ
                                       =メモリとしては8Gバイト
                                        くらいあれば全部処理できる

              y  id:yaotti
             サーバ4
```

ャッシュとしてキャッシュされるのは図3.14❶だけです。❶だけキャッシュすればいいので、メモリ的には局所性が効いて、サーバ❸の島にいるユーザは全部アクセスでき、❶だけをキャッシュすればいいという形にできます。

　この分割の問題点は、分割の粒度を大きくしたり小さくしたりするときに、1回データをマージしなければいけないという面倒臭さがあって厄介という点。そこを除けば、アプリケーションでやることは、IDの先頭の文字を見てアクセス先のDBを振り分けるという処理をちょこっと入れてやるだけ。実装的には簡単です。

memo

局所性を考慮した分散の具体例
- RDBMSのテーブル単位での分割
  ➡パーティショニング
- データの途中で分割する
  ➡a〜cまではサーバ❶
  ➡d〜fまではサーバ❷
  ➡…
- 用途ごとにシステムを「島」に分ける（後述）

リクエストパターンで「島」に分割 ──局所性を考慮した分散❷

少し変わった方法になりますが、「用途ごとにシステムを島に分ける」方法もあります。これははてなブックマークがよくやっている手法です（図3.15）。

先ほどまでは、DBのテーブルやDB中のユーザの名前の先頭でアクセスを振り分けていましたが、はてなブックマークでやっているのはHTTPリクエストのUser-AgentやURLなどを見て、たとえば通常のユーザだったら島❶、一部のAPIリクエストだったら図3.15の島❸、Google botやYahoo!などのボット（bot、ロボット）だったら島❷というふうに分ける手法を使っています。

検索のボットは、その特性上、すごく昔のWebページにもアクセスしにきます。人間のユーザだったら、なかなかそのページにアクセスは来ないよね、というところにもアクセスしに来ますし、また広範囲にアクセスが来ます。すると、キャッシュが効きづらい。同じようなページにどんどんアクセスが来る、というケースはキャッシュでパフォーマンスを稼ぎやすいのですが、このように広範囲へのアクセスではそうもいかない。

●図3.15　リクエストパターンで「島」に分割

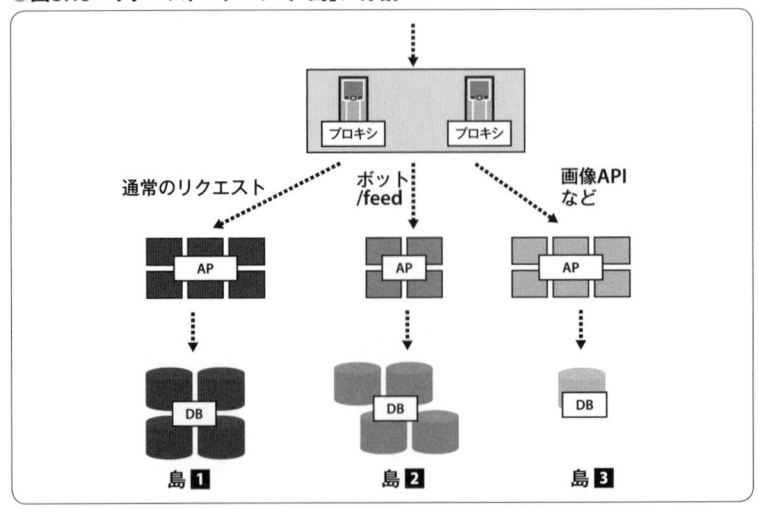

しかし、ボットに対してそんなに高速にレスポンスを返す必要もない[注4]ので、島として分けておきます。
　一方、ボット以外のアクセス、つまりユーザからのアクセスはトップページや人気エントリーページなど、新着や人気のページばかりにアクセスが集中しますので、頻繁に参照されるところはキャッシュしやすい。
　こうしてキャッシュしやすいリクエスト、キャッシュしづらいリクエストを処理する島を分けてやると、前者は局所性により安定して高いキャッシュ率が出せるようになります。後者のリクエストが前者のキャッシュを乱してしまうため、島に分ける場合に比べて、全体としてはキャッシュ効率が落ちるんですね。
　ところで、島に分けるほどそんなにボットアクセスが多いのかというと、実ははてなブックマークは人間のアクセスよりボットのアクセスのほうが多いんです。はてなブックマークはその構造上、内部リンクがすごく多いので、リンクを辿るボットはなかなか巡回をやめられないという問題があって、Yahoo!とかGoogle botが結構な勢いでアクセスしてくる。だから、このように島に分けておかないといけません。
　はてなブックマークのWeb APIには、たとえば「ブックマーク数が何件か返せ」というものがあり、これはある特定の決まったテーブルだけにアクセスする。そこだけがキャッシュがかなり効くように別に振って島（図3.15❸）に分けるというのも有効です。はてなブックマークには外部のサイトに、はてなブックマークのブックマーク件数を表示するAPIなんかを提供していますが、このAPIにはかなりのリクエストがある。なので、ここも島に分けて局所性を考慮してキャッシュ効率を上げ、対処しているというわけです。

ページキャッシュを考慮した運用の基本ルール

　ここまでで、キャッシュを考慮してデータなどを分割する方法について話してきました。ページキャッシュ絡みでは、運用面でも考えなくてはい

注4　この講義の数ヵ月後、GoogleがWebページのレスポンス速度を検索のランキング評価に反映するという発表を行いました。今後はボットだからといって、レスポンスを気にしないわけにはいかなくなるかもしれません。 🔗 http://googlewebmastercentral.blogspot.com/2010/04/using-site-speed-in-web-search-ranking.html

けないことがありますので、押さえておきましょう。参考程度に聞いてもらえば大丈夫ですよ。

一つめのポイントは、OS起動直後にサーバを投入しないということ。ここまでの説明で、OSを立ち上げてサーバを投入するとなぜダメかというのはもうわかりますよね。

学生：キャッシュがたまってないから？

そうです。いきなり置いてしまうと、キャッシュがないのでひたすらディスクアクセスが発生してしまう。これで実際、今のはてなブックマークくらいの規模になると、サーバが落ちます。驚きですよね、システムがダウンするんです。安易な運用は禁物ですね。で、どうするかというと、OSを立ち上げて起動したら、よく使うDBのファイルを1回catしてあげる。そうすると、全部メモリに乗る。それを行った後に、ロードバランサに組み込みます。

次のポイントは、性能評価や負荷試験について。今後みなさん社会人になってシステム構築をすると、性能評価や負荷試験を実施する必要が出てくるでしょう。そのとき初期値を捨てなければいけないということを覚えてください。最初のキャッシュが最適化されていない段階で「大体5,000リクエスト/秒です」などといっても、キャッシュが載っていないときと載っているときで出せる速度がまったく違ってくる。したがって、性能評価や負荷試験もキャッシュが最適化されたあとに実施する必要があります。

---

memo

ページキャッシュを考慮した運用の基本ルール
- OS起動後すぐにサーバを投入しない
- 性能評価はキャッシュが最適化されたときに

第3回の講義のポイント
- 分散は局所性を考慮して実施
- データ規模に合わせて搭載メモリを調整する
  ➡ メモリ増設で対応しきれないなら分散

Column
負荷分散とOSの動作原理
長く役立つ基礎知識

　負荷分散、というと複数以上のホストに仕事を分散させるというイメージがあります。では、その負荷分散のノウハウはどうやったら学ぶことができるか、意外とわからないのではないでしょうか。

　はてなのインフラを見直そうとしたとき負荷分散の体系的な知識が必要だったのですが、それをどこから得たら良いかがわからずに困った経験があります。結果としては、OSの動作原理を知るということが、負荷分散の学習に重要でした。あたりまえ、と思う方もいるかもしれませんし、意外に思う方もいるかもしれません。分散というとどうしても複数以上のホストを想像してしまって、ネットワークやプログラミングの特定の技法など、そちらに目がいきがちですが、実際に必要だったのはOSの知識でした。

　OSの動作原理を学ぶと、

- OSのキャッシュ
- マルチスレッドやマルチプロセス
- 仮想メモリ機構
- ファイルシステム

など、それぞれの機構がハードウェアを効率的に使うためにどのようなしくみを備えていて、何が得意で何が苦手なのかがよくわかります。また、OSが内部で持っている情報のうち、負荷を見極めるために必要な情報は何かがはっきりとわかります。この辺りがわかってくると、OSのその得手不得手に合わせてシステム全体を最適化していくことができます。それこそが負荷分散の基礎知識でした。

　もちろん、リクエストの振り分けにはLVSの使い方を知る必要があるし、ApacheやMySQLなどのミドルウェアの使い方も知っている必要があります。ですが、その辺りはあくまでハウツーであって、基礎知識ではないでしょう。学ぶべきは、そもそもそのミドルウェアが動いているOSにあるというのが個人的な見解で、インターンシップの講義ならびに本書でも重点的に取り上げました。

第4回
DBのスケールアウト戦略
分散を考慮したMySQLの運用

講師 伊藤 直也

分散されたシステムを知る
アプリケーションを書く前に知っておきたいMySQLの分散ノウハウ

　分散は局所性を考慮して分散させる、データ規模に合わせて搭載メモリを調整する、メモリ増設で対応しきれないなら分散する、というのがここまでの話の流れでした。メモリとディスクの速度の違い、そこに起因するI/O分散の難しさ、それを前提にシステムをどのように運用/構築するかといったところが徐々に明らかになってきたと思います。途中、パーティショニングなど少しDBの話題も登場してきましたね。

　第4回はDBレイヤへ話を移して、このDBのスケールアウト戦略について詳しく見ていくことにしましょう。講義テーマは、分散を考慮したMySQLの運用、MySQLのスケールアウト戦略。はてなではMySQLをたくさん使用していますが、それを大規模な環境で運用するときにはどういうところに気を付けなくてはいけないかについて話をします。最近はNoSQLなどYet Anotherな実装も出てきましたが、これから先少なくとも数年先のスパンでは、MySQLがLAMP（Linux＋Apache＋MySQL＋Perl）なWebサービスのデファクトのデータストレージであるという状況は変わらないでしょう。MySQLを大規模な環境で動かす場合の雰囲気をわかっておくと、不安も一つ減るのではないでしょうか。

　第4回以降はアプリケーションを書く人が、分散されたシステムを前提に書くときに何を気を付けなければいけないかという観点を盛り込んでいきます。したがって、ここからがアプリケーション開発者のみなさんの今後の作業に具体的に関わってくるところです。

memo

DBのスケールアウト戦略
- インデックス重要（➡Lesson 11）
- MySQLの分散（➡Lesson 12）
- スケールアウトとパーティショニング（➡Lesson 13）

Lesson 11
インデックスを正しく運用する
分散を考慮したMySQL運用の大前提

分散を考慮したMySQL運用、3つのポイント

　分散を考慮したMySQLの運用について見ていきましょう。第一のポイント「OSのキャッシュを活かす」というのは前回の解説と関連する話で、その延長です。第二のポイントは「インデックス」(index、索引)です。みなさん、インデックスはわかりますか？

学生：インデックスをはっておくことにより、ちゃんとそれに対応したクエリが投げられてきたら速く返せる？

　そうです。MySQLにはインデックスという機能があって、たとえばLesson 10でも扱ったentryテーブルのURLカラムにインデックスをはると、URLカラムを検索したときにそのインデックスを使ってデータを検索するようになり、速くなります。MySQLに限らず、RDBMSにはそのしくみが用意されています。このインデックスを適切に設定することがすごく大事な話。

　第三のポイントは「スケーリングをするという前提でシステムを設計しておく」ことです。Lesson 11では第一、第二のポイントを見て、第三のポイントは次のLesson 12で。さっそく、見ていきましょう。

> **memo**
>
> **分散を考慮したMySQL運用のポイント**
> ❶ OSのキャッシュを活かす
> ❷ インデックスを適切に設定する
> ❸ スケーリングを前提とした設計

❶ OSのキャッシュを活かす

　まず「OSのキャッシュを活かす」については、たっぷり話したから大丈夫ですね。全データサイズに気を配り、データ量が物理メモリより小さくな

るようになるべく維持する。メモリが足りない場合は増設。増設については、判断のポイントも合わせて紹介しました。以上何気なく説明したかのようですが、MySQLでの勘所に落とし込んでいきましょう。

MySQLでは、みなさん最初にcreate tableでスキーマを決めますね。このスキーマは普段あまり気にしないで好きなように設計している方も多いかもしれませんが、はてなブックマークのテーブルくらいの規模になるとかなり重要になってきます。先に説明した、はてなブックマークのケースのように、3億レコードあると1レコードにカラムを1個、たとえば8バイトくらいのカラムを追加すると8×3億バイト分のデータが増えるんですよ。8×3億だから、それだけで3GB。スキーマのちょっとした違いで、ギガバイト単位でデータが増減するんです。

サービスを設計する初期段階からそこまで深く考える必要はありませんが、ある程度の規模にサービスがなってきたら、カラムの変更、スキーマの変更にも相応に気を使わなければいけません。

大量のデータを格納しようとするテーブルは、レコードがなるべく小さくなるようにコンパクトに設計しましょう。整数int型は32ビットで4バイト、文字列が8ビットで1バイトとか、そういった基本的な数字は頭に叩き込んでおきましょう。MySQLのそれぞれのデータ型がこのデータ型を使うと大体何バイトのオーバーヘッドがあるかというのはマニュアルにありますが、これもある程度は頭に入れておくと役立ちます。

---

memo

OSのキャッシュを活かす
- 全データサイズに気を配る
  - ➡データ量<物理メモリを維持
  - ➡メモリが足りない場合は増設など
- スキーマ設計がデータサイズに与える影響を考慮する

[補足] 正規化

この辺で、気になる点はありますか？

Lesson 11 インデックスを正しく運用する――分散を考慮したMySQL運用の大前提

学生：正規化してDBを分けておいても、大丈夫なのでしょうか？

　正規化については図にしてみましょう。図4.1に示します。たとえば、はてなブックマークのテーブルとしてbookmarkテーブルがあります。bookmarkテーブルは、

- uid（user_id）＝どのユーザが
- eid（entry_id）＝どのエントリーをブックマークしたか
- timestamp＝何時

の3つのカラムを持っています。あとはis_privateがそのブックマークが公開/非公開かを管理するフラグです。あと少し変わっているのがis_asinでAmazonの商品だったらフラグを立てておくカラム。これはあとで商品のブックマークだけ抽出するためのフラグです。

　図4.1❶の4つは必須項目。❷のis_privateとis_asinは必要なときだけ使います。

　これを正規化して、図4.1❸で切って❹だけ持ってる別のテーブルに分割すると。❹のカラムはフラグを立てるだけですから1バイトしか使いませんが、bookmarkテーブルの規模になるとここを本体から削減するだけで、1バイト×何千万レコード分の容量が削減できます。ただですね、正規化すると場合によってはクエリが複雑になってしまって速度が落ちるときがあるので、速度とデータサイズのトレードオフのようなところも考えなくてはいけません。以上を踏まえつつ、正規化をしてやるといいです。ちな

●図4.1　bookmarkテーブルと正規化

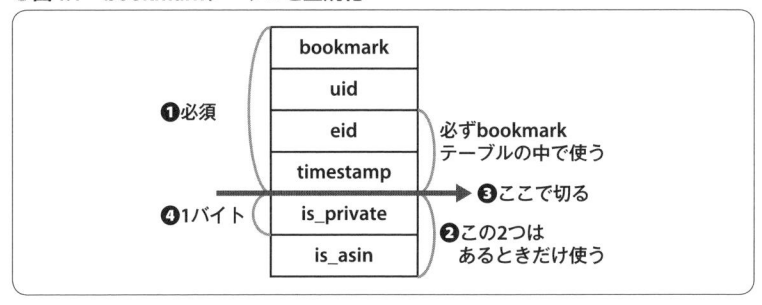

	bookmark	
❶必須	uid	
	eid	
	timestamp	必ずbookmarkテーブルの中で使う
		❸ここで切る
❹1バイト	is_private	❷この2つはあるときだけ使う
	is_asin	

みにLesson 4で見たrelwordという3億件あったテーブルは本当に数字と数字のペアしか持っていないで、10GBです。このテーブルにはもう、新しいカラムを追加するのはほぼ無理と言っていいでしょうね。

インデックス重要——B木

次は、「インデックス重要」という話です。今回の冒頭で触れたように、インデックス＝索引です。

アルゴリズム・データ構造において、基本的に探索のときは広くツリー（探索木）がよく使われます。インデックスは、おもに探索を速くするためのもので、その内部のデータ構造にはツリーが使われます。

MySQLのインデックスは基本、B+木（ビープラスツリー）というデータ構造です。B+木はB木（ビーツリー）から派生したデータ構造。図4.2のB木は、木を構成する各ノードが複数個の子を持つことができる「多分木」です。また、データを挿入したり削除したりを繰り返した場合でも木の形に偏りが生じない、平衡木でもあります。B木はハードディスク上に構築するのに向いてるデータ構造なんで、DBでよく使われます。

B木の細かい話を始めると長くなってしまうので詳細は本などを参考にしてもらうとして…ここではポイントだけ。ではB木でなんで検索が速くなるかというとですね、B木にデータを挿入するときは一定の規則に従って挿入する必要があるんですが、そのルールのおかげで検索のときに一部のノードを辿っていくだけで自然と探しているデータに辿り着くようになっています。

●図4.2　B木

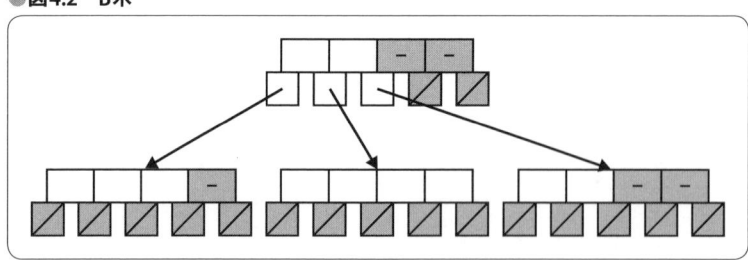

まず根からはじめて、そのノード内に自分の探している値が格納されているかどうかを確認する。なかったら、子を辿る。このとき、探している値の大小関係でどの子を辿ったらいいかが一意に決まるようなルールが施されている。これによって、検索を行う場合最大でも木の高さ分の回数だけしか子を辿らなくていいので、速く検索ができるわけ。木の高さはデータ件数nに対して必ずlog n個になるから、計算量はO(log n)です[注1]。

今説明したのは、B木に限らず、ほかのツリーのデータ構造でも大体同じような感じで、検索を少ない手数で済ませられるようになってます。

二分木とB木を比べてみる

大学の授業などでしばしば扱われると思いますが、よく知られている探索木としては今見たB木以外にも二分木(バイナリツリー)などがあります。図4.3❶が二分木です。二分木はノードの子が必ず2つ以下ですね。一方、図4.3❷のB木は、1つのノードの子が複数以上あって、2つよりもっと多い。実際は、B木のノードの数は「m＝いくつ」と定数で決めます。

さて、同じ木でも、❶の二分木と❷のB木で何が違うか。二分木は❷のノードが1個と必ず決まってくるので❸は2個と決まってしまっていますが、❷のB木はm＝5と数が決められる。B木はここの数を調整することで、❹のサイズを4KBなどにできる。つまり、各ノードの大きさを適当なサイズに決められる。ここがB木のいいところ。

このノードの大きさというのが、第3回で説明したディスクのページとすごく密接な関係がある。❹のノード1個でディスクの1ブロック分にしてやるんです。すると、B木でディスク上に保存したとき、❺を1ブロック、❻を1ブロック…というように、各ノードをちょうど1ブロック分にして保存できます。

勘の良い人はもうわかりましたね。先に、OSはディスクからデータを読むとき、ブロック単位で読み出すと言いました。また、Lesson 5で円盤がぐるぐる、ヘッドがウィーンという話をしましたが、任意の箇所のデータを読み出すのには物理的動作、すなわちディスクのシークが発生してそこ

注1　断りのない場合、対数の底は2とします。計算量についてはLesson 19で詳しく扱います。

がミリ秒単位で時間がかかってしまい、遅いということも説明しました。

　ツリーで検索を行うときは、ノードからノードへとツリーを辿ります。B木の場合、その各ノードが1ブロックにまとまって保存されるように構成できるので、ディスクのシークの発生回数を、ノードを辿るときだけに最小化できるんです。同じノード内のデータは、OSがメモリに1回で読み出してくれていますから、ディスクシークなしに探索できます。

　一方、二分木なんかは、特定のノードをまとめて1ブロックに保存するといったことが難しい。だから、二分木をディスク上に保存するにあたって、ディスクの構造に最適化することができない。結果、ディスク上の二分木を検索しようとすると、あちこちのブロックに分散したデータを読みにいく必要が出て、ディスクのシーク回数が多くなってしまいます。

　B木の派生のB+木についてはWikipediaなどで調べてもらったらいいかと思いますが、B+木は各ノードの中では子へのポインタしか持っていなくて、ポインタ以外の、データとしての実際の値などは一番最後の葉(リーフ)にしか持たせない、そういった構造です。B+木はDBにデータを保存す

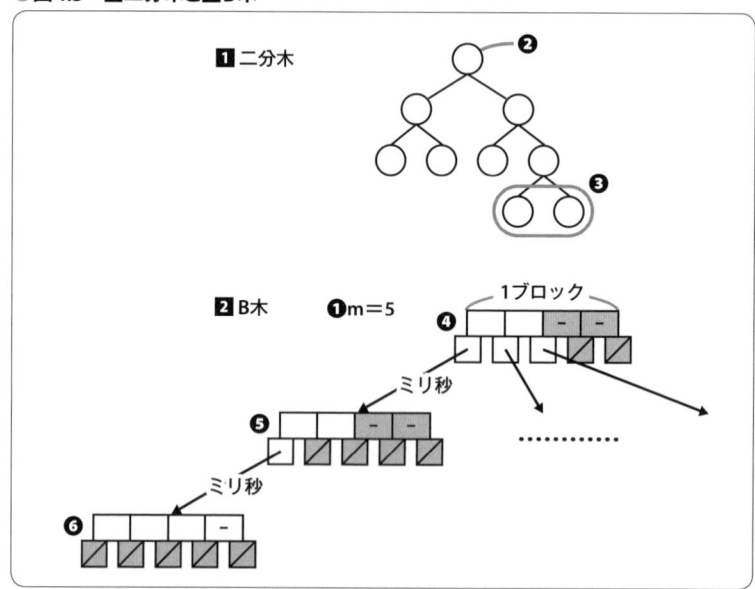

●図4.3　❶二分木と❷B木

るのにさらに最適化されたデータ構造だという要点は知っておきましょう。

MySQLでインデックスを作る

　MySQLでインデックスを作ると、B木のバリエーションであるB+木によってツリーのデータ構造ができます。今見たように、探索にあたっては先頭から生データを見ていくよりもインデックスのツリーをたどったほうが速いです。そのための構造を作ってくれる。B木(B+木)は探索の計算量がO(log n)であると理論的には保証されているので、線形探索でO(n)で探すよりもB木で探したほうが速い。これがインデックスで探索が速くなるカラクリです。

　B木は、大体最近のアルゴリズムの本を読むと出てきます。DBの実装を詳しく知っておきたい人はB木(B+木)の理解は必須になってくるので、覚えておくといいでしょう。B木の構造的な特性を知っておけば、インデックスに得意な処理が何かも見えてくるでしょう。

> **memo**
>
> **インデックス重要**
> - インデックス＝索引
> - B+木
>   - 外部記憶の探索時にシークを最小化するツリー構造
>   - 探索の計算量：O(n) ➡ O(log n)

インデックスの効果

　さて、インデックスの効果は実際にはどれくらいでしょうか。ざっとまとめると以下のとおりです。

- [例]4,000万件のタグテーブルからの検索
  - インデックスなし＝線形探索
    ➡ O(n) ➡ 最大4,000万回の探索
  - インデックスあり＝B木で二分探索
    ➡ O(log n) ➡ log 4000万＝最大25.25回

　4,000万件のタグのテーブルからの検索を例とすると、インデックスなし

Lesson 11 インデックスを正しく運用する――分散を考慮したMySQL運用の大前提

だと線形探索でO(n)回、最大4,000万回の探索が走ります。それに対し、インデックスありでB木で探索してやるとO(log n)になります。log 4000万で、最大で25.25回しか探索が走らない。この差は大きいですね。

また、計算量的に改善されるだけでなく、ディスク構造に最適化されたインデックスを使って探索することでディスクシーク回数的にも改善されるわけですね。

> **memo**
>
> **インデックスの効果**
> - 計算量的に改善されるだけでなく、ディスクシーク回数的にも改善される
>   ※同じO(log n)でもB木と別の木で異なる

インデックスの効果の例

Lesson 4の終盤「大規模データへのクエリ」の図2.2で見たとおりインデックスを効かせないでselectをしたら200秒待っても結果が返ってこなかったものが、しっかりインデックスを付けて検索してやると0.00秒と一瞬で返ってくるようになります(図4.4)。

大規模になればなるほど、インデックスを用意しておくかどうかで差がついてくる。実は、小さな自分専用のアプリケーション程度ならインデックスは一切使わなくても十分な速度で動きます。データ件数が1,000件くらいだと、かえってツリーを最初に辿るオーバーヘッドのほうが大きくて、普通に先頭からなめたほうが速いといったことになりがちです。しかし、

●図4.4 インデックスを効かせた例

```
mysql> select url from entry where eid = 9615899;
+---------------------------------------------------------------------+
| url                                                                 |
+---------------------------------------------------------------------+
| http://builder.japan.zdnet.com/member/u87200/blog/2008/08/10/entry_27012867/ |
+---------------------------------------------------------------------+
1 row in set (0.00 sec)      ←一瞬で結果が返ってきた

↓図2.2「インデックスを効かせていない例」(再掲)
mysql> select url from entry use index(hoge) where eid = 9615899;
... 200秒待っても結果が返って来ない
```

サイズが大きくなってくるとインデックスなしではそもそもアクセスできない状況になるので、本当にインデックスは大切です。なお、MySQLはレコードの総件数を見て、インデックスを使わないほうが速いと判断したら使わない、のような最適化を内部である程度やってくれます。

[補足] インデックスの作用 ──MySQLの癖

以下の話はMySQLの癖の話です。MySQLのインデックスの仕様には少し癖があって、インデックスを付与しているカラムを対象にしたクエリでも、発行しているSQLによってはそれが使われたり使われなかったりします。

- 基本的にインデックスが使われるのは...
  ➡ where、order by、group byの条件に指定されたカラム

たとえば`select * from entry where url = 'http://...'`というクエリは、where句にurlカラムを指定していますね。urlカラムにインデックスがあれば、それが使われます。

- インデックスとして作用するのは...
  ➡ 明示的に追加したインデックス
  ➡ プライマリキー、UNIQUE制約

MySQLは`alter table`命令などで明示的にインデックスを追加した場合以外にも、プライマリキーやUNIQUE制約をかけたカラムにもインデックスを持っています。`show index`コマンドで、インデックスの内容は確認できますよ。

- MySQLのインデックスの罠
  ➡ 複数のカラムに同時にインデックスを効かせたい場合は複合インデックスを使わなければならない

で、問題がこの、複数のカラムがインデックス利用の対象になった場合です。たとえば`select * from entry where url like 'http://d.hatena.nejp/%' order by timestamp`というクエリがあったとする。urlとtimestap

それぞれにインデックスを設定してたとして、この場合どうなるか。urlとtimestampのインデックス両方が使われて、urlインデックスから高速にurlを検索し、絞られたレコードをtimestampインデックスで高速にソートしてくれる…と期待したいところですが、そうはなりません。この場合、どちらか一方のインデックスのみが使われます。つまり、検索かソート、どちらかではインデックスを使わない処理が行われてしまう。

MySQLは1回のクエリでインデックスを1つしか使わない、という癖を持っているのがこの原因です。先のクエリで、urlとtimestamp両方のインデックスを効かせたい場合は(url, timestamp)をペアにした複合インデックスを設定しておく必要があるんです。

このようにインデックスの運用に関しては、雑多なノウハウがありますが、この話をしていると長くなってしまうので詳細は割愛します。そういう作用もあるということだけ、知っておきましょう[注2]。

インデックスが効くかどうかの確認法 ──explainコマンド

ついでと言ってはなんですが、Lesson 11の最後にexplainコマンドを紹介しておきます。SQLを投げる前にexplainコマンドを実行するとMySQLがインデックスが効くかどうかを全部調べてくれます。図4.5の見方ですが、図4.5 **1** がインデックスが効いているパターンです。**1** は select url from entry where eid = <エントリID> というクエリを投げた場合の結果。eidはエントリの番号ですね。表の見方としては、このクエリで検索したときにキーとして可能性のあるキーの名前(possible_keys)がeid、実際に使われている(key)のはキー名eidのインデックスで、調べたのは(rowsの)1行だけという評価結果です。これは最速の部類です。

図4.5 **2** はSQL中に use index で、探索の条件にしたいeidとは敢えて違うカラムのインデックスをわざと使っている例。当然インデックスが効かないので、**2** のクエリに対して効くインデックスはありません(possible_

注2 MySQLについて、より詳しくは書籍『実践ハイパフォーマンスMySQL 第2版』(オライリー・ジャパン、2009)が参考になります。もしインデックスの癖に興味がある人や、今後MySQLの運用をバリバリやるかも、という人は参考にしてみてください。

keysがNULL）。で、結果どれくらい探索したかというと、962万以上のレコードを探索して（rowsが9,620,451）ようやく1件見つかるといった感じになってます。

explainコマンドで速度に気を付ける

　自分でSQLを伴うプログラムを書くにあたって速度に気を付けたいときは、このexplainコマンドで自分が発行しようと思っているSQLにしっかりインデックスが効いているかどうかを確認しながらやっていくといいです。

　インデックスの効き方、という意味ではExtraの列も重要です。Extraには図4.5のUsing where以外に、Using filesortやUsing temporaryといった項目が出る場合があります。それぞれ、レコードのソートに外部ソート（外部ファイルを使ったソート）や一時テーブルが必要になる、といった意味です。基本的にはUsing filesortやUsing temporaryが出るのはあまり筋の良いクエリとは言えないので、なるべく出ないようにクエリやインデックスをチューニングしていく必要があります。本書では紙幅の都合で割愛しますが、なぜファイルソートや一時テーブルを使わないほうがいいのか、この辺は別途参考書籍などを見て理解するようにしてみてください。

学生：図4.5 ❶❷の row in set ... の部分を比べると、上のほうが遅いということなのでしょうか？

● 図4.5　explainコマンド

```
❶mysql> explain select url from entry where eid = 9615899;
+-------+------+---------------+------+---------+-------+------+-------------+
| table | type | possible_keys | key  | key_len | ref   | rows | Extra       |
+-------+------+---------------+------+---------+-------+------+-------------+
| entry | ref  | eid           | eid  |       4 | const |    1 | Using where |
+-------+------+---------------+------+---------+-------+------+-------------+
1 row in set (0.04 sec)       ←❶

❷mysql> explain select url from entry use index(cname) where eid = 9615899;
+-------+------+---------------+------+---------+------+---------+-------------+
| table | type | possible_keys | key  | key_len | ref  | rows    | Extra       |
+-------+------+---------------+------+---------+------+---------+-------------+
| entry | ALL  | NULL          | NULL |    NULL | NULL | 9620451 | Using where |
+-------+------+---------------+------+---------+------+---------+-------------+
1 row in set (0.01 sec)       ←❷
```

お、そうそう、実際には上のほうが速いです。図4.5❶❷の表示はexplainコマンド自体の結果ですので、実際にSQLを投げたときの評価ではありません。

＊　＊　＊

　以上、インデックスの構造、インデックスの効果、ちょっとしたノウハウ的なところを説明してきました。インデックスがちゃんと効いたクエリを投げるというのはMySQLを使う上での基礎の基礎です。次はインデックスが正しく設定できたという前提で分散やパーティショニングはどうすべきかということを考えていきます。

Column
インデックスの付け忘れ
見つけやすいしくみでカバー

　インデックス重要、これは開発者はみんなわかっているのですが、長いことサービスを運用しているとどうしても、インデックスが効かないクエリを知らず知らずのうちに使ってしまうこともあります。昨今ではO/RマッパがSQLを生成することもあって、実際にどういうSQLが走るかを事前に詳しく見ないでコードをコミットしちゃう、なんてことも多いですね。

　この問題に対しては、"目を増やす"ことで泥臭く事後対応するのが案外有効だったりします。DB管理者が処理に時間を要しているログ（slow-log）を見つけては開発者にレポートしたり、実行されたSQLのログが開発者の画面に表示されるようライブラリに手を入れたり、O/RマッパでSQLを都度explainして怪しいクエリがあったら開発者に報告する処理を自動化したり…などなど、適当なしくみを入れてカバーするようにしています。

　事前にどれだけがんばってもふさぎきれない穴は、開いた穴が見つかりやすいようにすることで対応するのが有効な場合も多いのです。

Lesson 12
MySQLの分散
スケーリング前提のシステム設計

MySQLのレプリケーション機能

　引き続き、MySQLの話です。次は、「分散」。第3回までの話でDBを増やして分散しようという話がありました。さて、MySQLの分散はどのように実現していくか。それがLesson 12の話です。

　MySQLには基本機能としてレプリケーション機能(replication)が付いています(図4.6)。レプリケーションとは、マスタ(master)を決めて(図4.6❶)、そのマスタを追いかけるサーバ(スレーブ、slave)を決めてやる(図4.6❷)と、マスタに書き込んだ内容をスレーブがポーリング(polling)して同じ内容に自分自身を更新するという機能です(図4.6❸)。スレーブはマスタのレプリカ(replica、コピー)になるわけですね。これで、同じ内容のサーバを

●図4.6　MySQLのレプリケーション機能

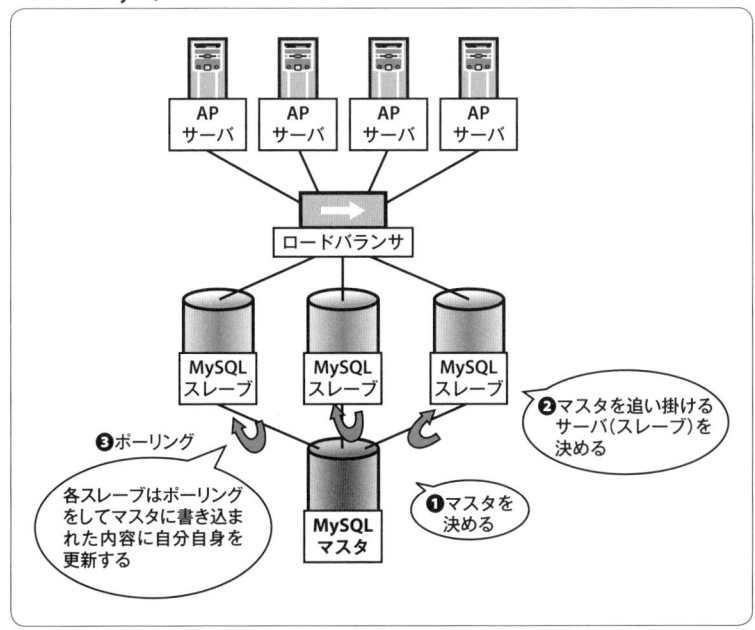

複数用意することができます。

マスタ/スレーブでレプリケーションしてサーバを複数台用意したら、図4.6のような構成にしてAPサーバからはロードバランサを経由してスレーブに問い合わせをします。これでクエリを複数サーバに分散できます。

このとき、アプリケーションの実装で、selectなどの参照系のクエリだけをロードバランサに流すようにします。更新クエリはマスタへ直接発行する。更新クエリをスレーブにかけてしまうと、スレーブとマスタの内容を同期できません。MySQLはマスタとスレーブの内容の食い違いを検知して、レプリケーションを止めてしまいます。これが不具合につながるのは簡単に想像できますね。なので、更新はあくまで必ずマスタに行くようにします。はてなでは、このあたりはO/Rマッパの中で制御してます。DBIx::MoCo(はてなで作成/使用しているO/Rマッパ)にもこの機能はついています。O/Rマッパを使わなくてもクエリを良い感じにプロキシしてくれるような実装もあるようですが、アプリケーション側でそのロジックを実装するのは別に難しくはないでしょう。

ちなみにスレーブの前にロードバランサ(はてなではLVS)を使ってますが、ロードバランサを使わない方法もあります。アプリケーション側で振り分けまで制御するか、MySQL Proxyの類を使う。ただ、はてなではMySQL Proxyは使ったことがなく実用性や品質のほどはよくわかりませんので興味のある方は調べてみてください。

> **memo**
>
> **MySQLのレプリケーション機能**
> - マスタ/スレーブ構成
> - 参照系はスレーブへ、更新はマスタへ
>   - O/Rマッパで制御する

マスタ/スレーブの特徴 ——参照系はスケールする、更新系はスケールしない

前出の図4.6を改めて見てみましょう。すぐわかると思いますが、この構成ではマスタが分散できないという問題があります。参照系のクエリはスレーブで分散すればいいので分散できても更新系のクエリが分散できない

のでは？という問題です。それからもう一点、マスタの冗長化をどうするかという問題も当然出てきますね。

　参照系クエリはスケールするのでサーバを増やすだけでいい。ただし、サーバを増やすといっても先ほど言ったとおり、台数を稼ぐことよりもメモリにフィットさせることが重要です。

　一方、マスタはスケールできません。できないということはないのですが、更新系クエリが増えてくると、かなり厳しくなってくる。しかしながら、このあたりはWebアプリケーションの特性がありまして、大体Webアプリケーションは90％以上が参照系のクエリです。書き込みは相対的にはかなり少ない。たとえば日記を読む人は書き込む人の1,000倍くらいいるし、見る回数と書き込む回数も圧倒的に前者が多く、結果としてほとんど参照クエリになります。したがって、Webアプリケーションでは、参照系に比べるとマスタがボトルネックになって困窮ということはそんなに多くありません。

更新/書き込みをスケールさせたい──テーブル分割、key-valueストア

　しかし、稀にマスタにすごい書き込みがあるようなアプリケーションを作ってしまうことがあって、たとえばmixiでいう「足あと」みたいなものはリクエストのたびにDBにレコードを書き込まなければいけないとか、あるいははてなダイアリーだと、リンク元（ブログのリファラを残す機能）。あれもリクエストのたびに、どこのリンクを踏んできたかを記録している。そういったものを作るときに、マスタのテーブルが過負荷になるということがあります。

　このような場合、テーブルをやはり分割してテーブルサイズを小さくしてやります。これで分割により書き込みが分散されます。テーブルファイルが分割されていれば、同じホスト内で複数ディスクを持って分散させることもできるし、異なるサーバで分散することもできる。これは後ほど改めて取り上げます。

　あとは、そもそもRDBMSを使わないということも考えます。はてなで

書き込みが多過ぎてRDBMS使っていない実例は、うごメモ[注3]の動画の再生回数を表示している箇所ですね。ユーザが動画を再生するたびに更新が発生します。これは書き込み数が多くて、RDBではスケールしなかったので、Tokyo Tyrantを使っていました。key-valueストア（key-valueペアストレージ、KVS）ですね。一時期というか今もですが、東京のShibuya系の人たち…東京渋谷のWeb系の人たちがkey-value、KVSと活溌に開発が行っていたのには、そういう背景もあります。単に値を保存して取り出すだけで、RDBが持つ複雑な統計処理や汎用的なソート処理が必要ないなら、key-valueストアはオーバーヘッドも少なく圧倒的に速いし、スケールしやすいんです。

あと、敢えて言いませんでしたが、アプリケーション側で工夫してそもそも書き込み回数を減らすというのは、当たり前の工夫ですね。

---

memo

マスタ/スレーブの特徴

- 参照系クエリはスケール
    - ➡サーバを増やすだけでよい
    - ➡ただし、台数を稼ぐことよりもメモリにフィットさせることが重要
- マスタはスケールしない
    - ➡更新系クエリが増えると厳しい
    - ➡ただし、Webアプリケーションは多くの場合90%以上が参照クエリ
    - ➡マスタ負荷はテーブル分割や別実装などで工夫する

注3　ニンテンドーDSi/DSi LLの「うごくメモ帳」で作成した絵／パラパラマンガ（動画）を公開できるサービスを指しています。PCやモバイルからアクセスできるコミュニケーションサイトが「うごメモはてな」（URL http://ugomemo.hatena.ne.jp）、「うごくメモ帳」内の1コーナーとしてからインターネットに接続して作品を閲覧したり投稿できるサービスが「うごメモシアター」です。「うごメモはてな」は、2009年8月のインターン期間中に、海外版が「Flipnote Hatena」として北米、欧州でそれぞれ公開されました。

Lesson 13
MySQLのスケールアウトとパーティショニング

MySQLのスケールアウト戦略

　Lesson 11、Lesson 12で説明してきたMySQLの基本的なスケールアウト戦略としては、データがメモリに載るサイズだったらメモリに載せて、載らなかったらメモリ増設。インデックスはちゃんとはりましょう…でした。

　メモリ増設が不可能ならパーティショニングというのを第3回の最後、Lesson 10で少し見ましたね。以降、パーティショニングについて、もう少し補足的な解説をしておくことにします。

> **memo**
>
> **MySQLのスケールアウト戦略**
> ・データがメモリに載るサイズ？
> ➡YES
> 　・メモリに載せる
> ➡NO
> 　・メモリ増設
> 　・メモリ増設が不可能ならパーティショニング

パーティショニング(テーブル分割)にまつわる補足

　パーティショニング(テーブル分割)とは、テーブルAとテーブルBを別のサーバに置いて分散する方法です。Lesson 10で、たっぷり解説をしました。図4.7にポイントをまとめておきます。おさらいしておくと、パーティショニングは局所性を活かして分散ができるからキャッシュが効く、だからパーティショニングは効果的という話でしたね。

パーティショニングを前提にした設計

　パーティショニングの話でもう一つ忘れてはいけないのがパーティショ

ニングを前提にした設計、これが大事です。Lesson 4の表2.1でも見たとおり、はてなブックマークのテーブルはentryとtagが分かれています（図4.8）。

たまに、この2つのテーブルを一緒に使いたいということがあります。たとえば、あるタグを含むエントリ一覧みたいなのを引きたいとします。図4.8のとおりentryとtagが1対多の関係で、RDBMS的にはこういったものを引くときにはentryとtag、2つのテーブルを結合するJOINクエリを投げます。しかし、JOINクエリを投げてしまうとentryとtagが分割できなくなってしまう。なぜだかわかりますか？

学生：ここでいう分割は、ほかのマシンに分けるということなのでしょうか？

そうです。良い線ですので、答えに進んでしまいましょう（図4.9）。図4.9 ❶ entryテーブルと❷ tagテーブルを別のマシンに乗せたいのに、MySQLには異なるサーバにあるテーブルをJOINする機能が基本的にはありません[注4]。ですので、JOINを使っているとtagテーブルとentryテーブルを別サーバに置けなくなってしまいます。でもJOINを使っていなければ、たとえば図4.9 ❶のようにtagテーブルに問い合わせて、❷のような「perl」という

[注4] MySQL 5.1ではFEDERATEDテーブルを利用すれば可能です。

●図4.7　パーティショニング

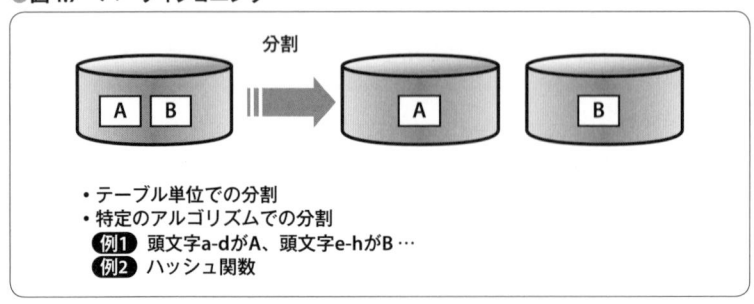

●図4.8　entryテーブルとtagテーブル

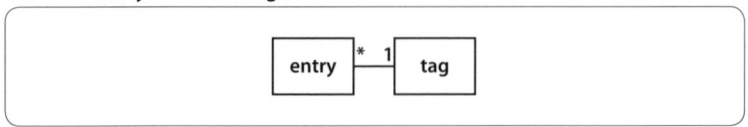

タグを含むエントリのeidを1、2、5、8、10などとざーっと引っ張ってきてこのIDを含むentryテーブルのレコードを引っ張ってくる(❸)というふうにクエリを2つ(❶❸)に分けてやれば引っ張ってやれると。

したがって、基本的にJOINクエリは、対象となるテーブルを将来にわたってサーバにまたがる分割を行わないというのが保証できそうなときしか使いません。

Lesson 10の「パーティショニング」項で、entryとbookmarkテーブル(図4.9では**1****3**)は同じホストに置いているといいました。entryとbookmarkテーブル、この2つはかなり密に結合しているテーブルですので、アプリケーション設計的には別サーバに分けるということはまずありません。だから、**1** entryと**3** bookmarkテーブルは一緒に置いていてJOINもしています。ただ、**2** tagと**1** entryテーブルはそんなに密に結合していない上に、(テーブルの)データサイズを見るに絶対分割しないとやっていけないということがわかっているので、JOINしないという方針でやっています。

アプリケーション開発者がここに気を使わずに、バリバリJOINクエリを投げまくっていると後で困ります。経験が少ないとこの辺の勘所がわからないので、コードレビューしたら不用意にJOINしていた…と修正が入ることがありますね。

●図4.9　MySQLとJOIN

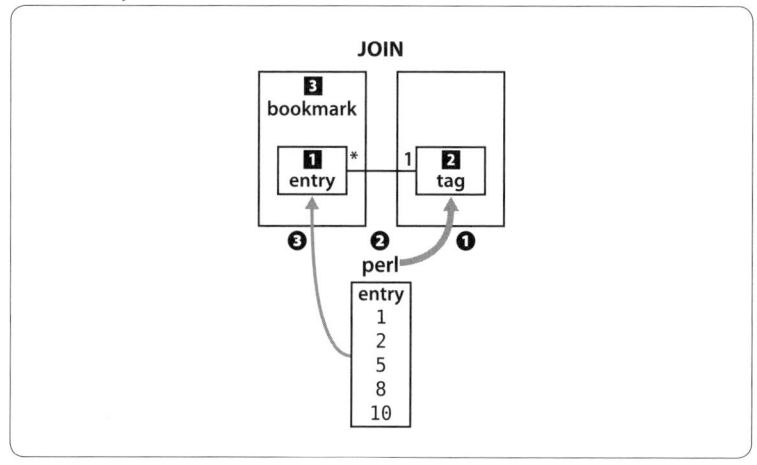

JOINを排除 —— where ... in ...を利用

INNER JOINしているSQLの例が図4.10です。このようにINNER JOIN bookmarkをしているクエリがあってこれで確かに結果を取得できます。しかしそうしなくても、図4.11のように❶でまずブックマークを引いてやってから、❷のeid inで(0, 4, 5, 6, 7)というのを投げて引っ張ってくると、同じデータを取ってくることができます。

●図4.10　entry has many bookmarks（INNER JOINしているSQL）

```
mysql> select url from entry INNER JOIN bookmark on entry.eid = bookmark.eid
    -> where bookmark.uid = 169848 limit 5;
+----------------------------------------------------------------+
| url                                                            |
+----------------------------------------------------------------+
| http://blog.bulknews.net/mt/archives/001537.html               |
| http://www.wrightthisway.com/Articles/000154.html              |
| http://internet.watch.impress.co.jp/cda/news/2005/02/10/6438.html |
| http://headlines.yahoo.co.jp/hl?a=20050210-00000136-kyodo-bus_all |
| http://headlines.yahoo.co.jp/hl?a=20050210-00000015-maip-soci  |
+----------------------------------------------------------------+
```

●図4.11　where ... in ...を利用

```
mysql> select eid from bookmark where uid = 169848 limit 5;    ←❶
+-----+
| eid |
+-----+
|   0 |
|   4 |
|   5 |
|   6 |
|   7 |
+-----+
5 rows in set (0.01 sec)

mysql> select url from entry where eid in (0, 4, 5, 6, 7);    ←❷
+----------------------------------------------------------------+
| url                                                            |
+----------------------------------------------------------------+
| http://blog.bulknews.net/mt/archives/001537.html               |
| http://www.wrightthisway.com/Articles/000154.html              |
| http://internet.watch.impress.co.jp/cda/news/2005/02/10/6438.html |
| http://headlines.yahoo.co.jp/hl?a=20050210-00000136-kyodo-bus_all |
| http://headlines.yahoo.co.jp/hl?a=20050210-00000015-maip-soci  |
+----------------------------------------------------------------+
5 rows in set (0.12 sec)
```

DBIx::MoCo

前述のとおりはてなではORマッパにDBIx::MoCoという自社開発のライブラリを使っていますが、これを使っている場合、2つのテーブルにまたがるAPIを呼んだとき、中でJOINを使わないでwhere ... in ...で結合するクエリを勝手に生成してくれるようになっています。したがって、DBIx::MoCoを利用する限り、普段は気にしなくても大丈夫。しかし、場合によってはライブラリのオーバーヘッド自体がもったいないので、SQLを生で書くときがあります。そういったときにこのJOINの話を覚えておくと便利です。

パーティショニングのトレードオフ

　パーティショニングで分散ができるのですが、実はパーティショニングにはトレードオフがあります。第4回の講義の最後にその話をしておきます。

　パーティショニングの良い点は負荷が下がって、局所性が増してキャッシュ効果が高くなるというところでした。一方で、悪い点ももちろんあります。

運用が複雑になる

　まず運用が複雑になります。先ほど図4.9のentryとtagのようにサーバが2つに分かれますし、しかも用途が異なるサーバができるわけですね。同じはてなブックマークのDBだけど、こちらが何をやっていて、こちらが何やってるのか...を頭で把握しなければいけなくなり、運用がけっこう複雑になってしまいます。はてなダイアリーなんかはDBをかなりたくさん分割していますが、どこにどのDBがあるか、把握するのがとても大変。一応、表になっていてサーバ情報のドキュメントを見ればわかるのですが、障害のときとかパニックになっているときに、これが頭に入っていないと素早く対応するのが難しい。なので、はてなダイアリーで障害が起こると、どこが壊れているかというのを探すだけで必死です。運用が複雑になると結局そういったところのリカバリに時間がかかるようになってしまいます。

故障率が上がる

台数が増えるぶん、故障確率が上がるという問題もあります。

耐障害性を考えるとき、一つ重要な話があります。分割に伴ってマシンを増やすときは、増やすのは1台で済まないんです。

分割の例が図4.12です。Aというホスト(DB)があって、これを分割してA'とA"にしたとします。このときにサーバは先ほどまで1台だったものを2台増やすことになります…で済めば誰も苦労しないのですが、そうはならなくて、Aサーバが4台あってそれが分割後に8台になります。さて、クイズ。サーバが4台あって分割すると8台必要。なぜでしょう？　どうかな？

冗長化に必要なサーバ台数は何台？

じゃあ、別のクイズ。なぜ、そもそもAサーバが4台必要なのでしょうか？

学生：4台も必要なのですか？？

運用は経験がないと難しいかな。この答えは冗長化です。1台しかなかったら壊れたらおしまい…とくにDBですので。図4.13で見てみましょう。冗長化も先ほどのマスタ/スレーブのこと考えると、マスタ1つがあって、スレーブが3つと、図4.13 **❶** のように冗長化するのです。そうすると仮にスレーブが1つ壊れても大丈夫ですし、マスタが壊れてもスレーブが生きているのでスレーブのうち1台をマスタにしてやればOKです(図4.13 **❶**')。

●図4.12　分割

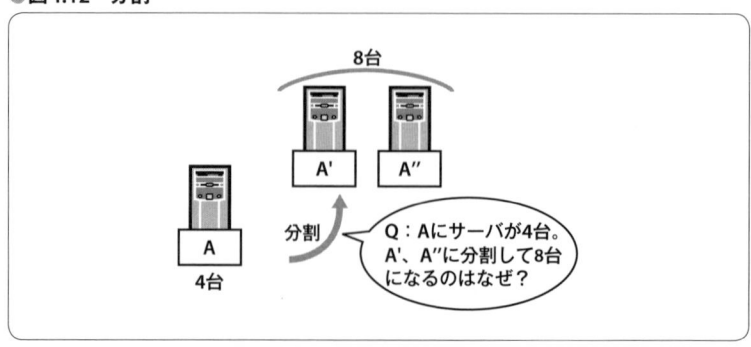

だったら、図4.13 **2** でいいんじゃないかと。すなわち、マスタ1台＋スレーブ2台＝計3台あれば十分かなと思いますが、そうではなくて図4.13 **1** のようにマスタ1台＋スレーブ3台＝4台にする理由はわかりますか？ 意外にもこれにはなかなか気づかないかもしれません。僕らも運用をやっててはじめて気づきました。

2 のように3台セットになっていて、マスタ1台＋スレーブ2台だとして、仮にスレーブが1つ壊れたとします（図4.13 **ⓐ**）。でも、もう一方のスレーブが動いてるので「やった、バンザイ。よし、リカバリしよう」として、新しいDBサーバを用意してきました。さて、ここで、データをコピーしなければいけません。このとき残っていたスレーブを止めないとコピーでき

●図4.13　マスタ/スレーブの冗長化

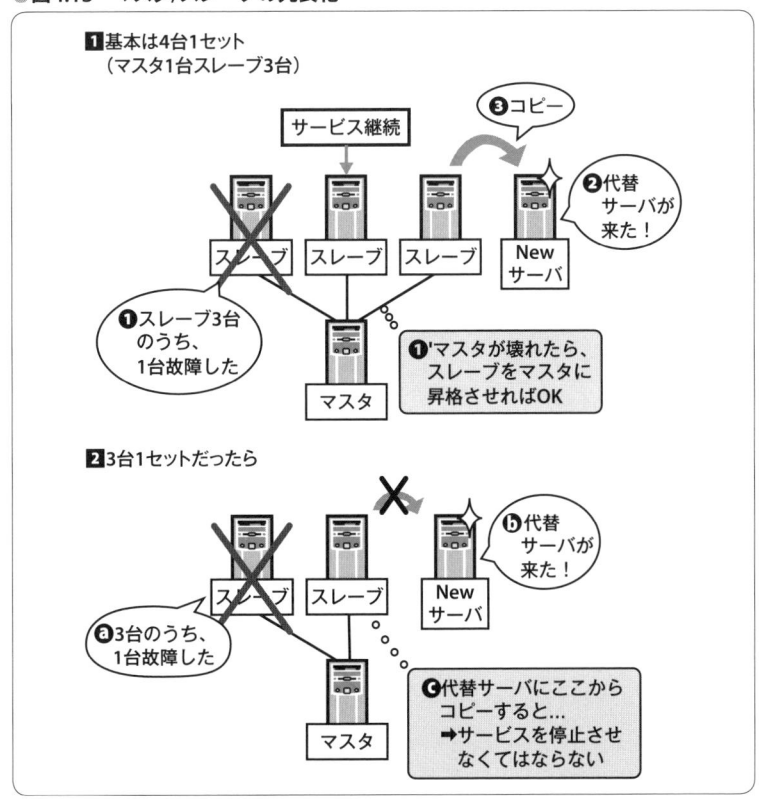

ません。するとサービスが止まってしまう。もしもマスタを止めたら書き込みできなくなるし、スレーブを止めたら参照できなくなってしまうので、サービスを止めないとリカバリできなくなってしまうのです（図4.13 **C**）。

しかし、図4.13 **1**のようにスレーブが3台あると、1台壊れても残り2台のうちの1台を止めて新しいサーバにデータをコピーして、壊れたスレーブ以外のスレーブ3台をまとめて復帰できる。これで無停止でリカバリできます。したがって、冗長化のことを完璧に考慮すると、4台1セットで考える必要があるんですね。

アプリケーションの用途とサーバ台数

本項の冒頭のクイズで見たとおり、分割したら数が4台だったのがいきなり8台になった。3つに分割すると12台になったりしてどんどん増えていってしまう。無停止が必須条件かどうかはそのアプリケーションの用途にもよるので、必ずしも4台必要というわけではないですけどね。たとえば、はてなブックマークのtagテーブルとかだとタグのページだけメンテナンス中は見れませんと断って、主要な他のページは見れますというふうにしておけば、とりあえずサービスの一部機能だけ止めてメンテナンスができます。はてなダイアリーの日記のDBなど、そこを止めるとユーザさんの日記がしばらく見れなくなってしまうというようなクリティカルなところは、バックアップも含めて複数台みたいなケースがあります。

サーバ台数と故障率

というわけで、分割すると台数が一気に増えてしまいます。そうすると当然故障確率が上がって、あちこち壊れたりする。なんで、どんどん分割すればいいというものでもありません。今どきメモリは2GBで数千円ですので、メモリを増やすことで対応できるようなら、そのほうが分割しなくていいので楽なんです。ですからやはりコモディティの価格帯を考える必要があって、同じ分割するのでもどっちのほうが安く済むかとか、どっちのほうが運用が楽で済むかをきっちり考える必要があります。

> **memo**
>
> **パーティショニングのトレードオフ**
> ・良い点
> ➡負荷が下がる
> ➡局所性が増してキャッシュ効果が高くなる
> ・悪い点
> ➡運用が複雑になる、故障確率が上がる
>   ➡運用が複雑になるとそのぶん経済的コストがかかる
>   ➡メモリは今どき2GBで数千円
> ・パーティショニングはあくまで切り札

第2回〜第4回の小まとめ

　以上、第2回〜第4回までの講義ではキャッシュ重要とか、メモリは速いという話でした。ここまでは、どちらかというと運用にまつわる話が多かったですね。ここで話したようなことが大体頭に入っていれば、将来負荷分散しなければならなくなったときもこの基本方針に従って負荷分散していけばいいので大丈夫なはずです。より詳細な話、ハウツー的なところは参考書を読んで補っておけるとよいでしょう。あとは、実践ですかね。なかなか座学だけでは身につきませんしね。

　第5回からは、もっと開発寄りの話、データがRDBMSなどで扱いきれないくらいのサイズになるようなデータ、つまり大規模データアプリケーションの開発の話に入ります。

第5回
大規模データ処理［実践］入門
アプリケーション開発の勘所

講師 伊藤 直也

あえて大量データにアクセスしたいケースとは？
大規模データ処理アプリケーションの考え方と対策

　OS、ミドルウェアと来たので、第5回からは大規模なデータを用いてアプリケーションを開発するときの勘所にいきます。運用頭から開発頭に切り換えつつ、大規模データアプリケーションの開発について話を進めていきましょう。今までは大量にデータがあっても局所性を見い出し、それに合わせてシステムの構成を変えて速度を出すぞという話でした。

　しかし、全文検索や類似文書系探索、データマイニング…それぞれにイメージが沸くと思いますが、あの手のものは広範囲のデータにアクセスします。大量のデータ内のあちこち、あるいは大部分にアクセスして計算していくので、そもそも「データ中のここだけ」という割り切りができません。統計処理はそういったのが多い。あと、検索もそうです。

　では、本質的に大量のデータにアクセスしたいという場合にどうするか。第5回では、RDBMS、つまりMySQLなどで処理できない規模のデータを対象に計算を行いたい場合、どのような対策方法があるかを見ていきます。

> **memo**
>
> **大規模データを処理するアプリケーション**
> - 用途特化型インデクシング（→Lesson 14）
> - 理論と実践の両側から攻める（→Lesson 15）

Lesson 14
用途特化型インデクシング
大規模データを捌く

インデックスとシステム構成 ——RDBMSの限界が見えたとき

　先ほど第5回冒頭で、大規模データを扱うケースとして全文検索や類似文書系探索、データマイニングを例に挙げました。それらのケースでは多くの場合、RDBMSでは限界です。それならRDBMSは捨ててしまいましょう。あ、捨てると言っても、RDBMS自体を止めるという話ではありません。

　バッチ処理でRDBMSからデータを抽出し、それで別途インデックスサーバのようなものを作って、そのインデックスサーバにWebアプリケーションからRPC(*Remote Procedure Call*)などでアクセスするといった方法を使います。

RPC、Web API

　図5.1を見てみましょう。まず図5.1 **1** DBがあります。このDBから定期的に、3時間に1回とかcronとかでデータを抽出してきてあげて(**❶**)、**2** インデックスサーバに渡すと。インデックスには、たとえば **2** で検索用の転置ファイル(後述、Lesson 26を参照)を作ってやる(**❷**)。**3** のAPサーバからは、インデックスを持っている **2** インデックスサーバにRPCでアクセスする(**❸**)。

●図5.1　はてなブックマークの検索システムのイメージ(RPC版)

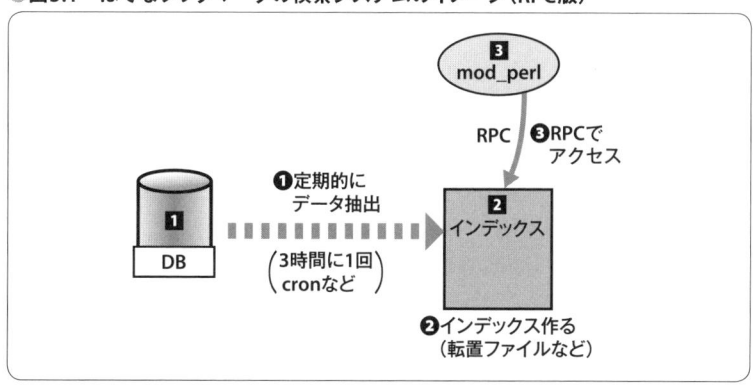

第5回 大規模データ処理［実践］入門 ── アプリケーション開発の勘所

　RPCはわかりますか？ リモートプロシージャコール。いまどきはRPCよりはWeb APIと言ったりしますかね。図を少し変えてみましょう（図5.2）。インデックスを持っている図5.2 **2**サーバに**2**'Webサーバを立ち上げてこれは何か検索してJSONを返すといったアプリケーションを作ってあげて（**4**）、**3**からはWeb APIでJSONにアクセスする。Web APIでなく**4**にC++でサーバを立てて、そこにRPCをしたりするときもありますが考え方としては一緒です。

　さて、なぜ**3**のAPサーバに直接インデックスを持たせないかというと、まず**3**が十分なメモリを持っていないことが多いなどが理由です。また、APサーバのアーキテクチャ的に、大きな検索インデックスを複数プロセスで使い回すような構成には向いていない。なので、インデックス専用のサーバで持つと。あとは**3**が20台とかあった場合、20台全部にインデックスを持たせたりすると大変なので、という理由もありますね。ブックマークの検索サーバなども、こういったやり方でインデックスを作っています。

　ところでRPCって、ぱっと浮かびましたか？ 昔はWeb APIというのが一般的ではなかったので、大体リモートに置いたデータ構造やファイルを検索したいときはRPCと言って、ネットワークを介してプロトコルが独自に決められているものを使うことが多かったのです。でも、最近はそのプロトコルをJSON＋HTTP、つまりWeb APIでやってしまうことが多いかも

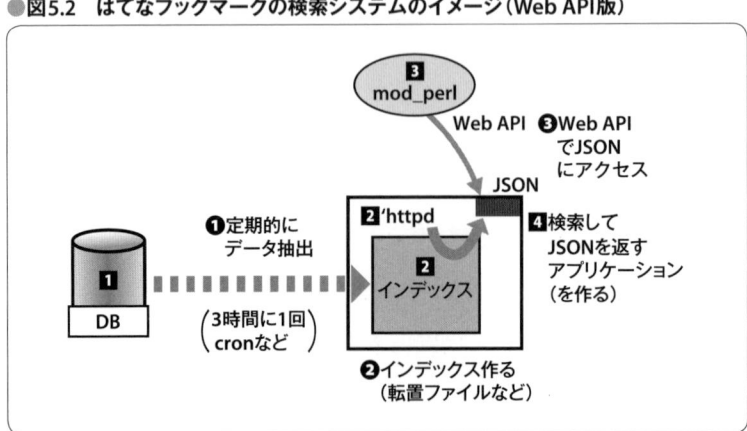

●図5.2　はてなブックマークの検索システムのイメージ（Web API版）

しれませんね。

> **RDBMSでは限界、そのときは？**
> ・バッチ処理でデータを抽出
> ・別途インデックスサーバを作りWeb APIなどでクエリする

用途特化型のインデキシング ——チューニングしたデータ構造を使う

　以上のような方法を、はてなでは「用途特化型インデキシング」と呼んでいます。用途特化型のインデキシングをしてやると、RDBMSだと難しかったことが可能になります。RDBMSというのは、データをソートしたり、統計処理ができたり、JOINできたり、汎用的に作られていますね。いろいろな目的に使えるように作られている。ある特定の目的だけに使いたいときには、特定の目的だけに使うようにチューニングしたデータ構造を使うと圧倒的に速い。それが用途特化型のインデキシング。検索の転置ファイルはその典型例で、自然言語処理的な処理を前に加えてからインデックスを作っておけば、RDBMSで全部データをなめたりしなくても一瞬で検索できるわけです。

> **用途特化型のインデキシング**
> ・データを定期的に書き出す
> 　・書き出したデータからデータ構造を構築
> 　➡検索用の転置インデックス
> 　➡キーワードリンク用のTrie（トライ）　など
> ・構造化データを保持したサーバをC++で開発、RPCでアクセス[注1]

[例] はてなキーワードによるリンク

　検索以外にも、用途特化型のインデキシングに関連する別の事例も見て

注1　Lesson 21でも触れますが、多言語間RPCフレームワークにはThrift（スリフト）を使用しています。

おきましょう。キーワードリンクについては第7回でより詳しく扱うので、ここでは概要だけ話します。例として、はてなキーワードによるキーワードリンクを見てみることにしましょう（図5.3）。

ある文書が20万強のキーワードのうち何を含むかを探さなければならないときに、いちいちDBの中にあるキーワードの一覧とユーザが書き込んだ内容を突き合わせていると、DBが過負荷になってしまいます。

そこで、バッチ処理で20万件のキーワードを抽出しておく。昔はここから超巨大な正規表現を作っていました。10万件の正規表現の大きなファイルを作って、それをメモリに読み込ませてマッチングさせていました。ただ、正規表現には、オートマトンのうちのNFA（*Nondeterministic Finite Automaton*、非決定性有限オートマトン）の特性で、ORでつなぐとマッチングのときに計算量がかなり膨大になり速度が出ないという問題があります。DBを直接叩くよりは速いですが、正規表現だけだと苦しくてだめなので、現在はTrieベースの正規表現を使ってCommon Prefix Search（共通接頭辞検索）を行います。TrieとCommon Prefix Searchの組み合わせは王道で、自然言語処理やってる人たちだとよく知っているんじゃないかと思います。

ちなみにCommon Prefix SearchをするにはAho-Corasick法やDouble Array Trie、いろいろなアルゴリズム/データ構造があります。そのアルゴリズムのデータ構造をDBからあらかじめ抽出して作っておいて、マッチングをする、これがキーワードリンクの手法です。この辺りは、第7回で詳しく扱います。

●図5.3　はてなキーワードリンク

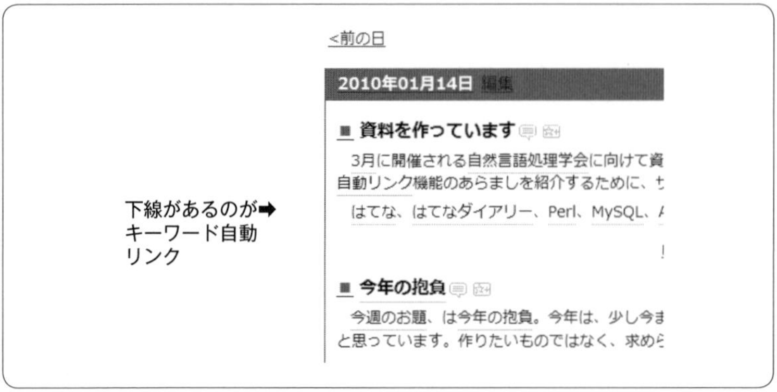

[例]はてなブックマークのテキスト分類器

　はてなブックマークのカテゴリも良い例でしょう。こちらもアルゴリズムについては第7回で取り上げますので、概要を。はてなブックマークは、記事のカテゴリを自動分類しています(図5.4)。「科学・学問」だったり「コンピュータ・IT」だったり。

　簡単な説明に止めますが、これにはComplement Naive Bayesというアルゴリズムを使って、自動で機械学習で分類しています。Complement Bayesアルゴリズムを使うときには、文書に含まれる単語の出現確率が必要になります。それを1回1回、文書がカテゴリを判定するときに、DBにどの単語が入っていて、これは何件でということを問い合わせていると時間がかかってしまうので、その出現確率、実際には出現頻度だけを保持したサーバを立ち上げておく。そのサーバに問い合わせると一瞬で応答が返ってくる…ということをやっています。

●図5.4　はてなブックマークの記事カテゴライズ

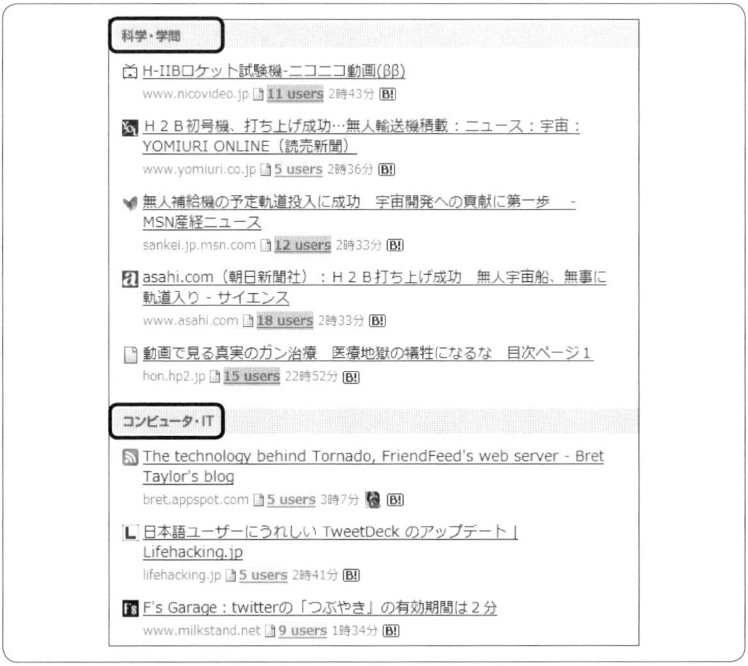

全文検索エンジン

検索に関しては、ここまで繰り返し話をしてきました。全文検索エンジンはこの手の話におけるとても良い例で、以下のポイントをどうクリアするかというところが問題になってきます。

- 大量のデータから検索したい
- 高速に検索したい
- 「いい感じ」の文書を上位に

三つめの「いい感じ」の文章を上位に持ってくる、実はここが一番難しいのですが、そのためには「スコアリング」処理を行います。スコアリングでは検索対象の文書が持っているさまざまな情報を複合的に利用します。これも、特定のカラムでしか並び変えることができないRDBMSでは無理ですね。逆に、検索インデックスを自前で作る、つまり全文検索エンジンを自分達で実装すればスコアリングのアルゴリズムなんかも自由に選べるわけですから、検索結果の並べ方はRDBMSを使うよりもずっと柔軟に構成できます。

実際に検索エンジンを作るところは、第9回と第10回できちんと解説します。検索エンジンというとGoogleやYahoo!を想像してしまって圧倒されるかもわかりませんが、ちょっとしたものなら実際にやってみると簡単に作れますから楽しいと思います。

* * *

例を見ながら、用途特化型インデキシングの必要性についてイメージを膨らませることができましたか？ 検索など、この辺まで来るとLAMPで手軽にWebアプリケーションを作りましょうという話と比べてかなり専門的な世界になってきますね。

> **memo**
>
> **RDBMS ➡ 情報検索**
> - RDBのデータをバッチで取得
> - 転置インデックスを作って検索アルゴリズムを使う

Lesson 15
理論と実践の両側から取り組む

求められる技術的な要件を見極める

　さて、第4回、第5回と見てきたものを、ざっくりと確認してみましょう。すると「理論と実践の両側から攻めていかなければいけない」ということがWebアプリケーションの世界ではわりとあるということがわかりますね。

　「RDBMSでJOINを使わない」といった手法は、なかなかの「バッドノウハウ」ですよね。「あとで分割することになるからJOINを使わない」なんて言うと、RDBの研究をしている方々からは「そんなのRDBの使い方としてはおかしい」と言われることもあるんです。そもそもRDBMSの本質的概念を否定しながらRDBを使っているみたいなものですから。JOINを使うな、なんてことは当然教科書には載っていません。このJOINを使うな、というノウハウは「実践」的ですよね。

　一方で、先ほど転置インデックスのスコアを求めたりするのは、ベクトル空間モデルのような、古典的な理論を使うととても簡単にできます。それは、教科書に書いてあります。そし、多くの問題はわりと教科書に載っている古典的な理論で解けたりします。これが「理論」の話。

大規模なWebアプリケーションにおける理論と実践

　大規模なWebアプリケーションを運用開発しようとすると、この理論と実践、その両方をやらなくてはいけない。この辺をバランス良くやっていくのは、はてなのような会社に求められている技術的要件です。どちらか一方ではダメです。理論を追求をしていって論文を書けるくらいの知識を持っていても、いざ実装しようとすると、実装のために必要ないろいろなバッドノウハウが出てきますし、一方でたとえバッドノウハウだけ知っても、大規模なデータを目の前に出されたときに「どう処理していいかわからない」ということになってしまう。ですから、両方をバランス良く使えるようにならないといけません。

　筆者がはてなに入ったころは、どちらかというとはてなは理論よりも実

践側に強い会社でした。強いというか、そこでやっていたWebアプリケーション開発のセオリーをフレームワークにして、とにかく早く少ない工数でWebアプリケーションを作ることに長けていたし、またベンチャーの機動力を活かして新しいテクニックやオープンソースの実装をどんどん取り込んでいってその規模を拡大していきました。

しかし、サービスがヒットして一つ一つの問題が大きくなってくるにつれて、そのようなノウハウが通用しなくなってくる。つまり、課題が本質的になるにつれ、小手先のテクニックでは解決できなくなっていったわけです。そこで必要だったのは、新しい技術やノウハウではなく、ときに古典的だけれども本質的な理論だったというわけです。

計算機の問題として、道筋をどう発見するか

もう一つ大事なことは、やりたいことを計算機の問題に置き換えて道筋を見つけられるかどうかです。そこさえ見つかれば、問題解決はエンジニアリングの問題になります。

先ほど「キーワードでリンクしたい」という話のなかで、Double Array Trie を作って、Common Prefix Search というアルゴリズムを適用してやるとうまく解けるという話をしました。これは、今の僕らはやり方を知っているからすぐわかりますが、「キーワードリンクしたい」という「実現したいこと」だけが頭にある時点では、どういう方法がうまい方法なのかなかなかわかりません。はてなキーワードのときは、実は自分たちではTrieでCommon Prefix Search ということを知らなくて、インターネット上で教えてもらいました。

結局、アルゴリズム/データ構造で何かを実践するときに、そのアルゴリズムのデータ構造を使って何ができるかをある程度引出しに入れておかないと、こういったときにパッと出てきません。加えて、理論的に学ぶだけでなく、応用のための道筋をある程度付けておくことが大事ってことですね。

第2回〜第5回の小まとめ

以上、第2回〜第5回と広範囲の話題を縦断して駆け抜けてきました。ここで小まとめです。

❶ギガバイト単位のデータ処理
・テラバイト、ペタバイトはまた違った世界
❷メモリ重要
❸分散を意識した運用
❹適切なアルゴリズムとデータ構造

❶ギガバイト単位のデータ処理は例を見ながら説明した話。テラバイト、ペタバイトはまた違った世界ですけどね。それから、とにかく❷メモリが重要ということと、❸分散することを前提に運用や設計をしましょうという話。❹は適切なアルゴリズムとデータ構造をしっかりと選択しましょう、という基本が大切でした。

＊　＊　＊

以降、第6回〜第10回では、アプリケーション開発開発者向けに大規模データを処理するコツを掴んでもらうため、ここまでで紹介した各種手法をそれぞれ掘り下げて解説していきます。第6回では課題として圧縮プログラミング、第7回、第8回ではアルゴリズム・データの実用化について、そして第9回、第10回では検索エンジンを作ります。

第6回
[課題]圧縮プログラミング
データサイズ、I/O高速化との関係を意識する

講師 伊藤 直也

なぜ圧縮？
VBCodeで知るデータ処理のコツ

　第5回では、大規模なデータを用いてアプリケーションを開発するときの勘所を話しました。RDBMSなどで処理できない規模のデータを対象に計算を行いたい場合の方法として用途特化型インデクシングを紹介し、技術的な要件を見極め、理論と実践の両サイドから問題に取り組んでみようといった話でした。

　続く第6回〜第10回では、実際の大規模データを用いたアプリケーション開発に踏み込んでいきましょう。第6回は、課題を通して解説していきます。題材は、ちょっとマニアックにデータ圧縮の話。大規模データに関する課題、ということで何がよいか考えたのですが、敢えて若干マニアックに整数列の圧縮プログラミングを選びました。ちょうど、普段自分達が扱うデータのデータサイズや、圧縮との関連を話しておきたかったというのもあったので。

　課題の出題意図について後ほど触れていきますが、圧縮とI/Oの高速化は切っても切れない関係にあるのも知ってほしい。また、速度を気にするといっても、実際にプログラムやアルゴリズムでどの程度で高速なのかという感覚も掴んでほしいと思っています。今回の課題ではVB Code(*Variable Byte Code*)というアルゴリズムを例にしますが、この実装を通じてそこそこ速度が出るレベルとはどの程度かがわかるはずです。あとはデータ型のサイズ、バイナリのサイズ、あるいはスクリプト言語の持つデータサイズのオーバーヘッドなどが、データ圧縮ではかなりのポイントになるのでその辺りも感覚を掴んでもらえると思います。

> **memo**
>
> **圧縮プログラミング**
> ・[課題]整数データをコンパクトに持つ(➡Lesson 16)
> ・VB Codeと速度感覚(➡Lesson 17)
> ・課題の詳細と回答例(➡Lesson 18)

Lesson 16
［課題］整数データをコンパクトに持つ

整数データをコンパクトに持つ

* ［課題］整数列が記録されたCSVをバイナリにしてコンパクトに持つ
    テキストで152MBのCSVデータを、整数の符号化を工夫してサイズを半分以下にして扱えるようにしなさい。もちろん、オリジナルを復元できる必要があります。

この課題用に整数列が記録されたCSV（*Comma Separated Values*）形式のファイルをお渡しします[注1]。そのCSVファイルをバイナリに変換してコンパクトに持つ。単にバイナリにするのではなく、圧縮…具体的には符号化を工夫してサイズを半分以下にするという課題です。もちろんオリジナルを復元できないとダメ。「0バイトになりました」と全部中身消したりしたら失格です（笑）。

出題意図——この課題を解けると何がいいの？

今回の課題が解けると大きな整数列をコンパクトに持つ方法がわかるわけですが、その出題意図を話しておきましょう。

大きなデータを圧縮でコンパクトにできると第2回で話したとおり、まずディスクI/Oを軽減できますよね。大きなデータを扱うときに圧縮するという考え方を常に頭に入れておいてほしいと思います。

また、RDBMSでは整数を普通に固定長で持つためにどうしてもサイズがかさんでしまうような大量のデータを、そこそこ小さいサイズに抑えて扱う方法がわかります。

それから、ここまでに何度も「高速」「速度」と言っていますが、実際に高速なプログラムや高速なアルゴリズムって、どの程度のレベルが高速なの

注1　詳しくは、本書のサポートページをご参照ください。🔗 http://gihyo.jp/book/2010/978-4-7741-4307-1/support

第6回　[課題]圧縮プログラミング —— データサイズ、I/O高速化との関係を意識する

かという話があります。今回は、VB Codeというアルゴリズムを紹介しますが、これがそこそこ速度が出る。その例を見て、高速なプログラムの速さとはどの程度なのかというのを体感してもらいたい。

　整数列をコンパクトに持てたのは良いとして「どこで応用したらいいのかわかりません」という声もあるでしょう。応用の道筋を付けておくと、実は、第9回、第10回で取り上げる検索エンジンの開発でこれを使えます。それから今後、みなさんの中で機械学習やデータマイニングの研究とかを進めていきたいなと考えている人もいるかと思いますが、そういった場では巨大な整数列を扱うことが本当に多いので、整数列の圧縮方法を覚えておくと役に立つでしょう。

　課題を通じてデータ型のサイズ、バイナリのサイズ、あるいはスクリプト言語の持つデータサイズのオーバーヘッドに意識を傾けることも狙いの一つです。データ圧縮を実装するには、このあたりを考えないわけにはいかないのでちょうど良いのです。

---

memo

課題「整数データをコンパクトに持つ」の出題意図

- 大きな整数列をコンパクトに持つ方法を知る
- コンパクトにできると…
    - ディスクI/Oを軽減できる ➡ 高速な処理
    - RDBMSに持たせるとどうしてもかさんでしまうようなデータを最小限のサイズに抑えて扱える
- VB Codeの速度感を掴む
    - 高速なプログラムの「高速」って？
- データ型のサイズなどに意識を持てる
- 応用は？
    - 第9回、第10回の検索エンジン開発で応用できる
    - 機械学習やデータマイニングなどで、巨大な整数列を扱うことは非常に多い

課題で扱うファイルの中身

今回課題用に渡すのは、はてなブックマークのタグのデータの一部です（リスト6.1）。CSVファイルを渡すといってもテスト用に作ったデータではなくて、実際のデータ。筆者があらかじめダンプしておいたものを使います。なので、みなさんがこれからいじるのははてなにしかない、オリジナルのデータです。あるタグがあって、そのタグを含むエントリのIDが記録されているデータ。これはテキストにすると152MBくらいあります。これをコンパクトに持たせて、数十MBくらいの規模にしてくださいというのが今回の課題です。

> memo
> - はてなブックマークのタグのデータ
>   perl => [25, 51, 111, ...] ←perlタグが付いたエントリIDのリスト
> - テキストで持つと152MB

●リスト6.1　タグのデータ（一部）
```
big_saru 13972870,14104911,14477013
issue tracking 2312278,4546948,12618971
measles 13345632,13814937
フィットネスdvd 14487510
石将軍12689161,12689176
オンライン講義2295283,4942223,8752190,9395383,12377796,13293151
...
```

第6回　[課題]圧縮プログラミング —— データサイズ、I/O高速化との関係を意識する

Lesson 17
VB Codeと速度感覚

VB Code —— 整数データをコンパクトに保持しよう

　では、整数列を圧縮するアルゴリズムを解説します。これにはVB Code（Variable Byte Code、可変長バイト符号）が使えます。他にγ符号やδ符号、ゴロム符号、それ以外にもInterpolate（補間）符号など、整数列の圧縮に使えるアルゴリズムはたくさんあります。ここではそれぞれを詳しくは扱えないので興味のある人は調べてみてください。

　VB Codeは実装的には簡単で、速度が速く手軽に使えます。圧縮率や速度の面で、他のアルゴリズムのほうが優れていたりもしますが、そこまで劇的には違わないので、今回はVB Codeを使います。

　VB Codeは、圧縮のアルゴリズム、というよりは、整数の符号化手法の一つです。いまどきの計算機では「5」という数字を固定長32ビットで0....0000 0101と表現しますよね。これは整数を「バイナリ符号」という符号化手法で符号化しています。同様にVB Codeはまた違ったルールに従って整数を符号化します。

　図6.1を見てみましょう。図6.1は❶数値欄の5と130という数字をバイナリ符号、VB Codeでそれぞれ符号化した場合のビット列。❷固定長バイナリ符号では32ビットは4バイトもありますけど、5も130も、下位1バイト以外は冗長ですよね。普段、みなさんが整数int型として使っているのはこの固定長のバイナリ符号ですが、小さい数字だと、前半はすべて0で後半の1バイトしか使ってないことがよくわかります。この前半の冗長なバイトを取り除き、最小限のバイトで情報を表現するのが、❸のVB Code。

●図6.1　VB Code

❶数値	❷固定長バイナリ符号	❸VB Code
5	00000000 00000000 00000000 00000101	10000101
130	00000000 00000000 00000000 10000010	00000001 10000010

Lesson 17 VB Codeと速度感覚

❸ VB Codeは、先頭の1ビットがフラグ(continuationビットと呼ばれます)になっています。残りの7ビットでバイナリ符号をしてあげます。

- 5　　➡ 10000101
- 130　➡ 00000001 10000010

　　　　　🔲1発見↑　↑🔲2先頭のビットが1
　　　　　128*1　continuationビットと2

　5の符号を見ると、頭の1が「この整数のビット列はこのバイトで終わり」というフラグになっています。5は1バイトで表現できます。
　130のほうは、2バイト必要。この2バイトのビット列を復号するときは、まず先頭から見ていく。すると先頭は0なのでここのバイトでは終わらない。このバイトの下位7ビットの🔲に1があるのを覚えておく。次に見ていくと、🔲で1が次に立っているので、このバイトで今復号しようとしている整数は終わりだということがわかります。結局、1バイトめで覚えた符号、つまり00000001の下位7ビットが128を、2バイトめの10000010の下位7ビットが2を表しているので、128＋2＝130と復号できます。
　VB Codeの場合各バイト8ビットの先頭1ビットはフラグだから、整数を表現する箇所には7ビットしか使えません。1バイトめの下位7ビットで0～127までを表していて、その上位バイトは128×(1～127)さらにその上位は128^2×(1～127)... を表しています。
　VB Codeで符号化すると、5のような小さい数字の場合、その符号には1バイトだけで済みます。4バイトだったのが1バイトになりました。130でも2バイトで済みます。こうして、値が小さければ小さいほど少ないバイトで整数を表現できるというのが、この可変長のVB Codeです。

VB Codeの擬似コード

　VB Codeのコードをいきなり書けと言っても難しいので、疑似コードを見ておきましょう。リスト6.2は『Introduction to Information Retrieval』(IIR)という情報検索の教科書に載ってます。
　この擬似コード、後で自分で見て理解してほしいんですが、ざっと見る

第6回 ［課題］圧縮プログラミング —— データサイズ、I/O高速化との関係を意識する

と、128という数字があちらこちらに出てきます。このマジックナンバー、128は何かというと…128は2進で10000000です。128を2進にしてみてください。1000 0000になりますね、先頭1ビットが立っている1バイト。この先頭のビットが1立っていることをうまくマスクとして利用してあげるのがこのアルゴリズムです。先ほど見たように、VB Codeは先頭の1ビットがcontinuationビットと言って、まだ読むべきか、ここで終わるべきかということを判定するビットですが、そのビットが立っているかどうかとを調べるために、128との大小関係を比較します。そして、128単位でバイトを区切っていくのに割り算したりします。

このリスト6.2の疑似コードをうまくPerlで実装してください。リスト6.2は3つに分かれているのですが、たぶんencode_vb( )とdecode_vb( )と

●リスト6.2　VB Codeの擬似コード※

```
VBEncodeNumber(n)
1  bytes ← ⟨⟩
2  while true
3  do Prepend(bytes, n mod 128)
4    if n < 128
5      then Break
6    n ← n div 128
7  bytes[Length(bytes)] += 128
8  return bytes

VBEncode(numbers)
1  bytestream ← ⟨⟩
2  for each n ∈ numbers
3  do bytes ← VBEncodeNumber(n)
4    bytestream ← Extend(bytestream, bytes)
5  return bytestream

VBDecode(bytestream)
1  numbers ← ⟨⟩
2  n ← 0
3  for i ← 1 to Length(bytestream)
4  do if bytestream[i] < 128
5      then n ← 128 × n + bytestream[i]
6      else n ← 128 × n + (bytestream[i] − 128)
7        Append(numbers, n)
8        n ← 0
9  return numbers
```

※出典：『Introduction to Information Retrieval』(Christopher D. Manning／Prabhakar Raghavan／Hinrich Schütze著、Cambridge University Press、2008)

いう2つの関数にしても大丈夫かと。その実装は任せます。

　一つ説明しておかないといけないことがありました。途中で割り算があります。整数の割り算ですが、Perlで普通に割り算をすると浮動小数点の割り算になってしまいます。リスト6.2の疑似コードにおける割り算の部分（VBEncodeNumber(n)の6行目「`div 128`」）ですね。ここは整数の割り算であることが前提になっているので、integerプラグマを使ってください。Perlは`use integer`しているスコープの中では、四則演算になるべく浮動小数点を使わないで整数前提の計算をするようになっているのでこれで制御してください。

アルゴリズム実装の練習

　まず図6.2の疑似コードを読み、なぜ先ほどのVB Codeが生成されるかを理解したうえで実装を進めてみてください。

　アルゴリズム実装の練習は教科書に載ってる擬似コードを読み解き、それを実際のプログラミング言語で実装して動作を確認するというのが有効です。擬似コードを読んでわかった気になったつもりでもいざコーディングすると、どう書いたらいいんだろう、というところが出てきたりして、その試行錯誤を通じて体で実装技術を覚えていけます。

＊　＊　＊

　なお、リスト6.2の疑似コードを含めたVB Codeの解説は、リスト6.2の出典の書籍、または以下のURLにも掲載されています。いずれも英語ですがより詳しく知りたい方は読んでみてください。

- 「Variable byte codes」
  URL http://nlp.stanford.edu/IR-book/html/htmledition/variable-byte-codes-1.html

　以上で、小さい数字を小さい4バイトではなく、もっと小さいバイト数で符号化するという方法はわかりました。ただ、整数"列"を圧縮する場合、もう一工夫してあげる必要があります。

ソート済み整数を「ギャップ」で持つ

それがこれ、整数の表現を差分を取って小さい整数の表現に変える工夫です。リスト6.1のタグのデータをよく見てください。昇順にソートされていますね。そう、整数で。

整数でソート済みだとその数が必ず単調増加することが保証されます。単調増加してると先頭から差分を取っていっても逆に復元するときに先頭から足していけば元の整数列に復元できます。あとで復元できるならばOKということで、ある整数を表現するときに1つ前の数字との差分で表現してやります。

- [3, 5, 20, 21, 23, 76, 77, 78]
- ➡ [3, 2, 15, 1, 2, 53, 1, 1]

すると、この例のように、値と値のギャップが小さいときに、小さい1や2といった数字が出てきます。VB Codeで圧縮するときに上の状態で圧縮するよりも下の状態にしてから圧縮したほうが圧縮率が高くなるのは直感的にわかりますよね。

単調増加の整数列のギャップを取って、VB Code符号化する。これが整数列の圧縮です。どのくらい小さくなるかは実際にやってみてくださいね。こんなに小さくなったという感動を味わってほしいので、ここではいいません。結構小さくなりますよ。

> **memo**
>
> **ソート済み整数を「ギャップ」で持つ**
> - 1つ前の値とのギャップを取る
> - 小さな値がたくさん、大きい値は少ない分布になる
> ➡ これをVB Codeで符号化する
>   ➡ 偏りにより圧縮効果が得られる

(補足❶)圧縮の基礎

ここで圧縮の話はそんなに深入りしませんが、少し補足しておきましょ

う。記号の出現頻度を見て、頻出する記号に短い符号を与えて、そうでない記号には長い符号語を与える。つまり記号の出現確率の確率分布を考えて、最適な符号を生成する。これが圧縮の一番根底にある理論です。

モールス信号って知ってますよね。モールス信号ではeとかtとか、英語で頻出する記号に対してはトンとかツーとか短く伝わって、zとかqとかあまり出てこない記号はツーツートントンなど長い符号、信号が割り当てられています。圧縮はこれと同じ概念で、全部の記号に同じ幅で符号を与えるのではなく、たくさん出てくるものに短く割り当てて、出てこないものには長い符号を当てるようにしてやるんですね。そうすると、記号列全体では、固定幅のときより短く表現できます。その差が圧縮効果。

今回の課題では整数値のギャップをとることにより、小さい数字がたくさん出やすい…という確率分布を作って、それに対して、小さい整数に短い符号をあてられるVB Codeを適用することで圧縮してやろうという方針がいいでしょう[注2]。

圧縮の基礎
- 記号の確率分布から、頻出記号に短い、そうでない記号には長い符号語を与える
➡ モールス信号と同じ原理

(補足❷) 対象が整数の場合 ──背景にある理論

余談ですが、テキストを圧縮するときは汎用的な圧縮で、整数だけでなくabcdefg…など、どんな記号が出てきても圧縮できる符号を使います。

たとえば、先頭から各文字の記号の出現頻度を見ていって、確率分布を調べてからその確率分布に最適な符号を生成するアルゴリズム…ハフマン符号などを使って圧縮します。

しかし、今回は相手が整数です。整数は、圧縮対象の記号そのものが値

注2 このあたりは『WEB+DB PRESS』(Vol.52)の連載「Recent Perl World」、「第20回：データ圧縮アルゴリズムの基本」で取り上げています。ぜひご参照ください。

として意味を持っています。整数なら、先ほどのように差分をとったりして変形できます。それを使ってうまく確率分布を変えてやったというところが、わりと本質的なところです。この整数列のギャップの分布は、実際には幾何分布になってます。幾何分布に最適な符号化手法が何である、というのは理論的に知られていたりもします。もう少し詳しく知りたい人はGoogleで検索すると筆者の日記[注3]が出てくると思いますので参考にしてみてください。

ということで、確率分布的には幾何分布になっていて、それに最適に近い符号語を使っているのが背景にある理論という話でした。

---

memo

対象が整数の場合
- 圧縮対象の記号そのものが整数として意味を持っている
- 整数である特徴をうまく利用して圧縮する

注3　http://d.hatena.ne.jp/naoya/20090804/1249380645

Lesson 18
課題の詳細と回答例

課題の詳細

では、一部おさらいも兼ねて、課題の詳細です。

＊課題の詳細
- ❶テスト用データファイルをギャップ＋VB Codeで符号化したものを書き出すプログラムを作ろう
- ❷書き出したバイナリを復元するプログラムを作ろう
  - ➡ヒント：符号化/復号化のテストを先に用意すると楽
- ❸オリジナルのテキストファイルからどの程度小さくなったかを確認してください
- ❹すんなり終わった人
  - ➡VB Code以外の符号化手法を試しなさい（例：γ符号、δ符号など）

　テスト用データファイルを用意しましたので[注4]、❶それのギャップでまず表現するなどして、VB Codeで符号化したものを書き出すプログラムを作ってください。一緒に❷書き出したバイナリを復元するプログラムも作ってください。❶と❷はセットです。書き出しだけやって、復元できなかったら動作が確認できないからです。このときにいきなりファイルに書き出すプログラムを書いてしまうと動作確認がけっこう大変なので、符号化と復号化をセットで、エンコードとデコードのプログラムのテストを先に用意すると楽になるだろうと思います。テストは自由なので、用意したほうがいいなという人は用意して、なくてもいけるという人はそれで頑張ってください。

　❸は、実際にオリジナルのテキストファイルから圧縮したファイルがどの程度小さくなったかを確認してみてください。すんなり終わった人は❹VB Code以外の符号化手法を試してみてください。もしかしたら時間的に難しいんじゃないかなと思いますが[注5]、できたらでかまいません。

注4　本書補足情報ページを参照してください。URL http://gihyo.jp/book/2010/978-4-7741-4307-1/support
注5　インターンシップの講義期間中、午後の時間は6時間程度でした。

第6回　[課題]圧縮プログラミング ── データサイズ、I/O高速化との関係を意識する

評価基準

気になる今回の課題の評価基準は以下のとおり。10点満点です[注6]。

❶確実な動作、圧縮率：4点
❷符号／復号の速度：2点
❸コードの可読性：2点
❹実装の工夫：2点

今回はこれまでの課題[注7]とは違い、コードの可読性よりは実際にしっかり圧縮できるか、コンパクトに持てるかが重要ですので、❶の確実な動作と圧縮率を重視します。圧縮率はアルゴリズムを正しく実装すればみなさん一緒になるはずなので、それほど差はつかないでしょう。ですが、実際にできたら実は大きくなっていたなどにならないように、確実な動作と圧縮率を一番の目的にします。

あとは符号と復号はまともに実装すればかなり高速に、ほとんど時間がかからずできるはずですが、実装が悪いと時間がかかってしまうので、ある程度❷の速度も見たいなと思っています。

そして、余裕があったら❸のコードの可読性。一応、可読性も意識して書くことができればボーナス点を与えます。それから❹として実装の工夫で2点を与えます。

第6回で示したとおりできれば6点は確実に取れるようになってます。疑似コードを実装して、ギャップをとって圧縮して、その圧縮率を調べていけばOKです。まずはそこを目指してください。それ以上できそうでしたら、読みやすいコードにしてください。さらに、工夫できそうなことがあったら工夫してみてください。

課題の実装上で必要になる補足事項がもういくつかあるので、説明していきます。

注6　実際のインターン時には結果発表と講評の時間があり、そこで採点結果および順位の発表が行われました。本書では回答例一つのみの紹介となりますので、評価基準や配点のみ参考情報として掲載し順位の発表は紙幅の都合もあり割愛しています（第10回も同様）。

注7　本書では課題の回は第6回で初登場となっていますが、実際のインターンシップでは講義期間の前半に、MVCフレームワークの使い方などのWebアプリ開発の基礎（はてな式）の課題がありました。

(参考❶) pack( )関数 ──Perl内部のデータ構造をバイナリで吐き出す

まず、PerlでVB Codeを実装するにはpack( )関数というものを使わなければなりません。pack( )は慣れないと少しわかりづらいかもしれませんが、Perlの内部データ構造をマシンレベルの表現に変える関数で、要はPerlの内部のデータ構造をバイナリで吐き出すというものです。逆は、unpack( )という関数です。

リスト6.3の例を見てもらうほうが早いでしょう。標準出力に100(百)と書いてprintするとPerlがそれをテキストとして解釈して、リスト6.3❶のように100(イチゼロゼロ)という3バイトの記号が出力されることになります。この記号、たとえば1が表しているのはASCII(テキスト)の1で、intの1ではありません。0もそう。

そうではなく、今回はint ... 正確にはunsigned longの100(百)という整数、すなわち32ビット整数でそのままマシンレベルの表現で出力したい。そういったときはリスト6.3❷のようにpack( )関数でNというテンプレートを指定しつつ100(百)と渡してやると、出力はunsigned longの100(百)のままデータになります。それをprintしてやるとしっかり出ます。

このように、packは数字やデータの配列を渡して、そのデータを第1引数の値(テンプレートと言います)に対応した形式のマシンレベルの表現にしてくれます。NをCにすると、unsigned char型になります。1バイトのchar型です。NではなくI(アイ)を与えるとintになります。NはNetwork orderのNで、ビッグエンディアンであることが保証される形式です。それ

●リスト6.3　pack( )関数

```
STDOUT->print( 100 );                      ←❶テキストで1, 0, 0 (イチ、ゼロ、ゼロ)
STDOUT->print( pack('N', 100) )            ←❷unsigned longで100 (百)

my $bin = pack('N*', 1, 2, 5, 8, 10)       ←❸longの整数5個をバイナリに
my @v   = unpack('N*', $bin)               ←❹Perlの表現 (配列) に戻す
my @v2  = unpack('N2', $bin)               ←❺バイナリから整数2個

my $c   = pack('C*', 1, 5, 9)              ←❻各1バイト (unsigned char) でバイナリ
my $bin = pack('w*', 1, 5, 9)              ←❼VB Codeと同じ
```

からそれ以外にもいくつかありますが、少し後で見ていきます。

　Perlの表現に戻すときは、unpack( )関数。なお、リスト6.3❸のようにpack( )関数のテンプレートで*(アスタリスク)を付けると、1, 2, 5, 8, 10という、複数の整数を1個のバイナリにできます。要するに配列一つをまとめてバイト列にする。逆にこれをunpack( )したいときは❹のようにN*付けてやると、これが配列になってきます。❹ではまとめてN*で、5個全部復元していますが、先頭から2個だけ復元したいというときは❺のようにN2と書く。すると、このバイナリから先頭2個だけとってきたりすることもできます。詳しくはperldoc -f packでマニュアルが出てくるので、そこを読んでみてください。

　それから、リスト6.3❻のようにテンプレートにCを使うと各1バイトずつunsigned characterでバイナリになります。これは実際には1や5や9という数字をchar型として解釈しろ、ということになりますので、各値がASCIIコードとして解釈されて、対応するテキストが出ます。試したらすぐわかると思います。

　最後にもう一つ。pack( )にはリスト6.3❼のようにwというテンプレートがあって、これを使うとVB Codeとまったく同じではないですが、渡した整数を可変長バイト符号で符号化できます。今回これを使ってしまうと課題になりませんが、これを使って動作確認をし、最後ここだけ自分で書いたアルゴリズムに切り替えると問題の切り分けが楽になっていいかもしれません。

> **memo**
>
> **pack( )関数**
> - Perlの内部データ構造
>   ➡ マシンレベルの表現。逆はunpack( )
>   ➡ perldoc -f packを参照

今回の課題におけるpackの使いどころ

　今回の課題でどういうところにpack( )が必要になるかというと、まずVB Codeでバイト列を生成するところです。あとで擬似コードを読んでほしいのですが、疑似コードでは、最後にバイト列を複数の配列のまま関数から

返却する形になっています。それだとバイト列をそのままファイルに書き出せないので、関数から返すときに unsigned char で pack して単一のバイナリにします。

たとえば130という値を、擬似コードのままで符号化したとすると、00000001 10000010 という2バイトが得られますよね。Perlにこの2つの値をそのまま解釈させると、130という値を2バイトで符号化したバイト列ではなく、[1, 130] という2つの値だとみなします。その2つの値をそのまま出力すると1、130という文字列がそれぞれ出力されるだけで、それだと合計4文字で4バイトになってしまいます。また1、130をそれぞれ素直に解釈して整数として扱うと4バイト2つで8バイトになってしまいますよね。そうではなく、今回は各バイトを1バイトのデータ型として扱いたいわけです。よって、pack( )関数でC*でpackしてchar型のバイナリに変更してあげると。これで意図したとおり2バイトのVB Code符号のデータとして出力できます。わかりますか？

このあたりは説明するとどうしてもこんがらがった感じになってしまうので、実際に pack( )関数にいろいろなテンプレートや値を渡して動きを見ながら理解していくとわかりやすいでしょう。

> **ヒント：今回の課題におけるpackの使いどころ** *memo*
> - VB Codeでバイト列を生成する所
>   ➡擬似コードのbytes[ ]は unsigned char で pack して単一のバイナリにする
> - VB Codeを実装する前にpack('w*', ...)で確認できる
>   ※VB Codeは自分で実装すること

(参考❷) バイナリのread/write

もう一つ、packを使うところがあります。バイナリのread/writeです。バイナリのread/writeに慣れてない人のために、念のためリスト6.4を用意してきました。

今回は出力にテキスト(タグの部分)と圧縮した整数列、つまりバイナリの両方を書き出します。タグのテキスト➡バイナリ、というのが1レコー

第6回 [課題]圧縮プログラミング —— データサイズ、I/O高速化との関係を意識する

ドですよね。ということは、タグのテキストとバイナリの区切りや、レコードの区切りを表現する手段が必要になります。テキストではこういう場合タブ区切りや改行区切りのフォーマットを採用しますが、バイナリの場合、データの区切りにタブや改行を使ってはいけません。整数を符号化していくと符号の中には、テキストで改行とかタブに相当する符号が出てきてしまいます。この前提を無視してファイルのフォーマットをタブ区切りにすると、読み出しの際まったく関係ないところが区切りになったりします。全部が文字であるという前提でファイルを読み込むわけではないからです。

　ファイルの中身が全部テキストという前提になっていれば、タブや改行で区切ってreadして、タブのところで区切ってやればOKです。

　しかし、バイナリファイルの場合は中に入っているバイナリのどこからどこまでがchar型で、どこからどこまでがVB Codeで符号化しているか、なんてことはわかりません。よって、改行やタブなどでデータの区切りを表現できない。では区切りをどう表現するかというと、各データのデータ長を一緒にデータにくっつけて書き出し、読み出し時にはそれを一緒に使うのです。

　リスト6.4 ❶のwriteのほうは、$vが先ほどのVB Codeで符号化したバイナリだと思ってください。テンプレートN2は先ほどリスト6.3で取り上げたunsigned longの整数の意味ですから、pack( )では、length( )で取った$tagの長さと$vの長さの2つの整数をバイナリにしてるわけですね。全体としては、$tagの長さ、$vの長さ、$tag、$vを全てバイナリで出力してるわけです。これで、必ずデータが始まる前に長さが記録されていることに

● リスト6.4　バイナリのread/write

```
# ❶write
print pack('N2', length($tag), length($v)), $tag, $v;

# ❷read
$fh->read(my $buff, 8) or last;
my ($len_t, $len_v) = unpack('N2', $buff);
$fh->read(my $tag, $len_t);
$fh->read(my $v, $len_v);
```

なる。

　リスト6.4❷のreadのほうは、読み出すときに8バイト読み込んでやる。なぜ8バイトかというと、書き出しのときにunsigned long（4バイト）で2つの値を書いてるのを読みたいから。4バイト4バイトで2つの値を読むわけです。8バイト読み出して、その8バイトをunpack( )でバイナリからPerlの表現に戻してやると、続くデータの長さが手に入るということです。そして、その長さ分、read( )を使って読み込んでやってやるとOKです。

　たぶん、今回の課題はここで一番はまると思います。筆者も実際今回みんなに課題を出すにあたり先に回答のコードを書いていましたが、はまりました(笑)。大丈夫そうですか？

学生：手を動かしてみないと少し...。

　たしかに、この辺は手を動かさないとわからないかもしれないですね。いきなり課題のテキストデータをいじらず、最初にいろいろ試して自分なりにpack( )関数の動きを理解してからやったほうが、かえって近道かもしれないですね。

> **memo**
> **ファイルにバイナリを書く（write）、読む（read）**
> ・データの区切りにタブや改行が使えない
> ・各データのデータ長を一緒に書き出す
> 　➡読み出すときにはそれを使うと良い

(参考❸) プロファイリング

　最後、参考❸はVB Codeを自分で実装した後の話です。自分の実装の速度が実際どれくらいか調べるときには、プロファイラを使いましょう。

　Devel::NYTProfというものを使うと、すごく簡単にプロファイリングができるようになっています。実際の使い方はマニュアル読んでもらうとして、ポイントはDevel::NYTProfで見ると、コードの各行がどれくらいの時間がかかっているか、全部わかるところです。また出力はHTMLになってるので、操作もわかりやすいです。

第6回 [課題]圧縮プログラミング——データサイズ、I/O高速化との関係を意識する

　図6.2は今回の課題のプロファイリングではありませんが、Devel::NYTProfの出力例です。関数単位で実行時間が出力されているのがわかりますよね。もし実際にプロファイリングしてみたくなったら、必要に応じて使ってみてください。

　さて、今回の課題は、バイナリを書き出すプログラムを書かされるという熱い(?)問題です。課題については以上です。さあ、頑張ってください。

---

memo

VB Codeの速度をチューニングしたい
- プロファイラで速度を計測する
- Devel::NYTProf

回答例と考え方

　それでは、課題の回答例です。今回のプログラムは、ファイルを解析して整数列の差分を取りVB Codeで符号化/復号するというプログラムです。VB Code符号化/復号部分は関数として独立して実装できますね。なので、

●図6.2　NYTProfの出力例

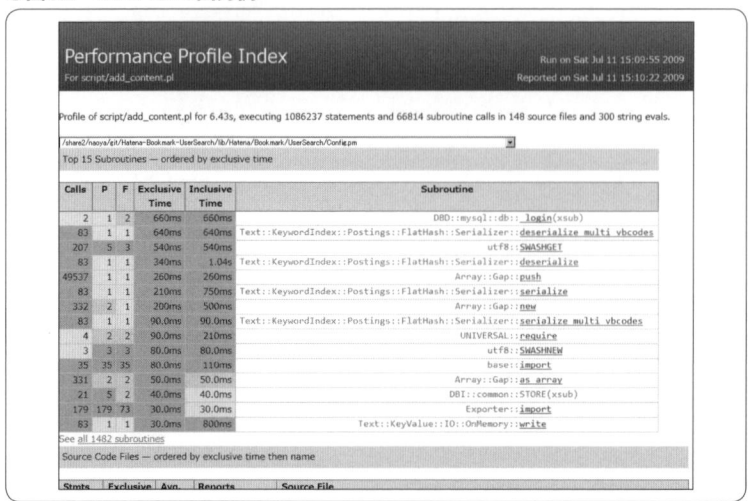

そこから取り掛かります。

　その前に、VB Codeのように入力に対して決まった出力が得られるルーチンは、テストを先に書いてから実装すると作業効率的にも品質的にも良いです。ということで、**リスト6.5**がテストです。

　VBというパッケージに、vb_encode( )/vb_decode( )を関数として実装して、それを他パッケージからインポートできるように作ってみます。

　リスト6.5のunpack( )の'B*'は、引数に与えられたバイナリの2進表現の文字列を(降順/descending orderで)返すテンプレートです。これを使うとVB Codeで符号化したバイナリを2進で見られて便利です。そして、符号化の関数vb_encode( )はこれでテストをします。

　復号化の関数vb_decode( )のほうは、ランダムで生成した整数を与えてちゃんとvb_encode( )でエンコードしたバイナリを復元できるかをテストしています。

●リスト6.5　テスト

```perl
#!/usr/bin/env perl
use strict;
use warnings;
use Test::More qw/no_plan/;
use POSIX qw/floor/;

# モジュールのロードテスト
BEGIN {  use_ok('VB')  }

# 符号化関数vb_encode()のテスト
is unpack('B*', vb_encode(1)),   '10000001';
is unpack('B*', vb_encode(5)),   '10000101';
is unpack('B*', vb_encode(127)), '11111111';
is unpack('B*', vb_encode(128)), '00000001' . '10000000';
is unpack('B*', vb_encode(129)), '00000001' . '10000001';

# 復号化関数vb_decode()のテスト
for (1..1000) {
    my $v = floor rand($_);
    is vb_decode( vb_encode($v) ), $v;
}
```

```
% prove -l t/00_vb.t
t/00_vb....ok
All tests successful.
Files=1, Tests=1006,  1 wallclock secs ( 0.32 cusr +  0.06 csys =  0.38 CPU)
```

　テストがすべて通ると、上記のような出力が得られます。
　では、関数本体VB.pmモジュールです（リスト6.6）。
　擬似コードを移植しているものなので、とくに難しいところはないですよね。vb_decode( )が、与えられたバイナリに複数個以上整数が符号化されていても、ちゃんと配列でその整数全部を返すようになっているところが、ちょっとしたポイントです。これは、後で見るようにvb_encode( )/vb_decode( )は整数"列"の復号に使うので、整数列をまとめて全部復号できるほうが便利だからです。これでVB Codeの実装は終わりです。ちゃんとテストを通して確認します。

プログラム本体

　VB.pmができたので、プログラム本体に移ります。
　ここでTipsですが、本体の実装に152MBのテストデータを毎回入力しているとテスト実行が大変なので、10行分くらいをheadした小さい入力ファイルでテストしながら作り完成したら本番データで実行というのが楽ですね。
　最初は圧縮のプログラムvb_encode.plから。以下のように使うプログラムです。

```
% perl vb_encode.pl dat/test.dat > dat/test.bin
```

　test.datが例の入力ファイルで、test.binに圧縮済みのデータが吐き出されます。
　vb_encode.plの実装はリスト6.7です。意外とあっさり済みました。整数列を差分を取りながら符号化していたり、バイナリ出力のためにpack( )で

●リスト6.6　VB.pm

```perl
package VB;
use strict;
use warnings;
use integer;

use Exporter::Lite;

our @EXPORT = qw/vb_encode vb_decode/;

sub vb_encode {
    my $n = shift;
    my @bytes;
    while (1) {
        unshift @bytes, $n % 128;
        if ($n < 128) {
            last;
        }
        $n = $n / 128;
    }
    $bytes[-1] += 128;
    return pack('C*', @bytes);
}

sub vb_decode {
    my $vb = shift;
    my $n = 0;
    my @nums;
    for my $c (unpack('C*', $vb)) {
        if ($c < 128) {
            $n = 128 * $n + $c;
        }
        else {
            push @nums, 128 * $n + ($c - 128);
            $n = 0;
        }
    }
    return wantarray ? @nums : $nums[0];
}

1;
```

長さを付与していたりというのは、ヒントで説明したとおりです。
　では、最後に復号のプログラムvb_decode.plです（リスト6.8）。こちらも、量的にはあっさりですね。各処理のポイントも、ヒントで示したとおり、難しいところはないでしょう。
　リスト6.8のプログラムで152MBの入力データを圧縮させると、自分のCore2 Duo T7200（2GHz）で3秒程度で、37 MBまで縮みました。どうでしょう、思ったよりかなり高い圧縮率なのではないでしょうか。整数列を圧縮して保持してやると、だいぶ効率良く持てることがわかります。このあたりは、データの特性、つまり差分をとったときにどれだけ小さな値が出てくるか、にもよりますが…。

●リスト6.7　vb_encode.pl（圧縮/符号化）

```perl
#!/usr/bin/env perl
use strict;
use warnings;
use FindBin::libs;

use VB;
use Path::Class qw/file/;

my $file = shift or die "usage: %0 <data file>\\n";

my $fh = file($file)->openr;

while (my $line = $fh->getline) {
    my ($tag, $nums) = split "\\t", $line;

    ## 整数列の差分を取ってVB Codeで符号化
    my $vb;
    my $pre = 0;
    for (split ',', $nums) {
        $vb .= vb_encode($_ - $pre);
        $pre = $_;
    }

    ## $tag, $vbの長さをpack()で付与しつつ出力
    print pack('N2', length($tag), length($vb)), $tag, $vb;
}
```

余裕のある人は、vb_encode( )/vb_decode( )をγ符号やδ符号、あるいはゴロム符号など別の符号化に差し替えてどのくらい圧縮率が変わるかを試してみるのも良いでしょう。

●リスト6.8　vb_decode.pl（復号）

```perl
#!/usr/bin/env perl
use strict;
use warnings;
use FindBin::libs;

use VB;
use Path::Class qw/file/;

my $file = shift or die "usage: %0 <binary file>\\n";

my $fh = file($file)->openr;

while (1) {
    ## タグ、VB符号部の長さを読み取る
    ##  (8バイト＝32ビット＋32ビット)
    $fh->read(my $buf, 8) or last;
    my ($tlen, $vblen) = unpack('N2', $buf);

    ## 読み取った長さでタグ、VB符号部を読み取る
    $fh->read(my $tag, $tlen);
    $fh->read(my $vb, $vblen);

    ## VB Codeで復号し、差分だった値を元に戻す
    my @nums;
    my $pre = 0;
    for (vb_decode($vb)) {
        push @nums, $pre + $_;
        $pre += $_;
    }

    ## 当初のフォーマットに合わせて出力
    printf "%s\\t%s\\n", $tag, join ',', @nums;
}
```

第7回
アルゴリズムの実用化
身近な例で見る理論・研究の実践投入

書き下ろし　伊藤 直也

アルゴリズム・データ構造の選択は重要
問題解決に適したアルゴリズム&データ構造

　第7回は、アルゴリズムとその応用についての概論を解説します。大規模なデータを現実的な時間で処理しようとすると、場合によっては計算がいつまで経っても終わらない、なんてことがあります。一方、問題解決に適したアルゴリズムやデータ構造を用いることで、一日かかっていた計算が数秒で完了する、などということもあります。

　速度を気にしたプログラムを書く場合、アルゴリズム・データ構造の選択は重要です。このとき、対象となるデータが大きくなればなるほど、選択による差異が顕著になります。

　第7回では、大規模データを前にしたアルゴリズムの選択の重要さを感じ取ってもらう、アルゴリズムを製品に展開するまでにどのような道のりがあるのかを見てもらう、の2つの目的に対して、実際のはてなの各種サービスの機能でこの例によくあてはまる題材を見ていくことにしましょう。

　Lesson 19ではアルゴリズムと評価と題して、オーダー表記などの本題の大規模データに関係する基本事項から始めて、実際の製品への展開されるまでの道筋を解説します。Lesson 20、Lesson 21では、第5回の後半で概要を紹介した「はてなダイアリーのキーワードリンク」「はてなブックマークの記事カテゴライズ」の二つの実装を元に、アルゴリズムが実際に適用された経緯や変遷、実サービスの一部でアルゴリズムがどのように活かされているのかなどを具体的に紹介します。

> **memo**
>
> **アルゴリズムの実用化**
> - アルゴリズムと評価（➡Lesson 19）
> - はてなダイアリーのキーワードリンク（➡Lesson 20）
> - はてなブックマークの記事カテゴライズ（➡Lesson 21）

Lesson 19
アルゴリズムと評価

データの規模と計算量の違い

　繰り返し述べてきたとおり対象となるデータが大きくなればなるほど、アルゴリズムやデータ構造の選択が速度に響きます。まずは簡単な例を見ていきましょう。たとえばデータ中から必要なデータを先頭から順番に見て探す「線形探索」(リニアサーチ)は、1,000件データがあったら欲しいデータが見つかるまで探索を繰り返すわけで、最大1,000回の探索を行うアルゴリズムです。n件に対してn回の探索が必要なのでO(n)(オーダーエヌ)のアルゴリズムと言われます。

　「二分探索」(バイナリサーチ)は、n件のデータからlog n回で目的のデータを探すアルゴリズム、O(log n)です。二分探索なら1,000件に対して最大10回で探索が完了します。

　この最大の探索回数は、計算回数の目安となる数で、計算量と呼びます。一般的には計算量が少ないほど速度が速いと言えます。

　n＝1,000の場合、計算量の差はO(n)が最大1,000、O(log n)が10なので990回でした。nが大きくなっていった場合どうでしょうか。100万件のデータに対して、O(n)なら100万回そのままかかってしまうところO(log n)なら20回で済みます。1000万件になってもO(log n)は24回です。O(n)に対してO(log n)は、データ量の増加に強いことがよくわかります。

　これを大規模データを前提に考えてみてください。データが小さいうちは、O(n)のようなナイーブなアルゴリズムを利用していても、そこそこの計算量で済むのでそんなに困ることもないでしょう。ところが、データ件数が増えてくるにつれてアルゴリズム選択の差が大きくなってきます。目当てのデータを探す処理に線形探索を使っている箇所で、データ件数が1,000件、100万件、1,000万件と増えていったら…。当然、そこがボトルネックになりますよね。そしてそれを解消するには、探索のアルゴリズムをより計算量の少ないものに変更することも自明です。

第7回 アルゴリズムの実用化 —— 身近な例で見る理論・研究の実践投入

第7回、二つの目的

　今回の講義冒頭で述べたとおり、第7回では二つの目的を前提に解説を進めます。目的の一つは、この大規模データを前にしたアルゴリズムの選択の重要さを感じ取ってもらうこと。大規模データではアルゴリズム重要…と書くと、アルゴリズムの実装を切り替えてしまえば万事OK、というように見えてしまいますが、なかなかそうは問屋が卸しません。

　アルゴリズム／データ構造の教科書では基本、それらのアルゴリズムを実装するところまでしか説明されておらず、その実装をどうやってシステムに搭載していき、また運用していくかについて語られることはありません。

　大学の教科書、論文、最新のアルゴリズムを製品に応用したい。では実際にアルゴリズムを製品に展開するまでにどのような道のりがあるのか。それを見ていただくのが、第7回のもう一つの目的です。

アルゴリズムとは？

　はてなのサービスの実例に入る前に、アルゴリズムについての基本的な考え方を知りましょう。

　「アルゴリズム」とは何でしょうか？ 改めて考えてみましょう。『アルゴリズムイントロダクション　改訂2版　第1巻　数学的基礎とデータ構造』（近代科学社、2007）によると、

> アルゴリズム（algorithm）は、ある値または値の集合を入力（input）とし、ある値または値の集合を出力（output）する、明確に定義された（well-defined）計算手続きである
> 　——『アルゴリズムイントロダクション　改訂2版　第1巻　数学的基礎とデータ構造』（Thomas H. Cormen／Charles E. Leiserson／Ronald L. Rivest／Clifford Stein著、浅野 哲夫／岩野 和生／梅尾 博司／山下 雅史／和田 幸一訳、近代科学社、2007）、p.5より引用。

　だそうです。適当な値を入力すると、明確に定義された計算手続きにより値が出力として返ってくるのがアルゴリズムです。探索したい値と対象のデータを入力すると、探索が行われ目的のデータの場所が返ってくる。これは「探索のアルゴリズム」ですね。

狭義のアルゴリズム、広義のアルゴリズム

　アルゴリズムという言葉は、狭義の意味、広義の意味でさまざまに使われているようです。

　DBからレコードを取得して適当に処理をして帳票として出力するような、普段から何気なく書いているようなプログラムに対しても「そこのアルゴリズムってどうなってるの？」といった具合に使われることもあるようです。この場合、質問者が知りたいのはおそらく処理（ドメインロジック）のフローでしょう。これは広義の意味のアルゴリズムではないかと思います。

　一方、狭義の意味においてアルゴリズムというのは「明確に定義された計算問題に対して、定義された計算手続きを行うもの」とされることも多いです。ですから、アルゴリズムの本を買うと、業務アプリケーションのドメインロジックの書き方ではなく、ソートや探索やハッシュ法といった計算問題の解法について論じられていますね。

　この第7回で扱うのは、どちらかというと狭義の意味のアルゴリズムについてです。

アルゴリズムを学ぶ意義 ——計算機の資源は有限、エンジニアの共通言語

　CPUやメモリなど計算機の資源は有限ですから、アルゴリズムについて学ぶことは大切です。今解かなければいけない問題の入力を、有限な資源でどのように解くか。その考え方を身に付ける必要があります。

　また、アルゴリズムは、デザインパターンと同様に、エンジニアにとっての共通言語です。「そこはハッシュにしておけばOKだよね」という一言でコミュニケーションが完了するためには、お互いがハッシュ法とはなんぞやということを正しく理解しておく必要があります。

　アルゴルズムを学ぶ利点として一番わかりやすいのは、それを知っておくことで新しい問題にも対処できる（かもしれない）という点でしょう。

　たとえばベイジアンフィルタを実現するアルゴリズムを知っておけば、データの自動分類を行うようなプログラムが書けます。これを応用するとメールのスパムフィルタが作れます。

　数億件のレコードを数MBで保持するようなデータ構造があれば、それ

まで配布するには大き過ぎたようなプログラムが、気軽に配布できるようになるでしょう。先日発表されたGoogle日本語入力[注1]では、辞書データをLOUDSというデータ構造で50MBまでに圧縮し、これにより巨大な辞書の配布が実現できたそうです。

そして先に述べたとおり、大規模データを前にした場合、アルゴリズム的な特性がアプリケーションのパフォーマンスに大きく影響を与えます。その感覚を掴むためにもアルゴリズム学習は非常に有効です。

---

memo

なぜアルゴリズムに対する知識が必要なのか？
- 計算機の資源は有限
- エンジニアとしての「共通言語」
- アルゴリズムを知っておくことで、新しい問題にも対処できる（かも）

アルゴリズムの評価 ── オーダー表記

先に線形探索の計算量は$O(n)$、二分探索は$O(\log n)$だという話がありました。このようにアルゴリズムの計算量は多くの場合、定量的に評価することができます。アルゴリズムの評価には、このオーダー表記を使うのが一般的です。

オーダー表記は、対象とするアルゴリズムが入力のサイズnのとき大雑把にこのぐらいの計算量がかかる、というのを表記する記法になります。

nのサイズにかかわらず、一定の時間で処理が終わる場合$O(1)$と書きます。たとえば、ハッシュからデータを探索する場合はハッシュ関数の計算を行う必要がありますが、ハッシュ関数の計算はnには依存しないので$O(1)$です。（実装にもよりますが）ハッシュの探索はキーがわかれば値が（ほぼ）一意に決まるため、キーから値を探索してくる処理も$O(1)$です。よって、ハッシュからの探索の計算量は全体として$O(1)$になります[注2]。

線形探索は、先に見たように要素を先頭から探していくので最大n回探

注1　URL http://www.google.com/intl/ja/ime/
注2　オーダー表記では$O(1) + O(1) = O(2)$にはなりません。$O(\max(1, 1)) = O(1)$として最大を考えます。

索を行う必要があります。場合によっては、最初の1回で探索が終了する場合もありますがオーダー表記はそのような特定の場合を扱うのではなく、あくまで平均や最大を評価します。よってO(n)となります。二分探索はO(log n)でした。

このように各種アルゴリズムをオーダー表記で表すと、アルゴリズムの性能を比較できるようになります。線形探索と二分探索はO(n)とO(log n)なので、二分探索のほうが計算量は少なく済みます[注3]。

各種アルゴリズムのオーダー表記

各種アルゴリズムをオーダー表記すると、以下のような計算量が頻出します。

- $O(1) < O(\log n) < O(n) < O(n \log n) < O(n^2) < O(n^3) \cdots O(n^k) < O(2^n)$

右に行くほど計算量は多くなります。これらの計算量は大規模データを対象にした場合、つまりnが大きい場合、実質的に実用になるのはO(n log n)あたりまでです。それ以上になると、計算量がnに対して急激に大きくなっていくため計算が終わらないということがよくあります。

感覚的には、O(log n)はO(n)に比べてかなり高速、O(n)とO(n log n)の間にはそれほど大きな差はない、O(n)と$O(n^2)$は計算が終わるか終わらないかぐらいの開きがある…といったところでしょうか。

この辺は、たとえば相当に複雑なアルゴリズムを$O(n^2)$で計算できると「それは速い」と論じることもありますので、あくまで対象にする計算にもよります。たとえば、一般的なソートのアルゴリズムはどんなにがんばってもO(n log n)よりも高速にすることはできないことが、理論的に証明されています。したがって、ソートアルゴリズムではO(n log n)であれば高速だと言えるでしょう。

計算量の概念は、計算時間だけでなく空間の量でも用いられます。つまり、実行時間やステップ数だけでなくメモリ使用量を論じる場合にもオーダー表記が使われる、ということです。

注3 実際には、二分探索はデータをあらかじめソートする必要があるので常に線形探索より高速であることが保証されるわけではありません。

以上、アルゴリズムの評価についてでした。より詳しくはアルゴリズムの解説本などを参考にしてください。

> **memo**
>
> **アルゴリズムの評価**
> - オーダー表記
> - 計算量
>   - 時間計算量(実行時間、ステップ数)
>   - 空間計算量(メモリ使用量)

ティッシュを何回折りたためるか？──O(log n)とO(n)の違い

線形探索と二分探索を比べて、データ量が大規模になると計算時間に大きな差が出るという話をしました。ここで大切なのは、オーダー表記そのものではなく、オーダー表記を使って比較されるアルゴリズムのうち、その差がどのぐらいになるかといった感覚です。O(log n)とO(n)は実際にnが大きくなったとき、どの程度計算量に差がつくか、そこを感覚として掴めるかどうかです。

もう少し身近な例で見てみましょう。手元に1枚のティッシュを用意し、これを半分ずつ折りたたんでいってみてください。果たして、何回折りたたむことができるでしょうか？ 1回めは半分に折りたたむだけなので、余裕ですね。2回め、3回め、4回め、5回めあたりまでもとくに問題ないでしょう。ところが、6回めともなると少し折りづらくなってきて、7回めにはもう次の8回めは無理だ…とあきらめの境地に達することでしょう。なんとなく「100回ぐらい余裕！」と思った方もいるかもしれませんが、実際には7回が限度でした。なぜでしょうか。

紙を折りたたむのに必要な労力は、おそらくその折りたたもうとしている対象の厚みなどに依存しているでしょう。この厚みは、仮に最初1mmだったとすると、1回折りたたんだ直後は2mmです。2回めの後は3mm…ではなく4mmですね。

こうして、1→2→4→8→16→32…と増えていきます。つまり、折りたたみの回数をnとすると2^nで計算量が増えていっているのと同様だと考え

ることができます。先に見たとおり $O(2^n)$ の計算量というのは相当に大きな部類ですから、ティッシュが n = 8 でもう折りたためない、というのも頷けますね。

ちなみに、厚み0.11mmのトイレットペーパーは25回折ると大体富士山の高さにできるという話が紹介されていました[注4]。富士山の高さにも達するような紙を折る...まあ普通の方法では無理でしょう。

アルゴリズムにおける指数的、対数的の感覚

計算量が指数的に増加するアルゴリズムは、このようにわずかなデータ量でも計算量が非常に大きくなってしまいます。一方、指数の逆、対数的にしか増加しない $O(\log n)$ のアルゴリズムはデータ量がかなり大きくなってもわずかな計算量で問題を解決できる、というのも直感的に理解できるでしょう。

この感覚こそが、アルゴリズムの計算量を考えるときに大切です。たとえば1,000万件ものデータを対象とした場合でも、対数的なアルゴリズムを選ぶことができれば、数十回の計算で済みます。一方、アルゴリズムの選択を間違えて $O(n^2)$ や $O(2^n)$ のものを実装してしまうと、ほんの数百件のデータを対象にしているのに、相当に無駄なリソースを使ってしまう...なんていうプログラムができあがります。

アルゴリズムとデータ構造 ── 切っても切れない関係!?

アルゴリズムの本などを見ると、アルゴリズムとデータ構造は、アルゴリズム＋データ構造のようにセットで扱われることがよくあります。

データ構造は、配列、木構造のように、対象とするデータを保持するまたは表現するための構造のことです。

データ構造とアルゴリズムがセットで論じられるのは、アルゴリズムでよく使う操作に合わせてデータ構造を選ぶ必要があるからです。たとえば、あらかじめ適切な木構造でデータを保持しておくと、多くの場合探索処理

注4 URL http://gigazine.net/index.php?/news/comments/20100305_fold_half/

が単純化できて、計算量を下げることができます。

　RDBMSのインデックスの実装にはB+木という木構造がよく使われている、というのはLesson 11で見ましたね。B+木は二次記憶上に木構造を配置するのに空間的にも適した構造です。B+木でインデックスを保持しておくと、探索に伴うステップ数も少なく抑えつつ、ディスクの読み出し回数も最小化できる…という特性があります。このように、RDBMSのインデックスではB+木を採用しつつ、そのデータ構造に合わせたアルゴリズムで探索・挿入・ソートなどを行うのが普通です。

　このように、アルゴリズムとデータ構造は切っても切れない関係にあります。

> **memo**
>
> **アルゴリズムとデータ構造**
> - データ構造
>   - 配列、木構造、ヒープ…
>   - アルゴリズムでよく使う操作に合わせて選ぶ
> - アルゴリズムでよく使う操作に合わせてデータ構造を選ぶ必要がある

計算量と定数項 ── やはり計測が重要

　計算量のオーダー表記ではいわゆる「定数項」を無視します。定数項というのは、そのアルゴリズムの実装中、入力サイズには依存しないけど、実行しなければいけない処理の類です。

　たとえば関数呼び出しや、関数から値を返すための処理は定数項ですし、一次変数を確保したり、if文で分岐させたりといったこともそれに相当します。簡単な実装では定数項はそのアルゴリズムの計算量にほとんど影響を与えないのですが、複雑な実装にもなると定数項が無視できなくなってきます。また、実装が複雑でなくてもCPUキャッシュに載りやすいか、分岐予測が発生しないかといった計算機の構造的な特性に依存する形で、定数項で差がつく場合もあります。

　たとえばソートのアルゴリズムは理論的にはO(n log n)が下限で、平均計算量O(n log n)を達成するアルゴリズムは複数あります。しかし、同じ

O(n log n)でも一般的にはクイックソートが最速であると言われます。クイックソートはその特性上、CPUキャッシュを使いやすいという利点があり、そこが比較時に有利にはたらきます。これは定数項が速いという例です。

つまり、オーダー表記はアルゴリズムの比較には便利ですが、実装を込みで考えた場合、それだけがすべてではないという話ですね。そして定数項は、どのような実装を行うか依存することが多いので、それを減らすためには実装を頑張る必要があります。

実装にあたって気を付けたい最適化の話

一方、気をつけて欲しいのは、アルゴリズムに限らず、何かしらの実装を行うにあたって定数項を減らすために最初から最適化を行うのは大体において間違った方針である、ということです。計算量$O(n^2)$のアルゴリズムを頑張って定数項を減らす工夫をしても、代替として$O(n \log n)$のアルゴリズムがあるのなら、後者を使うほうが改善効果は大きいでしょう。

結局このあたりは、やはり「計測が重要」という話で、ベンチマークを取るなりプロファイリングを取るなりして、今対象にしているプログラムは何が問題なのか、を正確に知ることが大切です。今はアルゴリズムの切り替えで改善すべきなのか、定数項を減らして改善すべきなのか、むしろ物理的にリソースが足りないからハードウェアを交換して性能を改善すべきなのか…そこを見極めてから改善をするという姿勢を忘れないようにしましょう。

アルゴリズム活用の実際のところ ——ナイーブがベターなことも？

実際には、高度なアルゴリズムが必ずしもベストな解ではありませんし、古典的なアルゴリズムが良いこともあります。さらに、よく知られたアルゴリズムよりも、ナイーブなアルゴリズムがベターということもよくあります。

はてなブックマークFirefox拡張の検索機能における試行錯誤

　一つ実際にはてなであった例を。はてなブックマークにはFirefox拡張というツールがあり、これを使うことでブラウザとはてなブックマークを統合して使うことができて便利です。この拡張には過去にユーザ本人がブックマークしたデータをインクリメンタル検索できる機能があります（図7.1）。

　この検索機能の実装をどうしようかとチーム内で議論し、「インクリメンタル検索だと検索も結構な頻度で発生するし、クライアントに計算させるから計算量は少なく済ませる必要がある。データ量は人によっては1万件以上になるし、Suffix Arrayを使おう」となりました。

　Suffix Arrayは、おもにテキストデータなどを高速に検索するためのデータ構造です。このSuffix Array、探索自体は高速なのですが、あらかじめ前処理を行ってデータ構造を作っておく必要があり、この前処理に結構な時間を要します。すなわちSuffyx Arrayを実用的なアプリケーションに使う

●図7.1　はてなブックマークFirefox拡張の検索機能

場合、ここをどう短くできるかが課題になるわけです。このときは、IS法[注5]という当時見つかったばかりの手法で実装してみました。

　試行錯誤の末、Firefox拡張に必要なJavaScriptによるIS法の実装は完成したのですが、実際に使ってみると、なかなか満足のいく感じにアプリケーションに統合できません。速度は上がったといっても、この前処理にはそこそこの時間がかかってしまい、ユーザがブックマークするたびに前処理を行わせようとするとマシンに高負荷がかかってしまうのでした。

　悩んだ末、Suffix Array採用は取り止めにして、Firefox拡張が内部で持っているSQLiteにSQLでlikeによる部分一致検索を投げる（つまり、線形探索）ことにしました。データ量が大きい人には申し訳ないけど、速度低下は致し方がない…という妥協をしました。

　ところが、実際にできあがってみると、これでまったく問題なく使えてしまいました。心配していたデータ量のほうも数万件であれば、そもそも最近のコンピュータの著しい性能向上もあって何の問題もなく探索できてしまった…というオチがついてきました。

ここから、学んだこと

　ここから学んだことは、やはり計測や見積もりが重要ということと、時には割り切ってナイーブな実装を試してみることも大切だ、ということです。大規模データを想定した最適化というのは大切なのですが、ここで見たとおり、データ件数が少ない場合はその最適化が意味をなしません。また、そのデータ件数が"少ない"というのを人間の直感で推し量るのも良くない…という例でした。

サードパーティの実装を上手に活用しよう──CPANなど

　定番のアルゴリズムは、第三者が利用しやすいように実装が公開されていることも多いということも覚えておきましょう。

　前述のIS法の例では、当時JavaScriptでのSuffix Arrayのよい実装はどこ

注5　IS法（*Induced-Sort*）は、線形時間でSuffix Arrayのソートを済ませるアルゴリズムで2009年に提案されました。

にもなかったので自作するに至りましたが、PerlであればCPAN、その他言語でも同様の場所に、オープンソースの各種アルゴリズムのライブラリ実装がたくさん公開されています。

　この類の実装をうまく使えると工数を削減できますね。とはいえ、やはり中身をブラックボックスのまま使うのはおすすめできません。ある程度はその実装が何をしているのかを知っておかないと選択を間違うこともあるでしょう。

　たとえばCPANには圧縮アルゴリズムの実装が多数あります。圧縮には向き不向きがあり、たとえば短い文書に有効なもの、時間はかかるが圧縮率が高いもの、圧縮率は低いが高速なもの…などアルゴリズムによって特性がかなり変わってきます。この辺の選択眼を持つためにも、アルゴリズムの知識を持っていて損はありません。

　一方、こういったライブラリはAPIが自分達の求める仕様になっていな

●図7.2　CPANを"Algorithm"で検索した結果

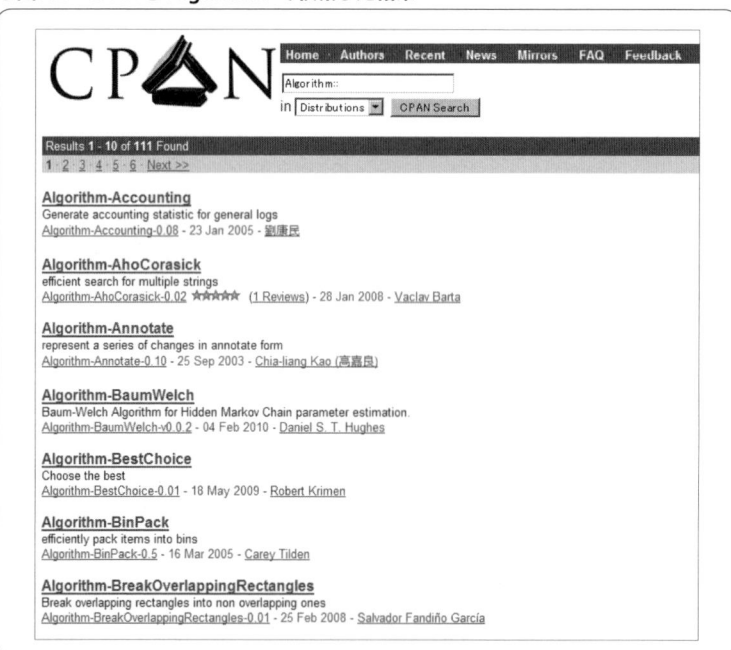

かったり余計な実装が多過ぎてちょっとオーバースペック、なんてこともよくあります。そういうときは、自分達が必要としている箇所だけを実装すると案外、工数も抑えられて、また費用対効果も高いなんてこともあります。要はバランスなんですね。

実例を見て、実感を深める

アルゴリズムとその評価について見てきました。また実際のところも少し見てきました。理論と実践、その両者をバランス良く考えていくことが大切、ということが少しは雰囲気として伝わったでしょうか。

ここから特定の機能に絞ったより具体的な話に入りますので、そこでより実感を深めてもらえるといいでしょう。

Column
データ圧縮と速度
全体のスループットを上げるという考え方

第6回の講義では圧縮を取り上げました。「圧縮」というと、大きなファイルを小さなサイズにするユーティリティを思い浮かべる方も多いでしょう。Windowsのzipアーカイバ、GNU gzipなど。その手のツールを使う場合、結構大きなファイルを圧縮させることもあって、マシンパワーを使います。そんなイメージから「圧縮展開処理は重い＝遅い」と思い込んでる方もいらっしゃるかもしれません。

ところが、スループットの観点からは、扱うデータを圧縮しておいたほうが速いという場面は割と多いのです。計算機にはCPUとI/O、二種類の負荷があります。ある特定の処理をするのにI/Oを待っている間は、その処理にCPUは使えません。ファイルを圧縮しておくとCPUに負担がちょっとかかりますが、I/O待ちを減らすことができます。CPUが暇でI/Oが忙しいということは多いので、圧縮によりI/O負荷を減らしてCPUに肩代わりさせることで、全体のスループットが上がるというわけです。

HTTPのdeflate圧縮通信なんかは、その良い例です。圧縮は地味なイメージがありますが、重要な技術なのです。

Lesson 20
はてなダイアリーのキーワードリンク

キーワードリンクとは？

　ブログサービスのはてなダイアリー（http://d.hatena.ne.jp/）には、キーワードリンクという一風変わった機能があります。

　前出の図5.3（p.112）でキーワードリンクのスクリーンショットを紹介しました。図5.3のとおり、ブログを書くと一部のキーワードにリンクが自動で張られます。このリンク先は、そのキーワードの解説ページになっています。Wikiの実装でも同様に自動でWikiワードにリンクする機能があったりしますが、それに似たようなものだと思ってください。

　リンク対象になるキーワードは、はてなキーワード（http://k.hatena.ne.jp/）に、ユーザが登録したキーワードです。原稿執筆時点の2009年8月時点で27万語以上が登録されており、大体1日に100個程度、新しいキーワードがユーザの手によって作成されています。

　入力された全文に対して、27万語のキーワード辞書とマッチングをして必要箇所をリンクに置き換えるのが、キーワードリンク機能です。リンクに置き換える作業は、実際には特定のキーワードをHTMLのアンカータグに置き換えるだけですから、文章中のキーワード箇所をテキスト置換する問題と言えます。

- キーワードリンクの例
  はてなダイアリーはブログです
  ➡ `<a href="...">`はてなダイアリー`</a>`は`<a href="...">`ブログ`</a>`です

当初の実装

　この実装ですが、はてなダイアリーが公開されてからしばらくの間は、とくに工夫もなく正規表現で実装するというナイーブな方法を採っていました。辞書中に含まれる全単語をOR条件で繋げる正規表現を作って使う

わけです。
(foo|bar|baz| ...)

という正規表現ですね。$textという変数にテキストが入っているとすると、置換オプションと置換文字列を式として評価するevalオプションを組み合わせて、

```
use URI::Escape;

$text =~ s/(foo|bar|baz)/&replace_keyword($1)/ge;

sub replace_keyword {
    my $w = shift;
    return sprintf '<a href="/keyword/%s">%s</a>', uri_escape($w), $w;
}
```

とでもすればOKです。

問題発生！——キーワード辞書が大規模化してくる

　キーワードはユーザが作成するものなので、オープンした当初はそれほど語彙数も多くなくDBからその場で正規表現を作ってキーワードリンクという富豪的な処理でも問題なく動作していました。ところが、このキーワード数が大きくなってくるにつれて問題が起こります。正規表現の処理に時間がかかってしまうのです。とくに時間がかかる箇所は2つあります。

❶正規表現をコンパイルする処理
❷正規表現でパターンマッチする処理

の2ヵ所です。❶に関しては、あらかじめ正規表現を作ってメモリやディスク上で保持しておく、つまりキャッシュしておくことでなんとか回避できました。

❷に関しては、キーワードリンク済みの本文テキストをキャッシュするなどではじめは回避できていたのですが、新しく追加されたキーワードをキーワードリンクに反映させるためには、一定時間でキャッシュを構築し直す必要があったり、あるいはブログサービスの特性上、その大半を占めるそれほどアクセスのないブログではキャッシュが効きづらかったりとで、根本的な解決には至りませんでした。

パターンマッチによるキーワードリンクの問題点

そうこうしているうちに、キーワードの語彙数も10万語を超え、また、はてなダイアリーのアクセス数が全体として増えた分、キーワードリンクの処理回数も増えてきていよいよシステムが悲鳴を上げるようになってしまいました。

このキーワードリンクに計算時間がかかる問題の原因は、正規表現のアルゴリズムにあります。詳しくは正規表現についての解説書などを参考にしてほしいのですが、正規表現はパターンマッチの実装にオートマトンを使います。そして、Perlの正規表現の実装にはNFA（*Nondeterministic Finite Automata*）が利用されています。Perlに限らず、実用的な言語の多くはNFAエンジンの正規表現を採用しています。

このNFAの正規表現は先の(foo|bar|baz)のようなパターンマッチを、入力を先頭から見ていきながらマッチに失敗したら次の単語を試し、失敗したら次の単語を試す…という単純な方法で処理します。つまり、fooでマッチしなかったらbarでマッチさせてみて、それでもだめならbazで…と繰り返すわけです。結果、キーワードの個数に比例する計算量がかかります。

サービス開始当初にとくに問題が起きなかったのはキーワード個数が少なかったためで、それに伴う計算量が少なかったからなんですね。

正規表現 ➡ Trie ── マッチングの実装切り替え

パターンマッチに伴う計算量の問題を解決するために、正規表現ベースの手法からTrie（トライ木）を使ったマッチングの実装に切り替えを行いました。

Trie入門

Trieは木構造の一種であるデータ構造です。探索対象のデータの共通接頭辞をまとめた木構造になるのがその特徴です。例を見てもらうのが早いでしょう。たとえばキーワード"ab"、"abcde"、"bc"、"bab"、"d"のTrieは図7.3のようになります。

ここでは理解のため、各ノードにノード番号を振っています。木のエッジには文字が割り当てられていて、エッジを辿ることが探索に相当します。たとえばノードを0→1→2と辿る場合、ルートから 'a' のエッジ、'b' のエッジを辿ります。そしてノード2には 'ab' が終端であることが記録されています。これで、"ab"という単語がこのTrieに含まれていることがわかります。'a' → 'b' → 'c' と辿った場合、8番のノードに行き着きますが、8には終端であることは記録されていないため"abc"はTrieに含まれていません。

キーワードをみると、たとえば"ab"は"abcde"とで 'ab' を共通の接頭辞として持っていますし、"bab"と"bc"は 'b' を共通の接頭辞としています。共通の接頭辞をまとめることで、無駄を排除しているのがTrieの特徴です。

> **memo**
>
> **Trie**
> ・文字列の集合を木構造に効率良く格納する
> ・探索対象のデータの共通接頭辞をまとめた木構造になる

●図7.3　トライ構造（キーワード："ab"、"abcde"、"bc"、"bab"、"d"）

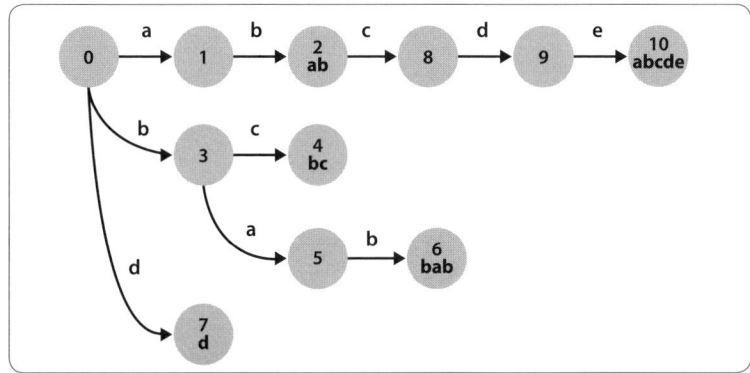

Trie構造とパターンマッチ

このTrie構造を辞書と見立てながらパターンマッチを行うと、正規表現の場合よりも計算量を削減することができます。入力文書をTrieに入力していってエッジを辿りながら、終端が見つかったらその単語が含まれている、とみなすのです。この方法なら(foo|bar|baz)の正規表現を使うのに比べて、共通の接頭辞は一度の探索で済むようになります。

hogefooという文を考えます。この文を入力にfoo、bar、bazのTrie構造を辿ろうとすると、hという文字列が含まれていないのでマッチしないことがわかります。次にogeで辿ろうとした場合も同様、geも、eも同様です。そしてfからTrieを辿りooと続きfooがマッチすることがわかります。結局hogefooという文書の長さ分しか計算しないで済みました。

正規表現のパターンマッチの場合、hに対してfoo、bar、bazすべてとマッチするかを試行、oに対しても同様...と繰り返すので、キーワード数に比例した時間が必要になったわけですから、キーワード辞書が大きくなった場合、その差が顕著になるのがわかりますね。

AC法 ── Trieによるマッチングをさらに高速化

実際にはてなダイアリーの改善を行ったときは、前述のTrie構造によるパターンマッチをさらに高速化させるAho-Corasick法（AC法）という手法を用いました。

AC法は1975年にAlfred V. Aho氏、Margaret J. Corasick氏の論文「Efficient String Matching：An Aid to Bibliographic Search」で提案された古典的な手法で、辞書中からパターンマッチングを行うオートマトンを構築し、入力テキストに対して線形な計算時間を実現します。辞書サイズに計算量が依存しない高速な手法です。

AC法はTrieでのパターンマッチで、マッチが途中まで進んだが失敗した、という場合の戻り道のエッジを、Trieにさらに追加したデータ構造を使う手法です。図解すると、図7.4のようになります。

たとえばこのTrieに"babcdex"を入力した場合、babが見つかった次はabが見つかることはわかっています。そこで、babまで探索したら一度先頭

のノード0に戻るのではなく、すぐノード2に行けることがわかってればabがすぐ見つかりますね。その「6の次はすぐ2だよ」という道筋をつける前処理をTrieに対して行うのがAC法の肝です。問題はこの道筋をつけてあげる方法ですが、ここはTrieの根から幅優先探索で適当なノードを探していくことで構成できることがよく知られています。

　AC法を使ってキーワードリンクを行う方法は2005年当時、自分達では思いつかず、きまぐれ日記[注6]というブログで形態素解析ライブラリMeCab[注7]の開発者であり、現在はGoogleでGoogle日本語入力の開発などに携わっている工藤拓氏に教えていただきました。この背景には、形態素解析エンジンの実装では、入力として与えられた文書から辞書中の単語すべてをパターンマッチするという、まさにキーワードリンクと同様の計算を行う必要がありますし、また自然言語処理的にはこの手のタスクはTrieを使うのが定番だったというのがありました。

　なお、AC法を使ってキーワードリンクを実装する課題を第8回で見ていきます。

●図7.4　AC法

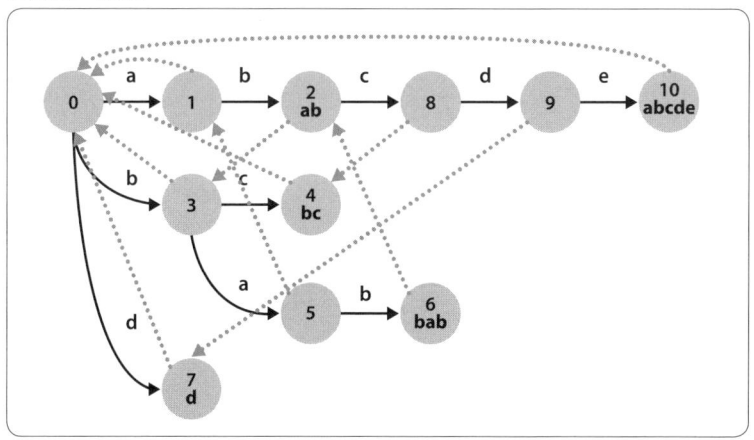

注6　URL http://chasen.org/~taku/blog/archives/2005/09/post_812.html
注7　URL http://mecab.sourceforge.net/

> **memo**
>
> **AC法**
> - 辞書サイズに計算量が依存しない高速な手法
> - 辞書中からパターンマッチングを行うオートマトンを構築し、入力テキストに対して線形な計算時間を実現

Regexp::Listへの置き換え

　AC法を採用したことで、無事キーワードリンクの計算量問題は解決されました。その後、しばらくはAC法を自分達で実装したライブラリを用いていましたが、後日Regexp::List[注8]というCPANライブラリに置き換えを行いました。Regexp::Listは小飼弾氏が開発したPerlの正規表現ライブラリで、Trieベースの正規表現を生成します。

　つまり、巨大な正規表現を、はてなダイアリー当初のようにそのままORで繋げるのではなく、Trieにより最適化された正規表現に変換するのがこのライブラリです。このライブラリを使うと、

```
qw/foobar fooxar foozap fooza/
```

という正規表現は、

```
foo(?:[bx]ar|zap?)
```

という正規表現に変換されます。共通の接頭辞や接尾辞がまとめられているので、この正規表現でパターンマッチを行った場合、ORで全単語をつなげた場合に比べて試行回数を大幅に削減できますね。なぜ削減できるかは、先にTrieのところで解説したのと同じです。

　Regexp::Listを使うときの利点は計算量が抑えられるというだけでなく、正規表現として使えるところです。最初に正規表現でナイーブに実装を行

注8　http://search.cpan.org/dist/Regexp-List/

っていた頃は、正規表現の各種オプションを組み合わせたり、Perlの言語的な機能を合わせることができるので、ある意味柔軟性に富んでいました。一方AC法の実装に切り替えてからは、その利点が失われてしまい柔軟性という意味ではいまいちでした。Regexp::Listを採用することで、その両方の良いとこ取りができるようになったわけです。

キーワードリンク実装、変遷と考察

このようにキーワードリンクの実装は、巨大な正規表現➡AC法➡Regexp::Listと変遷してきました。この過程でいくつかわかったことがあります。

- 当初シンプルな実装だったのが功を奏した面もあるということ。最初に一番簡単な正規表現でやっていたころは、簡単な故に実装にかかる工数も少なく、また実装も柔軟性に富んでいた。おかげで、はてなダイアリーのキーワードリンクの機能を試したり、ユーザの方々からの要望に応えて変更を加えていくのが容易だった
- 一方、データが大きくなることで問題が顕在化することがある。またその解決に、本質的な解決策が必要であったこと。キャッシュなど表面的な変更である程度は問題を回避できたが、最終的にはアルゴリズムが持つ根本的な問題点を解決しなければならなかった。その洞察には、アルゴリズムの評価で解説したような、計算量の観点から問題を捉える必要がある

はじめから最適な実装を用いることが必ずしも正しいわけではないということ、データが小さいうちはかえって割り切っても良さそうだという点、データが大規模になった頃に備えて本質的な問題の解決方法を引き出しに入れておかないと困るだろう...など、キーワードリンクは、大規模データを対象にしたアルゴリズム実用化にまつわるエピソードが濃縮されたような課題でした。

この出来事が、はてなの技術力を改めて見直す良いきっかけになったのは言うまでもありません。

Lesson 21
はてなブックマークの記事カテゴライズ

記事カテゴライズとは？

　最後に、はてなブックマークの記事カテゴライズを例に、特定のアルゴリズムで新しい問題に対応する例を見てみましょう。前出の図5.4(p.113)でスクリーンショットを紹介しましたが図5.4のとおり、はてなブックマークでは、新着の記事をその記事の内容に基づき自動で分類を行いユーザにカテゴリ分けして見せる…という機能を提供しています。

　たとえば、「科学・学問」や「コンピュータ・IT」のカテゴリに記事が分類されます。ほかにも「政治・経済」や「生活・人生」など全部で合計8つのカテゴリがあります。はてなブックマークに新しい記事がユーザによって投稿されると、はてなブックマークのシステムはその記事をHTTPで取得して本文テキストの内容から分類を行い、カテゴリを判定します。

ベイジアンフィルタによるカテゴリ判定

　このカテゴリ判定にはベイジアンフィルタというしくみを使っています。ベイジアンフィルタは冒頭で述べたように、スパムフィルタなどにも応用されていますので名前を聞いたことがある方も多いことでしょう。

　ベイジアンフィルタはテキスト文書などを入力に受け取り、そこにナイーブベイズ(*Naive Bayes*)と呼ばれるアルゴリズムを適用して、確率的にその文書がどのカテゴリに属するかを判定するプログラムです。特徴的なのは、未知の文書のカテゴリ判定を行うにあたって過去の分類済みデータの統計情報からその判定を行うところです。ベイジアンフィルタは、事前に「この文書はこのカテゴリ、この文書はこのカテゴリ」と人手で正解となるデータ…「正解データ」を与えてプログラムを「学習」させておくと最終的に人手を介さずとも正解がわかるようになる、というプログラムです。

　このように学習データをあらかじめ与えておいて未知の入力に対して何らかの計算を行う処理は「機械学習」の分野の研究成果です。また、ベイジアンフィルタのように文書を既存の例…すなわちパターンに従って分類

行うのは「パターン認識」と呼ばれる分野です。機械学習やパターン認識の分野のアルゴリズムをうまく応用することで、カテゴリの自動分類のような、なかなかほかでは見ないようなソフトウェアを開発することができるわけですね。

機械学習と大規模データ

多くの機械学習タスクは、ベイジアンフィルタのように正解データを必要とします。正解データを入力として与えた学習エンジンは人間と同等か、それ以上の精度で特定の問題解決を行うことができるようになります。

ベイジアンフィルタにはそこまで大量の正解データが必要になることはないのですが、機械学習のタスクによっては大量のデータがあればあるほど精度が向上するというようなものも珍しくはありません。大規模Webサービスが抱える大量のデータは、スケーラビリティの観点からはその運営を悩ませる種でもあるのですが、一方で、研究開発の分野からは喉から手が出るほど欲しいデータでもあるのです。

はてなブックマークの関連エントリー

はてなブックマークには「関連エントリー」という機能があります。これは、ある記事によく似た別の関連情報をユーザに提示する機能です。図7.5は、はてなブックマークのGoogle Chrome拡張のリリース記事に関する関連エントリーですが、いい具合にほかのGoogle Chrome拡張の話題が抽出されています。

この関連エントリー機能は、はてなブックマークが現在持っている4,000万件以上の、ユーザの手によって入力された「タグ」という分類用のテキス

●図7.5　はてなブックマークの関連エントリー

トを入力に、記事推薦アルゴリズムを使って実現しています。記事推薦アルゴリズムの実装は、㈱プリファードインフラストラクチャー[注9]のエンジンを利用しています。

この関連エントリー機能などは、数千万件ものタグデータを用いて数件の記事を引っ張り出してくるのですから、人間にはなかなか難しい作業と言えるでしょう。このように大量データから有意なデータを抽出して見せるというのは大規模データを持つWebサービスならではかもしれません。

大規模データとWebサービス ── The Google Way of Science

大規模データとWebサービスといえば、やはりGoogleの話を少ししておいたほうがよいでしょう。Google検索を使っていると間違った検索クエリに対して「もしかして」と、正解であろうクエリを推薦してくれる機能に気付くかと思います。あの「もしかして」機能は、過去にユーザが検索したクエリログを正解データに「こう間違えたときはこう検索し直している」という学習を行って正解データを提示しているようです。Googleは、集めた大量データをうまく機能にフィードバックする術をよく知っています。

そもそも、Google検索という検索エンジンそのものが、大量のWeb文書を入力に有意な文書を抽出するエンジンなのですから、彼らがその分野に力を入れるのは必然でしょうね。

近年Googleがそのデータ規模を使ってこの分野の研究開発を盛んに行っているのもよくご存知かと思います。地球規模のデータ量を保持するGoogleが、そのかつてないデータ量を使っての未知の研究成果を出そうとしているのですから注目が集まるのも頷けます。

「The Google Way of Science」[注10]という元Wired magazineのKevin Kelly氏のコラムでは、「大量のデータと応用数学が他のあらゆる道具に取って代わる」というような主旨で、このGoogleの取り組みを考察しています。たとえば「Googleは、このパターンが来たらこの言葉に変換せよという機械学

注9　URL http://preferred.jp/
注10　URL http://www.kk.org/thetechnium/archives/2008/06/the_google_way.php、日本語訳「グーグル方式の科学」URL http://memo7.sblo.jp/article/25170459.html

習のしくみに大量のデータを流し込んで翻訳エンジンを作ったのだが、誰も中国語ができないのに中国語翻訳プログラムを作ってしまった」、なんて逸話も紹介されています。つまり、理論的に「何が正しいか」はわからなくても応用数学(多くの場合、それは統計分野の応用)を駆使し、機械学習にかつてない規模の大量データを突っ込んでやるとそのブラックボックスから正解が出てくるという、従来の科学の常識を覆すような結果がいろいろと出ているということです。

　非常に興味深く、またこれからの研究開発の本質や時流を見るという意味でもおもしろいコラムですので、ぜひご一読ください。

ベイジアンフィルタのしくみ

　少し脱線しましたね。話をベイジアンフィルタに戻しましょう。ここではベイジアンフィルタの実装までは踏み込みませんが、どのようなしくみでそのアルゴリズムが動くかだけ簡単に解説しておきましょう[注11]。

　先に述べたとおりベイジアンフィルタの核になっているのは、ナイーブベイズというアルゴリズムです[注12]。ナイーブベイズは、ベイズの定理という公式をベースにしているアルゴリズムです。

ナイーブベイズにおけるカテゴリの推定

　ここから少し数式を出します。詳しくわからなくても大丈夫ですので適当に読み進めてください。ナイーブベイズにおけるカテゴリの推定とはすなわち、ある文書Dが与えられたとき、その文書が確率的にどのカテゴリCに属するのがもっともらしいかを求める問題です。つまり、文書Dが与えられたときカテゴリCである条件付き確率、

・P(C|D)

[注11] 実装まで踏み込んだ解説は『WEB+DB PRESS』(Vol.56)、拙著の連載「実践アルゴリズム教室」の「第1回：ベイジアンフィルタ開発に挑戦」で解説しています。興味のある方はご一読ください。
[注12] はてなブックマークのカテゴリ分類では、ナイーブベイズをさらに発展させたComplement Naive Bayesという手法を使っています。

を求める問題です。複数あるカテゴリのうち、この確率が最も高い値を示したCが、最終的に選択されるカテゴリになります。

この条件付き確率P(C|D)を直接計算するのは難しいのですが、「ベイズの定理」により計算可能な式へと変形ができます。ベイズの定理そのものが云々ということよりも、よく知られた数理によって確率式を変形できるというところがポイントです。

- P(C|D) = P(D|C)P(C) / P(D)

となります。右辺の各確率P(D|C)、P(C)、P(D)を求めることを考えます。

カテゴリの推定で欲しいのは具体的な確率の値ではなく、各カテゴリで比較してどの確率がいちばん大きいか、という順位だけであるということに着目しましょう。すると、分母のP(D)は文書Dが生起する確率ですが、これは全カテゴリに対して同一の値で、結果を比較する場合には無視できます。

結果、考えればよいのは、

- P(D|C)
- P(C)

の2つに絞られます。

カテゴリを推定するには、この2つの値を、学習データの統計情報から算出してしまえばよいのです。そして、この両者を求めるのは実は簡単です。

P(C)はある特定のカテゴリが出現する確率なので、学習データのそれぞれのデータがどのカテゴリに分類されたか、その回数を保存しておけば後から計算できます。

一方のP(D|C)は、文書Dというのは任意の単語Wが連続して出現するものとみなして、P(D|C) ➡ $P(W_1|C) P(W_2|C) P(W_3|C) ... P(W_n|C)$ という風に近似してやります。すると文書Dを単語に分割しておいて、その単語ごとに、その単語がどのカテゴリに分類されたかその回数を保存しておけばP(D|C)の近似値が求まることになります。

> **ベイズの定理**
>
> - P(B|A)=P(A|B) P(B)/P(A)
>   ➡ ベイズの定理は、上記の確率公式が成り立つことを示します。
>   この式は、P(B|A)、つまり、事象Aが起こった後で事象Bが起こる確率を直接求めるのが難しいときに役に立ちます。ベイズの定理で変形すると、P(B|A)を求めるところだったのがP(A|B)、P(B)、P(A)がわかればよい、ということになります。
>   本文中で見たとおり、P(A)はほかの値との比較などで無視できることが多いので、結果としてP(A|B)とP(B)がわかればよい、ということに帰着したりします。

楽々カテゴリ推定の実現

　結局、ナイーブベイズでは正解データを与えられたらその正解データが使われた回数や単語の出現回数のような簡単な数字さえ保存しておけば、あとから確率計算をしてやるだけでカテゴリ推定がわかるということです。その他のデータは全部破棄してしまってかまいません。

　はてなブックマークの記事は、現在2,000万件以上のデータが保存されています。また、メールのスパムフィルタは日々到着するメールをがんがん分類する必要があります。ナイーブベイズはここまで見てきたように、そのうち一部の正解データ[注13]の、さらに一部のデータだけを保存しておけばよいので大量データを前にしてもエンジン自体はコンパクトです。またカテゴリ推定時に行う計算も、その一部の正解データから（計算機的には）ちょっとした確率計算すなわち四則演算を行ってやるだけなので、高速に処理できます。

　「大規模な記事群の内容を見てそれぞれカテゴリを自動で判定しろ」といきなり言われてもどうしていいかさっぱり...という感じですが、このようにアルゴリズムのしくみまで分解すると、意外と簡単にそれが実装できるということがわかります。

注13　感覚的には、はてなブックマークではカテゴリ8つに対して1,000件程度の正解データがあれば実用的な精度になりました。

アルゴリズムが実用化されるまで──はてなブックマークでの実例

　ベイジアンフィルタはしくみ的には意外にシンプルですし、実際に実装してみても主要な部分はおそらくスクリプト言語で100〜200行程度でしょう。アルゴリズムの実装自体は簡単なんです。

　ここから、ベイジアンフィルタで作ったカテゴリ分類エンジンをプロダクションに載せるまでに、残りどのような作業があるのか、はてなブックマークでの実例をざっとリストにしてみます。

- 分類エンジンはC++で開発した。このエンジンをサーバ化する
- このサーバと通信して結果を取得するPerlクライアントを書き、Webアプリケーションから呼び出す
- 学習データを定期的にバックアップできるよう、C++のエンジンにデータのダンプ/ロード機能を追加
- 学習データ1,000件を人手で用意。ここは人間が頑張るところ…
- まともな精度が出ているかをトラックするための統計のしくみを作成。グラフ化しながら精度をチューニング
- 冗長化を考慮し、スタンバイ側のシステムを構築。自動切り替えはさすがに工数がかかるので、バックアップからロードできる程度に妥協
- Webアプリケーション側にユーザインタフェースを用意

　といった具合です。結構あるな…というのが感想ではないでしょうか。

　エンジンをC++で書いたことが工数が少し大きくなった原因でもあったのですが、たとえスクリプト言語で書いたとしてもサーバ実装を用意する必要があるなどは変わらないでしょう。ちなみにサーバ化やPerlとのAPIのやり取りにはApache Thrift[注14]という多言語間RPCフレームワークを使いました。

実務面で考慮すべき点はそれなりに多い

　念のため、ここでは苦労話をしたかったわけではありません。実際にアルゴリズムを実用化するまでには、実務面で考慮すべき点がそれなりに出てく

注14 URL http://incubator.apache.org/thrift/、少し前の記事になりますが、Thriftについては『WEB+DB PRESS』(Vol.46)、拙著の連載「Recent Perl World」の「Thriftで多言語RPC ……C++でサーバ、Perlでクライアント」で取り上げました。興味がある方は参照してみてください。

るよということも伝えておきたかったのです。この例のように、別途サーバ実装を用意する場合などはとくに気を付けたいところ。R&D（*Research & Development*）的な開発ではコア部分のプロトタイピングがうまくいくと心躍る気持ちになるのですが、実運用にあたってはその後の作業もそれなりに量があります。現場では、このあたりの作業が正しく行われることを管理していく、また事前に工数に見積もっておくことも大切だと言えるでしょう。

守りの姿勢、攻めの姿勢 ── 記事カテゴライズ実装からの考察

　以上のように機械学習、パターン認識、データマイニング的な手法は、大量のデータから有意なデータを括り出すとか、その大規模なデータの「特徴」をコンパクトに持っておき後から利用するといった目的に利用できます。

　同じアルゴリズムでも大規模データを前にソートや探索、圧縮を高速に行う…というのはどちらかというと、吹き出た問題をいかに抑え込むかという「守り」の姿勢でよく使うアルゴリズムではないでしょうか。一方、機械学習やパターン認識などは、積極的に大規模データを応用し、その結果によってアプリケーションに付加価値を追加するという意味で「攻め」の姿勢で使われるアルゴリズムではないかと思います。

既存の手法を引き出しに入れておく

　守りにしても攻めにしても、大規模データに対するアルゴリズム的なアプローチを学ぶにあたっては既存の手法をある程度自分の知識として引き出しに入れておくことが大切です。キーワードリンクにTrieを応用できるという発想はTrieがどういうデータ構造かその特性を知らなければ思いつかないでしょうし、ベイジアンフィルタのようなしくみを理解しておかなければ文書を自動で分類するという発想は得られないかもしれません。

　また、そんなアルゴリズムを実装した後も実用化までにはそれなりの追加作業が必要ということは前述のとおりです。

　第7回はかなりページ分量を割いて説明してきました。講義を通じて、大量データを前にアルゴリズムを選択するとは、あるいはそれを応用するとはどんな感覚かをぜひ掴んでいってもらえたらと思います。

Column
スペルミス修正機能の作り方
はてなブックマークの検索機能

　途中Googleのもしかして機能について言及しました。Googleにおける検索クエリの補正機能は検索エンジンのログを正解データとした学習エンジンにより実装されているだろう、ということは本編で述べたとおりです。

　では、大量のログがなければこの手のプログラムを作るのは難しいのでしょうか？ ログはなくても、一定規模の正解データ、つまり辞書があれば、また別の実装方法で作ることは可能です。何か特定の辞書データを正解にして、誤った解答に補正してあげるわけです。いわゆるスペルミス修正機能です。

　はてなブックマークの検索機能には、そのちょっとした方法で実装したスペルミス修正機能を搭載しています（図F.1）。

　このスペルミス修正機能は以下のように実装しています。

❶正解データにははてなキーワードを辞書として使う。27万語の正解辞書
❷ユーザが入力した検索クエリと辞書中の語句の編集距離を取って"誤り度"を定量化
❸一定の誤り度を基準に辞書中にある単語群を正解候補として取得
❹❸の正解候補を、はてなブックマークの記事での単語の利用頻度を基準に正解っぽさで並び替え
❺最も利用頻度の高い単語を正解であるとみなし、利用者に提示

　基本はこの流れです。入力に対して辞書中の近い単語を探して、それを推薦するわけですね。それぞれもう少し詳しく見てみましょう。

●図F.1　はてなブックマークのスペルミス修正機能

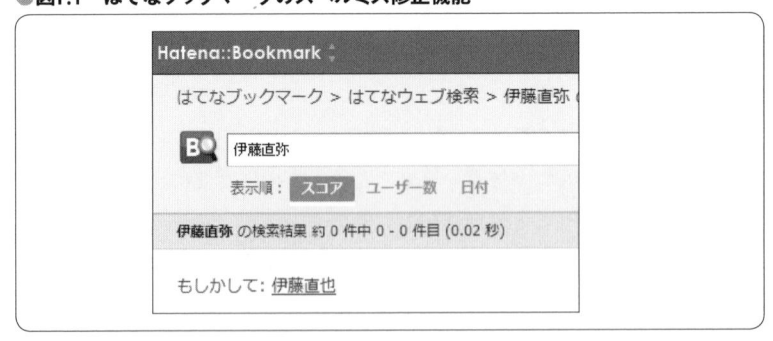

❶27万語の正解辞書 ……正解データにはてなキーワードを辞書として使う

このスペルミス修正プログラムは正解が何かを知っている必要があるエンジンです。この正解データには、はてなキーワードを使っています。たとえばここを地名だけで構成された辞書にすると地名補正のエンジンになるし、レストランの店名だけで構成されたものではグルメ補正エンジンになる、というのがおもしろいところです。

汎用的な辞書を自前で用意することができない場合は、Wikipediaのデータなどをダウンロードして、そこに含まれる単語から辞書を構成してみるのもよいでしょう。

❷検索クエリと辞書中の語句の編集距離を取って"誤り度"を定量化

編集距離というのは、ある単語からある単語へ書き換え（挿入・置換・削除）を行ったとき、その回数は何回になるかで単語間の距離を定量化したものです。

これは例を見るのが早いですね。

(伊藤直哉,伊藤直也)➡1
(伊藤直,伊藤直也)➡1
(佐藤直哉,伊藤直也)➡2
(佐藤B作,伊藤直也)➡3

それぞれ、以上の編集距離になります。たしかに、編集距離3のものより1のもののほうが、語の似ている度合いは高いと言えるのがわかるでしょう。

編集距離は、動的計画法というアルゴリズムで簡単かつ高速に実装できることがよく知られており、動的計画法で解ける問題の代表例になっているくらいです。はてなブックマークでは一般的な編集距離であるLevenshtein距離を発展させたJaro-Winkler距離を使っています。Jaro-Winkler距離は、前にある単語を間違うほどペナルティが高い定量化技法です。なんとなく、下の名前はよく間違うけど名字は間違えづらいですよね。Jaro-Winkler距離はそのような直感から来ているそうです。

❸一定の誤り度を基準に辞書中にある単語群を正解候補として取得

こうして、入力クエリと辞書中の単語の編集距離を比べて、値が小さいものを一覧として取得する…のですが、辞書に27万語も単語があるので総当た

りは避けたいところです。

辞書のn-gramインデックスを作っておいて、入力語句とのbi-gramの重なり具合の高い単語だけを抽出できるようなデータ構造を使っています。図F.2を見るのが早いでしょう。

このデータ構造により、あらかじめ比較する対象を絞っておいて、その絞られた対象に対して編集距離を一つ一つ取っていくようにしています。

❹この正解候補を、記事での単語の利用頻度を基準に正解っぽさで並び替え

さて、得られる修正候補は編集距離が小さなものですが、編集距離は1、2などの飛び飛びの値ですので、複数の候補が得られることも多いです。伊藤直弥という入力に対して、

- 伊藤直也
- 伊藤直哉
- 伊東直也

という単語が正解候補として見つかります。どれが正しいと思われる答えでしょうか？

この場合、対象にしている検索空間で最も頻出する単語が正解であると考えるのが一つの方法でしょう。はてなブックマークではそうしています。「最も頻出」の基準にはDF（*Document Frequency*）を利用しています。DFは、そ

●図F.2　n-gramインデックスで修正候補を絞り込む

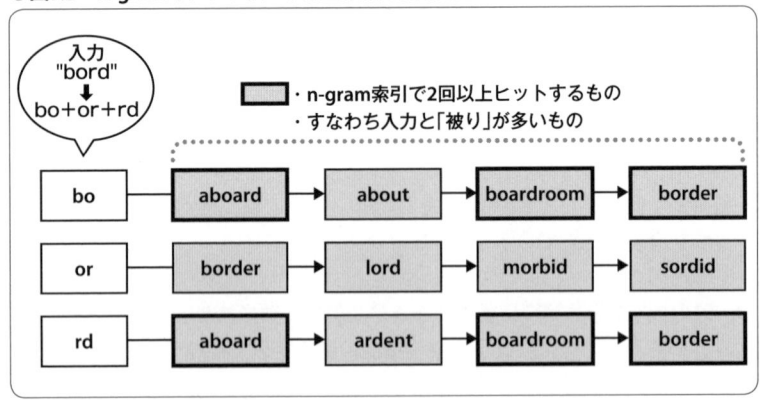

の単語がはてなブックマークのいくつの文書に登場するか、その回数です。はてなブックマークではその他の機能でも利用することもあり、DFを内部で保持していたのでそれを利用していました。

　もちろん、伊藤直也ではなく伊藤直哉を探している人もいるでしょうが、大体の場合はこれでうまくいくという、いわゆるヒューリスティクス（heuristic）ですね。

❺最も利用頻度の高い単語を正解であると見なし利用者に提示

　以上の流れで正解っぽい単語がわかるので、それをユーザに補正候補として提示します。実際にはJaro-Winkler距離とDFを適当に掛け算してそれをスコアにし、一定上のスコアを獲得したものを表示するようにしています。これにより、あまり正解とは言えない答えが提示されないように工夫しているわけです。

　本手法でのコードも含めたより詳しい実装は『WEB+DB PRESS』（Vol.51）、拙著の連載「Recent Perl World」の「第19回：スペル修正プログラムを作る」で取り上げていますのでぜひご一読ください。

　もっとも、検索エンジンという目的にはこの手法で実現したスペル補正機能の有効性はそれほど高くなく、Googleのそれらに比べるとオマケ程度の改善にしか寄与しないというのが正直なところです。このスペルミス修正方法は、どちらかというと英単語のスペルミスなど、ある程度決まり切った答えを補正するのに有効かと思います。検索クエリにはネット用語など思いもよらない単語が入力されることも多いので、検索ログなど大量の「生きた正解」を元に算出するのがよいのでしょう。

第8回
[課題] はてなキーワードリンクの実装
応用への道筋を知る

書き下ろし　伊藤 直也

よく知られたアルゴリズムを実装する
AC法の実装を通じて

　第7回では、教科書で習ったようなアルゴリズムが実際にはどういうところで使われているか、また実際にサービスにどのような流れで応用するのか、について話をしました。

　続く、第8回は課題です。第7回で解説したアルゴリズムAC法を使って、はてなキーワードリンク機能を実装するのが課題となります。第7回では、Trieのデータ構造も説明しました。Trie構造を辞書に見立ててパターンマッチを行うと、正規表現と比べて計算量が減るんでしたね。まずはキーワードの集合からTrieを構成する。その後は、パターンマッチに失敗した場合に使うFailure Linksを作ることになりますが、その辺りはまだ説明していないので実装を交えつつ以降の解説でざっと触れます。

　第8回の課題を通して、第7回で見てきたようなよく知られたアルゴリズムを応用するにあたって、どのような手順で実装していく必要があるか、それを体験しながら学びとってもらいたいと思っています。それから、はてなキーワードすべてを対象にすると、第7回で概要を触れたAC法のオートマトン自体がそれなりにメモリを消費する、という難所が待ち受けています。はてなキーワードという大規模なデータを前提にアルゴリズムに構造を持たせていく、特有の感覚を味わいつつ十分に注意して実装へと落とし込んでみましょう。

> **memo**
>
> **アルゴリズムの実装**
> - [課題] はてなキーワードリンクを作る（➡ Lesson 22）
> - 回答例と考え方（➡ Lesson 23）

Lesson 22
[課題]はてなキーワードリンクを作る

AC法を使って、はてなキーワードリンクを作る

* **[課題]AC法を使って、はてなキーワードリンクのアルゴリズムを実装する**
  与えられた文章から、はてなキーワードとその出現位置を適切に抽出するプログラムを作成してください。Trieはハッシュリファレンスなどを用いて作れば十分です。1分程度の時間で動くようなものでOKです。

はてなキーワードリンクのアルゴリズム、ということですが、実際には、

- キーワード集合を与える
- 任意の文章を入力する
- 文章中に、キーワードが見つかったらその位置と長さを返す

という要件を満たせれば、あとはキーワードリンクのアプリケーション実装は簡単です。文章中のキーワードの開始位置と長さがわかれば、その部分をアンカーテキスト(<a href="...">...</a>)に置換するよう処理してやれば、キーワードリンクにできますよね。

サンプルプログラム

ということで、リスト8.1のようなサンプルプログラムが動作するよう、アルゴリズムを実装することになります。

My::AhoCorasickがアルゴリズムを実装したライブラリです。コンストラクタ(new)にhe、hers、his、sheというキーワード集合を与えると、ACオートマトン(後述)が返ります。そのオートマトンにmatch()メソッドで文章を渡してやると、結果として「キーワードの出現位置と長さのペア」のリストが返ります。

出力は図8.1のようになります。図8.1のようにサンプルが動くような、My::AhoCorasickクラスを作るとよいでしょうね。

●リスト8.1　sample.pl

```perl
#!/usr/bin/env perl
use strict;
use warnings;
use FindBin::libs;

use My::AhoCorasick;

my $text = 'a his hoge hershe';
my $ac = My::AhoCorasick->new(qw/he hers his she/);
my @result = $ac->match($text);

for (@result) {
    printf "pos %2d, len %d => %s\n", $_->[0], $_->[1], substr($text, $_->[0], $_->[1]);
}
```

●図8.1　出力

```
% perl sample.pl
pos  2, len 3 => his
pos 11, len 2 => he
pos 11, len 4 => hers
pos 14, len 3 => she
pos 15, len 2 => he
```

AC法の実装の仕方

　AC法の概要は、第7回で説明したとおりです。まず、キーワード集合からTrieを構成します。Trieができたら、そのTrieを根から幅優先探索で下っていき、パターンマッチが失敗した際の戻り道(Failure Linksと呼びます)を付けてやるのです。このTrieにFailure Linksを張ったものがACオートマトンです。

　実装的には、まず先にキーワード集合からTrieのデータ構造を作ります。Trieができたら、その後にFailure Linksを作る処理を行います。AC法を図解した前出の図7.4(p.161)の点線部分の戻り道がFailure Linksにあたります。

　Failure Linksの見つけ方についてですが、できれば自分でその方法を考

えてほしいと思います。紙幅の都合で詳細は割愛しますが、ある程度考えても思いつかない場合もあると思いますので、その場合以下のAC法解説ページを参考にしてみてください。

- 「Aho Corasick法」
  URL http://d.hatena.ne.jp/naoya/20090405/aho_corasick

実際の課題

はてなインターンでは、課題を出題するにあたって実際のはてなキーワードをAC法のキーワード集合にしました。つまり、20万語以上あるキーワード辞書でACオートマトンを構成しました。

```
…
はてなわんわんワールド
はてなアイデア
はてなアイデアへの要望
はてなアイデアクラブ
はてなアイデアミーティング
…
```

と、キーワードが列挙されたテキストファイル(UTF-8)を渡して、それを入力にアルゴリズムを動作させる、というものでした。

出題意図

繰り返しになりますが、この課題の出題意図は、第7回で見てきたようなよく知られたアルゴリズムを応用するにあたって、どのような手順で実装していく必要があるか、それを体験するというところにあります。

また、はてなキーワードすべてを対象にするとACオートマトン自体がそれなりにメモリを消費するので、下手な実装では動きません。そのように、大規模なデータを扱おうとしたときに注意深く実装していく、その辺りの勘所を掴んでほしいという意図での課題です。

テストを書こう

　この手のアルゴリズムを実装する場合は入力に対して決まった出力が得られるという、まさにアルゴリズムの利点を活かしてテストファーストで開発していくのが効率的でしょう。**リスト8.2**は、実際のテストスクリプ

●リスト8.2　t/01_ahocorasick.t

```
use strict;
use warnings;
use utf8;
use Test::More qw(no_plan);
use Path::Class qw(file);
use Encode;

use_ok 'My::AhoCorasick';

{
    my $ac = My::AhoCorasick->new(qw/he hers his she/);
    isa_ok $ac, 'My::AhoCorasick';

    my @result = $ac->match('a his hoge hershe xx.');
    is_deeply(
        \@result,
        [
         [ 2, 3], # his
         [11, 2], # he
         [11, 4], # hers
         [14, 3], # she
         [15, 2], # he
        ]
    );
}

{
    my $keywords = decode_utf8(file('keyword.utf8.uniq.txt')->slurp);
    my @keywords = split /\\n/, $keywords;

    my $ac = My::AhoCorasick->new(@keywords);

    my $text = <<__TEXT__;
今日は天気がよかったので、近くの海まで愛犬のしなもんと一緒にお散歩。写真は海辺を楽
しそうに歩くしなもん。そのあとついでにお買い物にも行ってきました。「はてなの本」を
買ったので、はてなダイアリーの便利な商品紹介ツール「はまぞう」を使って紹介してみる
よ。とてもおもしろいのでみんなも読んでみてね。
__TEXT__
    my @result = $ac->match($text);
    is_deeply(
        [ map { substr($text, $_->[0], $_->[1]) } @result ],
        [ qw/今日 天気 しなもん 散歩 写真 海辺 しなもん はてな はてなの本 はてな
 はてなダイアリ はてなダイアリー ダイアリー 商品 はまぞう おもしろい/ ],
    );
}
```

トです。スクリプト中に出てくる、keyword.utf8.uniq.txtは先のはてなキーワードのテキストファイルです。

リスト8.2のテストスクリプトにより、図8.2のようにPerlのテストフレームワークでテストを自動化できるので、あとはテストの要件を満たすようにMy::AhoCorasickを実装していけばよいということになります。

●図8.2　テストの自動化

```
% prove -l t/01_ahocorasick.t
t/01_ahocorasick....ok
All tests successful.
Files=1, Tests=4, 18 wallclock secs (12.28 cusr +  5.92 csys = 18.20 CPU)
```

Column
アルゴリズムコンテスト
Sphere Online Judge、TopCorderなど

　アルゴリズムの実装はテストが書きやすい、というのは本書本文を見たとおり。この「アルゴリズムはテストを自動化して評価するのが簡単」という利点を活かした、「アルゴリズムコンテスト」のサイトが結構あります。サイトから出されたアルゴリズムのクイズを、好きな言語(スクリプト言語も使えます)を使って解いて、その実装をブラウザのフォームに貼り付けて送信すると、先方のサーバでその動作や速度をテスト/評価してくれて、合格かどうかを判定してくれます。

　筆者の周辺ではSphere Online Judge(http://www.spoj.pl/)や、TopCorder(http://www.topcoder.com/)などが人気があるようです。世界中のプログラマが参加して、腕を競い合ったりしているようですね。アルゴリズムの実装力を鍛えたい方は、一度チャレンジしてみてはいかがでしょう？

Lesson 23
回答例と考え方

回答例

　リスト8.3が課題の回答例（My::AhoCorasickの実装）です。この実装では、TrieはPerl組み込みのハッシュで実現しています。大枠は以下のとおりです。

- add_string()がTrieを構成する処理（リスト8.3 ❶）
- make_failure_links()が、Failure Linksを張る処理（リスト8.3 ❷）
- match()がオートマトンに入力を与えてキーワード抽出を行う処理（リスト8.3 ❸）

　add_string()を見ると、Trieを構成するのは、ハッシュを使うと非常に簡単なことがわかるでしょう。_acceptというキーがあるのが、キーワードが存在するノードです。

　一方、make_failure_links()はぱっと見、何をしているか理解するのが難しいかもしれませんね。これは、Trieを根から幅優先探索して最長の接尾辞を探していっているのですが、なぜこれでOKなのかは、前出のAC法解説のページでも解説していますのでそちらを見てください。

　match()は、入力されたテキストをオートマトン、つまりTrieに入れて辿っていって_acceptがあればキーワードが見つかった、ということでその位置と長さを返しています。

●リスト8.3　/lib/My/AhoCorasick.pm

```perl
package My::AhoCorasick;
use strict;
use warnings;
use Scalar::Util qw(weaken isweak);

sub new {
    my $class = shift;
    my $self = bless {}, $class;
    $self->{root} = {};
    $self->add_string($_) foreach @_;
    $self->make_failure_links;
    $self;
}
```

Lesson 23 回答例と考え方

(続き)

```perl
sub add_string {                    ←①
    my ($self, $string) = @_;
    my @chars = split //, $string;
    my $node = $self->{root};
    $node = ($node->{$_} ||= {}) foreach @chars;
    push @{$node->{_accept}}, length $string;
}

sub make_failure_links {            ←②
    my $self = shift;
    my $root = $self->{root};
    my @nodes = ();
    foreach (keys %$root) {
        next if /^_./;
        $root->{$_}->{_failure} = $root;
        push @nodes, $root->{$_};
    }

    while (my $node = shift @nodes) {
        foreach (keys %$node) {
            next if /^_./;
            push @nodes, $node->{$_};

            my $f = $node->{_failure};
            $f = $f->{_failure} until $f->{$_} || $f == $root;
            $node->{$_}->{_failure} = $f->{$_} || $root;

            weaken $node->{$_}->{_failure} unless isweak $node->{$_}->{_failure};

            if (my $suffixes = $node->{$_}->{_failure}->{_accept}) {
                push @{$node->{$_}->{_accept}}, @$suffixes;
            }
        }
    }
}

sub match {                         ←③
    my ($self, $string) = @_;
    my $node = my $root = $self->{root};
    my @chars = split //, $string;
    my @found = ();
    foreach my $i (0..$#chars) {
        if (my $next = $node->{$chars[$i]}) {
            $node = $next;
        } else {
            $node = $node->{_failure} until $node->{$chars[$i]} || $node == $root;
            $node = $node->{$chars[$i]} || $root;
        }
        if ($node->{_accept}) {
            push @found, [$i + 1 - $_, $_] foreach @{$node->{_accept}};
        }
    }
    return @found;
}

1;
```

第9回
全文検索技術に挑戦
大規模データ処理のノウハウ満載

講師 倉井 龍太郎、伊藤 直也

なぜ検索なのか?
応用が利きやすい技術

　ここから第9回、第10回にわたって全文検索技術について解説していきます。過去の回で、何度か検索技術について言及してきました。なぜ検索技術を学ぶのかについて改めて整理しておきましょう。

　検索エンジンは、中身にさまざまなアルゴリズムが応用されるという点でおもしろいのはもちろんのこと、そのしくみの応用が利きやすいという点で学ぶ価値が大いにあります。最近のハードウェアは非常に高性能ですので、1,000件から10,000件程度のちょっとした量のデータであればデータベースに無理矢理検索させても十分な速度で結果を返してくれることでしょう。しかし、件数が10倍、100倍と増えていったときはどうでしょうか。それまで探せていたデータが、満足な速度では探せなくなってくるでしょう。

　このとき、検索エンジンのしくみを知っていると、要求仕様を満たすように自前でインデックスを作ることでこの問題を回避することができます。つまり、大規模データを抱えきれなくなったデータベースの限界を、検索システムで突破するわけです。このあたりが、第5回で紹介した、用途特化型インデクシングの話でした。大規模データを相手にするとき、検索エンジンのノウハウを知っておくと問題解決に役立つわけですね。

　以上の視点で、講義の内容を見ていってください。第9回の講義では、はてなで実際に作った検索システムの紹介をして実例をイメージしてもらいつつ、検索エンジンの基本的なしくみを、実装抜きで解説していきます。第10回は実際に検索エンジンを開発する課題を通じてそのイロハを実装レベルで知っていくことにしましょう。

memo

全文検索技術に挑戦
- 全文検索技術の応用範囲(➡Lesson 24)
- 検索システムのアーキテクチャ(➡Lesson 25)
- 検索エンジンの内部構造(➡Lesson 26)

Lesson 24
全文検索技術の応用範囲

はてなのデータで検索エンジンを作る

　課題が控えている講義は今回で最後です。頑張っていきましょう。

　第9回、第10回は「はてなのデータで検索エンジンを作る」という題目で講義をします。講師は倉井が担当し、講師伊藤も一部参加しながら進めてみようと思います。

　今回はまず、はてなで実際に運用している検索エンジンの概要からスタートし、そのあと検索エンジンを作っていくうえで重要な要素の一つである転置インデックス(inverted index)について説明します。転置インデックスは、辞書(dictionary)と呼ばれる部分と、Postingsと呼ばれる部分の二つの基本要素によって構成されています。今回は転置インデックスをベースに検索エンジンの基本構造を理解できるようになることを目指します。そして、続く第10回で課題を通して実装を学んでいくとしましょう。

はてなダイアリーの全文検索──検索サービス以外に検索システム

　先にいくつかの事例を見ていくとしましょう。実は、講師倉井は昨年のインターンではてなダイアリーを対象にした検索エンジンを作っていました。そして今はアプリケーションエンジニアとして、はてなブックマークチームで働いています。

　はてなダイアリーを対象とした検索エンジンとは、はてなダイアリーの全文を検索の対象とし、はてなキーワードでそれらを検索可能にするというシステムです。Googleとは違って好きな検索で検索できるエンジンというわけではなく、はてなキーワードに含まれてる言葉のみ検索できるシステムです。その代わりに8GB、最近の一般的なサーバのメモリ容量ですね、その程度のリソースで全ダイアリーを検索できる。これを使うことで「キーワードを含むブログ」というはてなキーワードの一機能を実現しています。

　はてなキーワードの下のほうに、ブログの一覧が出ているのは知ってい

ますか？図9.1を見てください。Perlというキーワードのページ[注1]の下に、「Perl」を含むブログ、という欄がありますよね。これが通称「含むブログ」機能。ブログの本文に「Perl」というキーワードが含まれているブログの一覧です。

以前はRDBで処理していた

この機能、前はRDBで処理しました。誰かがブログの新しい記事を書いたときに、その記事に含まれてるキーワードを全部抽出する。すると、このブログは○○と××という単語を含んでいる…というのがわかりますよね。この単語とブログの紐付けをデータベースのレコードとして保存しておくんです。表示するときは、Perlというキーワードページなら、Perlでそのデータベースを検索して、得られたブログ一覧を表示すると。

ただ、これが完全にスケーラビリティ的に破綻してしまった。レコード数が多過ぎたのです。そのために、重くなったり、特定のデータ以降が見れない、というような仕様の制限があったり。よくない状況ですね。

●図9.1　はてなキーワードの「含むブログ」機能

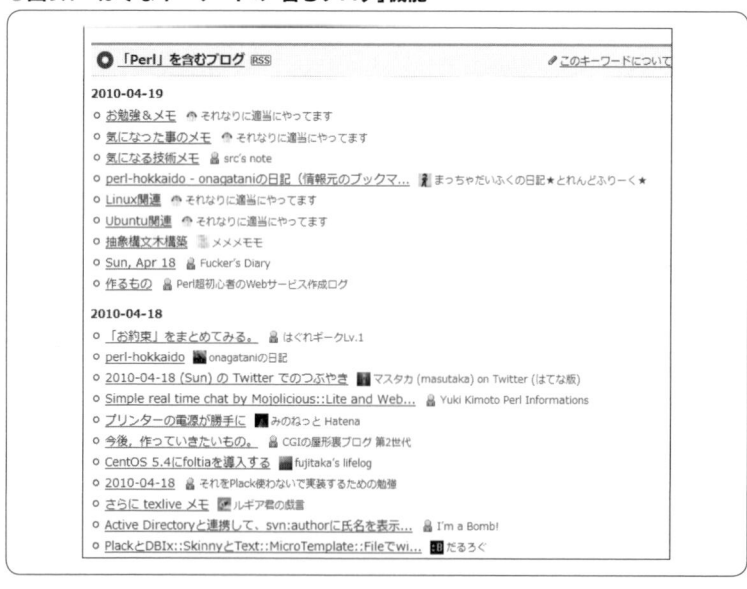

注1　http://d.hatena.ne.jp/keyword/Perl

検索技術の応用

　そこでどうしたかというと、検索エンジンを作って検索することで回避しました。つまり、この「含むブログ」は検索結果と同じなのです。

　「検索」というとGoogleやYahoo!のような検索サービスを想像する人が多いと思うのですが、そうではない場面に検索技術を応用したというところがポイントです。ユーザが検索クエリ（検索語）を投げるのではなく、別のところ（この場合ユーザが見ているページのキーワード名）から投げられてくる、それを検索システムに入力して結果を得る。実際には検索サービスとやっていることは同じですが、見せ方が違うわけです。

　このシステムの特徴は、出力は日付順で出せればそれでいいと割り切ってるところです。「含むブログ」機能の仕様としてそもそも日付順以外の並べ方は必要なかったので、そこで割り切りました。そして、日付順に出力するという点だけに特化したことで高速かつコンパクトに実装できました。また、はてなダイアリーの文書だけを検索するというシステムなので、たとえば文書ID（記事のユニークID）をはてなダイアリーの仕様に特化させた持ち方にするとかで、高速化も計っています。

　システムコアはC++で実装されていて、Perl側のインタフェースはThriftというライブラリで通信しています。

---

memo

検索システムを検索以外に応用
- はてなダイアリーの「含むブログ」機能
  - DBで処理できない➡検索エンジンを実装
  - サービスに特化した仕様も盛り込み高速化
  - C++で実装、ThriftでPerlと通信

はてなブックマークの全文検索 ——細かな要求を満たすシステム

　もう一つ、実例を紹介します。図9.2は、マイブックマーク検索といって、自分がブックマークしたサイトだけを対象とした全文検索エンジンです。

　これも検索エンジンは全部内製です。もちろん、バックエンドに利用しているMySQLとかkey-valueストアを全部作ったわけではありませんが、

● 図9.2　はてなブックマークの検索機能

それ以外の部分はほとんどすべて、Perlで実装してあります。この検索機能はブラウザを使うだけではなく、Web APIがついているので、たとえば、Firefox拡張から呼び出すこともできます。APIの応答はJSONで返ってくるので、たとえば、ATOKの拡張プラグインのような類から検索結果を呼び出す、といったこともできるようになってます。

学生：前出のダイアリー全文検索との違いはありますか？

　ダイアリー全文検索と違うところは一番はシステムの規模や利用目的ですね。検索エンジンの機能的にはスニペット[注2]も出せるようになっている点がありますね。スニペットを実現するには、検索語がドキュメント内のどの位置の単語にマッチしたかを記録する必要があるんですが、それを高速にやろうとすると、少しデータ構造が複雑になります。

　システムの規模や利用目的が違う、ということについて。この検索システムは、はてなブックマークに保存されたすべてのデータから検索するわ

注2　検索結果に本文の一部が表示する機能。

けではなく、各個人がブックマークしたその個人のデータから検索するシステムです。したがって、比較的小さなデータを検索するエンジンになります。なぜそれを自分達で実装したかというと、ここにもやはりデータベース的な限界があったからです。

　個人単位にするとデータが小さいとは言っても、DBには全ユーザ分のデータがまとめて1個のテーブルに入ってるわけです。なので、その一部を検索するのにも結構時間がかかる。ユーザid:r_kurain（講師倉井）のデータを検索しようとする場合、まず先にid:r_kurainがブックマークしたエントリ全件に絞って、そのエントリ全件の本文を対象に全文検索する...という処理になりますが、ちょっと考えても、データが大きいと簡単にはいかなそうですよね。また検索機能ですから、高速に結果を返す必要があるのはいわずもがなです。

　そこで、検索システムを別途作ってやって、ユーザがブックマークを追加するタイミングに合わせて、各ユーザごとに検索インデックスを用意してやって、それを更新する。検索するときは、そのユーザのインデックスからだけ検索。これなら検索システムはコンパクトな実装で用意できるし、簡単な実装でやりたいことすべての要求を満たせます。

　このように、検索システムを自分たちで構築できることを前提にすると、対応の幅が広がるので良い感じですよね。

＊　＊　＊

　というわけで、今日の講義の目標は「検索エンジンを作れるようになる」。2時間少々でやるには高めの目標ですが、コアの部分だけならなんとかなると思うので、頑張ってやっていきましょう。

> memo
>
> **大規模データを小分けに検索**
> - ユーザごとに検索インデックスを作る
>   - コンパクトな実装、簡単な実装
>   - 自前実装で細かい要求に応えられる

Lesson 24 全文検索技術の応用範囲

Lesson 25
検索システムのアーキテクチャ

検索システムができるまで

　一口に全文検索、といっても実はやっていることはたくさんあります。一応、時系列順に並べてからみていきましょう。

・検索ができるまで
　❶クロール
　❷格納
　❸インデクシング
　❹検索
　❺スコアリング
　❻結果表示

　まず最初に検索する対象のドキュメントを持ってこなければいけません。これを一般的に❶クロールといいます。対象のドキュメントがWebにあるようなら、Webクローラを書いて大量のドキュメントを取ってくるという仕事が必要です。その後、そのドキュメントをどうやって保存、格納（❷）するのかという問題があります。たとえば1つのデータベースに入れるだけだと、そのデータベースが壊れてしまったときに復元できないから、分散データベースに入れておかなければならない…とか。そういう問題もあります。

　そして、取って来たドキュメントからインデックスを構築します。これが❸インデクシング。インデックスは、あとで説明しますが、高速に検索するためのしくみ、いわゆる書籍の索引のようなものですね。これでやっとユーザが検索できるようになります。検索の仕方は後に回すとして、まあ、いろいろな検索方法があります。

　さらに、❹検索ではそのクエリを含むドキュメントが検索結果として返ってきますが、その返ってくる順番が適当だと全然うれしくないでしょう。

たとえばGoogleが今のように普及した1つの要因として、PageRank[注3]が挙げられますが、「はてな」で検索したら必ず一番上にはてなの公式Webサイトが出てくるといった検索結果をどのような順番で表示してやるかということは非常に重要です。それを❺スコアリング、あるいはランキングといいます。さらに、スコアリングのあとに❻結果表示をする部分もあります。ここにはスニペットを表示するですとか、高速に表示するなどの要件があります。

今回の解説対象

と、以上6つのステージがあります。もっと細かく分けることもできますが、大まかに6つとしましょう。この6つのステージそれぞれにいろいろな問題があって、さまざまな解決方法があります。

全部説明していたのでは解説が終わらないので、今日はこの真ん中二つ、❸インデクシングと❹検索について集中講義をします。そのほかの部分は、たとえばクロールや格納は検索に限らない一般的な問題ですし、スコアリングや結果表示は、インデクシングと検索ができればある程度手法は自明なので省略します。このへんを掘り下げたい人は、ここまでの解説中に何度も登場していますが『Introduction to Information Retrieval』に詳しく書かれているので参考にしてみてください。Stanford Universityの授業で使われるなど実績もある教科書とのことです。

> **memo**
> **検索システムの6つのステージ**
> ・クロール、格納、インデクシング、検索、スコアリング、結果表示
> ・それぞれに課題がある

検索エンジンいろいろ

さて、ステージを二つに絞ったわけですが、この二つ、インデクシング

注3　Google検索の検索順位決定アルゴリズム。実際にはPageRankはさまざまな順位決定要素の一つに過ぎません。

と検索を実行する検索エンジンシステムは、実は過去にたくさん開発されてきているんですね。オープンソースで公開されてるものも含め、著名なものを並べてみました。

- grep
- Namazu
  URL http://www.namazu.org/index.html.ja
- Hyper Estraier（ハイパーエストレイア）
  URL http://hyperestraier.sourceforge.net/index.ja.html
- Apache Lucene
  URL http://lucene.apache.org/
- Shunsaku
  URL http://interstage.fujitsu.com/jp/shunsaku/
- Senna（セナ）
  URL http://qwik.jp/senna/FrontPageJ.html
- Sedue（セドゥー）
  URL http://preferred.jp/sedue.html
- Lux
  URL http://luxse.sourceforge.net/

たとえばみなさんがよく使っていると思われるgrepも、考えによっては全文検索です。ディレクトリを指定して、そのディレクトリにあるドキュメントを全部見て、好きな言葉が含まれているものを探してきます。

1990年代後半からWeb上でよく使われてたのはNamazu。Namazuを使ったことがある人はいますか？ 僕らの世代だとNamazuが主流だったのですが、最近はあまり見なくなってしまったかもしれません。オープンソースの全文検索エンジンの先駆けというので、非常に人気がありました。

Hyper Estraierは平林幹雄氏が作った検索エンジン。割とモダンな設計です。

Apache LuceneはWikipediaなどに使われてる検索エンジンで、The Apache Software Foundationが管理しています。LuceneはJavaで実装されていて設計もモダンなので、最近の実装の参考にされることも多いです。

富士通のShunsaku。これは一風変わったアーキテクチャの検索エンジン

で当時検索の世界でよく話題になっていました。

　未来検索ブラジルのSennaはF1レーサーのAyrton Sennaから来てる名前なんですが、PostgreSQLとかMySQLとか、データベースの中を検索できる検索エンジンとして人気を得ました。データベースのバインディングが付属してたんですね。最近は、バインディング自体はSennaは含まずにTrittonという別のプロジェクトがその実装を提供しているみたいです。

　Sedueは、はてなブックマーク全体を検索する所で使っている商用の検索システムで、プリファードインフラストラクチャー（PFI）が作ったものです。内部で使われている技術が他のシステムとは少々異なっていて、興味深い製品です。

　最近だとLuxという検索エンジンも開発されていて、山田浩之氏が作ってます。未踏プロジェクトから出てきた実装で、比較的スタンダードだけれどもモダンな設計・実装を地で行っています。ここに紹介した以外にもたくさんの実装があります。

　これ見るとおもしろいのは、2004年くらいからこの手のシステムが作られるようになってて、その前のNamazuの頃とは結構差があります。その間に何があったかというと、Googleがすごい流行ったというのが大きいんでしょうね、多分。Googleが流行って、みんな「検索エンジンっておもしろいのでは？」と思い始めて作る人が増えたといっていい... とSennaを作った人がそういうドキュメントを書いていました。

　このいくつかのシステムを比較して、検索エンジンのアーキテクチャの違いを少し見ていくことにしましょう。

全文検索の種類

　全文検索のアーキテクチャには結構種類があるようです。今回は「grep型」「Suffix型」「転置インデックス型」の3つを取り上げます。

　grep型に分類されるのは、先ほど説明した中ではgrepとShunsaku。Suffix型は、はてなでも使っているPFIのSedue。転置インデックス型は、これからメインで説明していきますが、現在の検索エンジンの主流でGoogleも基本はこのアーキテクチャを採用しています。

第9回 全文検索技術に挑戦 ── 大規模データ処理のノウハウ満載

> **memo**
>
> **全文検索の種類**
> - grep型 ➡ grep、Shunsaku
> - Suffix型 ➡ Sedue
> - 転置インデックス型 ➡ 主流（Googleも）

grep型

　grep型は、検索対象のドキュメントを先頭から全部読んでいくという、言ってみれば一番単純なアーキテクチャです。全部読んでおけば、どこかにあたるドキュメントが見つかりますね。たとえば第8回の課題でやったAC法でオートマトンを作って、その中に全部ドキュメントを流し込みます。そういう手法をgrep型と分類しています。

　これはかなりナイーブに、何というか馬鹿正直に実装すると、検索対象のテキスト(text)の長さmと、検索したい探索語(word)の長さをnとしたときO(mn)かかります。これは検索処理としては結構な時間がかかると言えます。KMP(*Knuth-Morris-Pratt*)法とか、BM(*Boyer-Moore*)法など、ある程度計算量を改善した手法が教科書などによく載ってますが、いずれにせよ全ドキュメントを先頭から読んでいくので、単純な実装では、データが増えたら厳しいのは想像できますよね。

- ナイーブ ➡ O(mn)、text: m、word: n
- KMP法 ➡ O(m+n)
- BM法 ➡ 最悪時O(mn、最良時O(n/m)

　ちなみにKMP法とAC法は、実は似たようなもので、AC法は探索語をいっぱい詰め込みましたよね。はてなキーワード27万語を全部探索語として、そこにドキュメントを流し込んだ形なのですが、探索語1個だけでやったパターンがほとんどKMP法だと考えてよくて、大体オーダーは同じです。

　grep型はオーダーが大きいので話にならない…と言いたいところですが、実は良いところも多々あります。たとえば、即時性が良い。ドキュメントが更新されてもすぐに検索できます。また、検索漏れがない。UNIXのgrep

の動きを想像すればわかります。grepで自分の書いたコードはどこにあったかと探すときに、絶対に見つかります。全部見ているので当たり前です。

また、並列化するのがとても簡単です。たとえば、とても長いドキュメントを検索したいときは分割して並列に見てもいいし、あるいはAC法のように探索したい言葉を1つのオートマトンにまとめて、その中にドキュメントを流し込むようにすれば、複数の検索語を一気に検索できます。そうやって並列度を上げられるので、大規模な検索にまったく向かないというわけでもない。その特徴を活かしたのがShunsakuという富士通の製品です。今はどうかわからないですが、ちょっと前の科学技術振興機構の失敗知識データベースというシステムがShunsakuで動いていたそうです注4。

伊藤：grep型は、クエリに正規表現を使ったりするのも、結構簡単にできるのもいいです。

そうですね。一方、大規模なものを安く作ろうとするとちょっと無理があるという感じですね。

---

memo

grep型
- 検索対象を先頭からすべて読む
- 即時性良し、検索漏れなし、並列化やクエリ拡張が容易

Suffix型

Suffix型です注5。これは、検索可能な形で検索対象全文を持ちます。データ構造としては、Trie や、Suffix Array、Suffix Tree などです。

紙幅の都合で、各データ構造の詳細は割愛します注6が、大雑把にいうとドキュメントを検索可能な形で持って、すべてメモリ上に載せる形になります。次に説明する転置インデックスは、ドキュメント全体を持つわけで

注4　URL http://interstage.fujitsu.com/jp/shunsaku/
注5　以下(Wikipedia版)で「その他型」として分類されています。URL http://ja.wikipedia.org/wiki/全文検索 (last visited MAY 19, 2010)
注6　Suffix Arrayについては『WEB+DB PRESS』(Vol.50)、連載「Recent Perl World」の「Suffix Array(接尾辞配列)」で取り上げています。興味のある方はご参照ください。

はないので、そこが違います。

　Suffix型はそうして速く検索できるという算段です。ただ、第8回の課題の際、Trieで作ったデータ量が大きくなったことからもわかると思いますが、情報量が大きいので、理論的に検索可能になるだろうということはわかっても、このアーキテクチャのエンジンはなかなか実装できません。

　PFIのSedueはSuffix Arrayをかなり圧縮して持つことでこれを実現したところがすごい。Compressed Suffix Arrayというデータ構造です。ただSedue以外にはこういう実装を筆者は見たことがありません。

伊藤：FM-index[注7]というBlock Sortingで作ったテキストを圧縮する同じような手法を使って、Javaで書かれた検索エンジンがあったと思います。

　あるんですか。主流ではないかもしれませんが、あるそうです。

---

memo

Suffix型（その他型）
- 検索可能な形で検索対象全文を持つ
- Trie、Suffix Tree、Suffix Array
- 理論的には可能
- 情報量が大きい、実装が難しい

転置インデックス型

　最後に取り上げるのが、今の主流の転置インデックス型。転置インデックスは、簡単に言うと単語（term）とドキュメントを紐付けたものです。termやドキュメントとは何かは後で説明します。

　特徴としては、転置インデックス方式は、転置インデックスをドキュメントとは別に作らなくてはいけません。つまり、検索する前にインデックスを前処理で作らなくてはいけないのです。そのため、grepのようにドキュメントが改変されたらすぐ検索結果も変わる…といった実装はできませ

注7　URL http://www.di.unipi.it/~ferragin/Libraries/fmindexV2/

ん。できないというより工夫が要ります。
　したがって、即時性には優れていません。また、実装方法によっては検索漏れが生じます。ドキュメントの中には含まれている単語なのに、検索結果には出てこないといったことなどがあります。
　こう聞くと欠点ばかりですが、実際にはインデックスは圧縮することでコンパクトに持てるし大規模化もしやすい。また実装もそれなりの工数でできたりと、バランスが良いアーキテクチャです。だから、実システムの多くが採用しています。
　今回課題で作るのも、もちろん転置インデックスです。ここから、転置インデックスについてさらに詳細に見ていくことにします。
　ところで「転置インデックス」は、元は「Inverted Index」でそのまま日本語に訳して転置インデックスと呼ばれています。ほかにも転置ファイルと呼ばれたりもします。インデックス（索引）という言葉自体が「転置」の意味を内包しているから「転置インデックス」と呼ぶのは冗長だ…なんて小話があるそうです。

> **memo**
>
> **転置インデックス型**
> - termとドキュメントを紐付ける
> - バランスのよいアーキテクチャ
>   ➡実システムの多くが転置インデックスを採用
> - 即時性に優れない、検索漏れがあるなどの欠点も

Lesson 26
検索エンジンの内部構造

転置インデックスの構造 —— Dictionary+Postings

　Lesson 26では、転置インデックスの構造を見ていくことにしましょう。第9回冒頭でも話したとおり、転置インデックスの内部構造は大きくDictionaryとPostingsとの2パートに分かれてます。解説は、まず転置インデックスとは何かの例を見た後に、二つのパートを一つずつ分けて見ていくことにしましょう。

　では、さっそく転置インデックスの例として図9.3を作ってきました。上半分の**1**が検索したい対象ドキュメントだとします。各ドキュメントには番号が付いていて、左から、1、2、3、4...となってます。それぞれのドキュメントは文章を持っていて、図9.3の例でたとえば一番左は「はてなのマスコットであるしなもんは東京にいない」がドキュメントで、これらのドキュメントを検索したいわけです。

　ドキュメントをインデックス化したのが下半分の**2**です。インデックスの中で、左側の四角に並んでいる単語を"term"と呼びます。ここだったら、はてな、しなもん、京都、東京、北海道、kurainがtermです。このterm全

●図9.3　転置インデックスの例

1

doc1	doc2	doc3	doc4	doc5
はてなのマスコットであるしなもんは東京に居ない	北海道にすんでいたkurain	京都のしなもんにはたずねているkurain	はてなは創業9年目のベンチャーです	栃木県の名物はいちごです

2

term	postings
はてな	1, 3, 4
しなもん	1, 3
京都	3
東京	1
北海道	2
kurain	2, 3

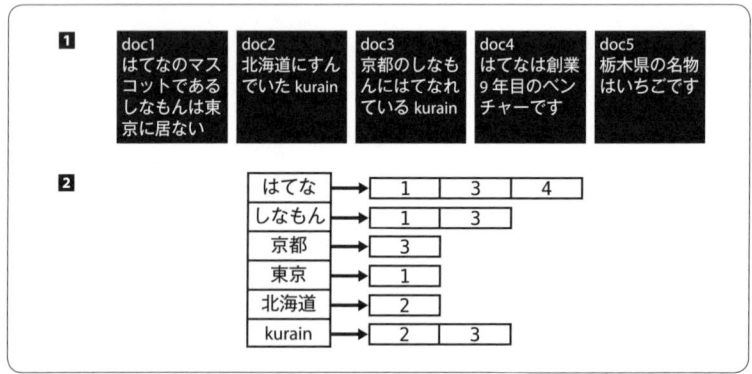

体、つまりtermの集合がDictionaryです。

　で、各termを含んでいるドキュメントは何番なんだろうというのが右側にある配列。これがPostingsです。1、3、4番めのドキュメントは、はてなという単語を含んでいるわけですね。

　したがってたとえば、この上に並んでいる5つのドキュメントから「はてな」を含んでいるドキュメントはどれかと思ったら、termの列、つまりDictionaryから「はてな」を探してきて、その「はてな」に紐付くPostingsを受け取る。するとPostingsの中には1番と3番と4番のドキュメントがあるのがわかります。これは、はてなという単語で検索したという行為そのものです。

　これが転置インデックスです。転置インデックス＝Dictionary＋Postings。「京都」で検索すると、3番にしか含まれていないとか、インデックスを見れば、すぐにどこのドキュメントにどの単語が含まれているかわかります。

　termは、ドキュメント中の単語であり、ドキュメントを検索できる単位です。転置インデックスはtermを含むドキュメントを即時に発見できるような構造になっています。

学生：左の単語はどうやって作るんですか？ ドキュメントから単語に変えるところはどうやって？

　ドキュメントから単語に変換する、すなわちDictionaryを構成するにはいろいろな方法があります。このあとすぐ出てくるので、そこで説明していきます。

> **memo**
>
> **転置インデックス**
> - termと ドキュメントの関連づけ
> - term
>   - ドキュメント中の単語
> - 転置インデックス = Dictionary + Postings
>   - termを含むドキュメントを即時に発見

Dictionaryの作り方 ——転置インデックスの作り方❶

　転置インデックスをどうやって作るかについて見ていきましょう。はじめにDictionaryの作り方を説明して、そのあとPostingsの作り方を説明していきます。

　Dictionaryを作る際には、先ほど質問があったように、termをどうやって選ぶかという問題があります。一つは日本語の単語、英語でもかまいませんが、言語の単語をtermとして扱う方法があります。どうやってその単語を見つけてくるかが問題です。これは、あらかじめ決めておいた辞書を使う方法と、第8回の課題で作ったAC法のようなもので単語を切り分ける方法と、また形態素解析を使う方法などがあります。もう一つが、単語ではなくてn-gramという手法で文字を適当な単位で区切って、これをtermとして扱う方法です。

　この2つの方法についてそれぞれ説明しましょう。

> **memo**
>
> **Dictionaryの構成**
> - 単語をtermとして扱う
>   - 辞書＋AC法で単語を切り分ける
>   - 形態素解析を使う
> - n-gramをtermとして扱う

言語の単語をtermにする2つの方法

　まずは、言語の単語をtermとして扱う場合について見てみましょう。このとき問題なのは、どうやって検索したい対象のドキュメントにその単語があるかを見つけるのかという部分です。英語だったら、多くの場合単語ごとにスペース区切りで文章が書かれているので、スペースで分割してあげればドキュメントは単語に分解できる。一方、日本語の場合はスペースがなくて、しかもどこに単語の分かれ目があるかわからないという問題があるので、どうしたらよいでしょうか。日本語の場合には先に見たとおり、❶辞書＋AC法を使う場合、❷形態素解析を使う場合が考えられます。

❶辞書とAC法を使う方法

❶辞書とAC法を使う方法ですが、この場合、辞書がその検索システムの単語空間になります。つまり、辞書に入っている単語しか検索できない。この辞書には何を使うか、ですが、たとえば、はてなキーワードは27万語くらいありますが、これで27万語で検索可能な検索エンジンになります。あるいは、Wikipediaが配布しているデータを使って、Wikipediaの見出し語だけを使って検索できるようにするという手もあります。Wikipediaは、講義時点2009年8月時点で60万語くらいありますで、たとえば、はてなキーワード＋Wikipediaの見出し語を合わせて使って100万語、かぶりがあるのでもう少し少なくなりますがその単語を対象にした検索エンジンが作れます。

先に紹介したはてなキーワードの「含む日記」機能は、はてなキーワードを辞書にして、はてなダイアリーの全ブログ記事から単語を抽出し、Dictionaryとしたシステムです。

❷形態素解析を使う方法（形態素を単語とみなしtermにする）

もう一つDictionaryの作り方として、❷形態素解析を使う方法があります。

形態素解析を使ったことある人はいますか？ 今だったらMeCabが有名がですね。MeCabを使ったことがある人は？

学生：（半数以上のインターン生が挙手）

おお半分以上いますね。形態素解析器は結構歴史がありまして、古くはNamazuで使われていたKAKASIとか、京都大学で作っていたJUMANとか、最近だとChasen、MeCabなどの形態素解析器があります。

形態素解析器は実際に何をするものでしょうか？ いろいろ機能がありますが、一番求められているのは「分かち書き」の機能です。たとえば以下の「すもももももももものうち」というテキスト、これを名詞や副詞に分割して「すもももももももものうち」から「すもも」「もも」などに品詞分解するのを分かち書きといいます。この分かち書きによって細かく区切られた各単語は「形態素」といいます。分かち書きによってテキストを形態素に分割し

ます。これが形態素解析器の大きな機能の一つです。

- **すもももももももものうち**
  - すもも　名詞
  - も　　　副詞
  - もも　　名詞
  - も　　　副詞
  - もも　　名詞
  - の　　　副詞
  - うち　　名詞

　このように形態素解析器は、文章を形態素に分けてその品詞を推定します。この品詞の推定をどうやっているかは実装にもよりますが、ほとんどの場合は内部で形態素解析用の辞書を持っていて、さっきの例だったら「もも」という単語が出てきたら、多くの場合「これは名詞だな」と辞書から判別します。形態素解析器の種類によっては辞書にない単語も予想できて、機械学習などでこの単語はここからここまでが1個の単語だと予想します。
　たとえば「ホリエモン」という単語は、近代になって出てきた単語なので「ホリエ」「モン」で切れるのか、それとも「ホリエモン」っていう1つの名詞なのかは辞書からはわかりませんが、それも予測できるものがあったりします。これは単語の並びを考慮に入れていて、名詞のあとには助詞がくる…ですとか、助詞と動詞の間に含まれているのは名詞かもしれないな…などのパターンを機械学習で学習させて、長いテキストのうちどこが名詞で、どこが動詞でどのくらいの長さの単語があって、というのを判別できるようにしているそうです。ちなみに、以下のようにはてなキーワードを辞書に追加すると、

- すもももももも　　名詞(漫画)
- もも　　　　　　　名詞
- の　　　　　　　　助詞
- うち　　　　　　　名詞

　形態素解析器の辞書は自分でカスタマイズしていくことができます。たとえば、はてなキーワードでMeCabをカスタマイズしつつ、チューニング

ではてなキーワード最優先で切り出すように調整していくと、さっきの「すもももも〜」は上記のように分解されて、最初の「すもももももも」が名詞で、次が「もも」という名詞になります。これは「すもももももも」という名前の漫画があって、その漫画がはてなキーワードに含まれているからです。

> **memo**
>
> **形態素解析**
> - 品詞を推定する
> - 辞書を持っている
> - 辞書にない単語も予測できる(物もある)
> - 単語の並びを考慮に入れる
> - 単語の並びを機械学習する(場合もある)
> - 辞書をカスタマイズできる

検索漏れ

　形態素解析の話はここまでにして、先ほどのDictionaryの話に戻りますが、形態素を使う場合のように単語をterm、先ほどのDictionaryの一つ一つの要素にすると、いわゆる「検索漏れ」の問題が起こる可能性があります。

　たとえば、「Gears of War」[注8]というゲームタイトルがあります。最近プレイ動画を見るのにはまっているんです(笑)。これの発売日が知りたいと思って、Googleで検索します。実際にGoogleで検索してわかったのですが、"Gears 発売日"でand検索すると、正しくGears of Warの発売日が出ます。これは「Gears」という単語がきちんとヒットするからですね。でも、"Gear 発売日"でand検索すると、メタルギア(*Metal Gear*)が出てきてしまう(笑)!ということが以前ありました。

　「Gears」という単語には、「Gear」という部分が含まれていますが、この部分が辞書にはありません。すると「Gears」という長いtermだけで、「Gears of War」のドキュメントは転置インデックスで紐付けられるので、「Gear」では引っかからないんですね。これは、妥当と考えることも不当と考えるこ

注8　URL http://gearsofwar.xbox.com/

ともできます。「Gears of War」とメタルギアは違うんだから、「Gear 発売日」で検索したらメタルギアは出てきて当然じゃないか、と考えてもいいし、いやでも「Gears」って言葉には「Gear」って部分語が含まれてるんだから、検索にはヒットするべき…と考えてもよい。これは検索エンジンの設計や思想によって変わってくるものです。

　ほかにも問題があって、問題というかこれは発展的な内容ですけれど、日本語でも英語でも、単語には活用がありますよね。最近出てきた動詞で「ググる」がありますが、これは「ググれ」と言ってもいいし、「ググって」と書いてもよい。たとえば「ググる」という単語がどういうふうに使われてるのかなと検索したときに、「ググる」で検索して「ググれ」「ググって」と書いてあるドキュメントもヒットさせた検索エンジンを作りたかったら、この活用された単語は全部同じものを指していると考えなければいけない。これは、英語でも発生する問題で、同じ単語から派生した単語がありますね。やはり、活用を考えなくてはいけません。日本語の場合、MeCabのような形態素解析を使うと、単語の大元になってる部分（原型や語幹と呼ぶ）がわかるので、たとえば「ググる」でも「ググれ」でも「ググって」でも、全部「ググる」の活用ですよとわかる場合もある。それをtermとしてDictionaryを作っていけば活用されている文章も1つの単語で検索できる場合があります。英語の場合も原型を求めるアルゴリズムや実装、たとえばStemmingやLemmatizerなどを使います。これは後ほど参考文献を紹介しますので、詳しく知りたい人はそちらを参照してみてください。

n-gramをtermとして扱う

　ここまでDictionaryを単語単位で作る方法について話してきました。もう一つの方法として、n-gramを使ってDictionaryを作る方法があります。

　まずはn-gramって何？ という話ですが、n-gramを扱ったことある人、n-gramと聞いてどんな構造か思い浮かぶ人は？

学生：（半数以上のインターン生が挙手）

　はい、ありがとうございます。n-gramはk-gramと呼ばれることもあります。n-gramはテキストをn字ずつ切り出したものです。たとえば、

abracadabraの3-gramだったら、abrとbraとrac...となります。

3文字ずつといっても、abrの次はacaではなくてbraです。わかりますか？abra ➡ abr、braと、1文字ずつずらしながら3文字の組みをどんどん作っていく。例として3文字にしました。この場合3-gramやtri-gramと書いて「トライグラム」と呼びます。abra ➡ ab、br、raと2文字単位にすることもできて、その場合2-gramやbi-gramで「バイグラム」と呼びます。

このn-gramで切り出した単位を、Dictionaryのtermとして扱う方法があります。図9.4が、先図9.3の例の転置インデックスをn-gramにしたものです。doc 1に含まれる「はてなのマスコットであるしなもんは東京に居ない」をn-gramのnを2にした場合、「はて」「てな」「なの」「のマ」「マス」「スコ」のように分割されます。この2-gramがどこのドキュメントに含まれてるか調べて、転置インデックスを作ったのが図9.4の**2**の例です。

クエリも同じルールで分割する

n-gramをDictionaryとして使う場合、クエリも同じルールで分割します。「はてな」で検索したい場合、クエリを「はて」と「てな」に分割します。この2語で転置インデックスを引くと、2つのPostingsが得られます。その結果両方に含まれる共通のドキュメント番号が「はてな」を含むドキュメントです。この両方に含まれるドキュメント番号を得る処理は「積集合を取る」などといいます。英語だと"intersection"です。

●図9.4　n-gram indexの例

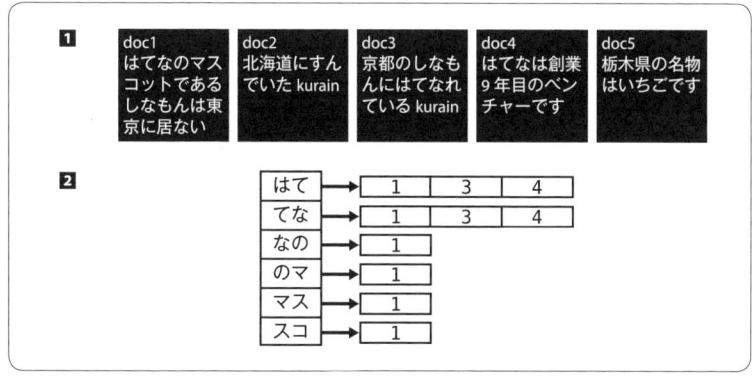

1

doc1	doc2	doc3	doc4	doc5
はてなのマスコットであるしなもんは東京に居ない	北海道にすんでいた kurain	京都のしなもんにはてなれている kurain	はてなは創業9年目のベンチャーです	栃木県の名物はいちごです

2

はて	1	3	4
てな	1	3	4
なの	1		
のマ	1		
マス	1		
スコ	1		

この例の場合、「はて」も「てな」も同じドキュメント番号列になってるのでおもしろみがありませんが、「はて」と「てな」の結果である1と3と4番の積集合をとって、やはり1と3と4番のドキュメントにはてなという単語が現れる...と検索できます。

n-gram分割の問題とフィルタリング

このようにクエリもn-gramに分割して検索しますが、n-gramではときどき誤った検索が行われてしまう問題があります。たとえば有名な「東京都問題」。「東京都」を2-gramで分割すると、「東京」「京都」に分割されますよね。で、「東京タワーと京都タワー」というドキュメントをインデクシングしたとする。これを"東京都"で検索すると、ヒットしてしまいます。でも、この検索結果は誤り。"東京都"で検索してるのに、ドキュメント内にはどこにも「東京都」という文字列はないわけですから。検索語を含まない結果を返す問題が起きたということになります。

この問題の回避をするため、普通は「フィルタリング」を検索結果の後に行います。実際に検索結果を走査して確認するというのがフィルタリングです。すなわち「東京タワーと京都タワーには、東京都は含まれてますよ」とn-gramインデックスは返しますが、本当に含まれているのか実際に返ってきた文書を調べると、どこにも"東京都"は現われないのでこの検索結果は誤りとして棄却することになります。

フィルタリングで誤りは排除できますが、返ってきた結果の全文を走査しなくてはいけないので、この東京タワーと京都タワーのように対象が小さければ全然問題ありませんが、結果が大きくなってくると先ほどのgrep型と同じだけの検索時間がかかってしまい、いろいろ問題です。

はてなブックマークの検索では、単語をベースにしてる転置インデックスと、n-gramをベースにした転置インデックスの両方を使ってます。タイトル、コメント、URLを対象に検索するときは、n-gramを使うほうが検索漏れがなく、しかもフィルタリングを行うのにも、タイトルとコメントとURLは、合わせても200とか300文字しかないのでフィルタリングが簡単にできます。一方、ドキュメント本文までこれをやろうとすると、フィルタリングに非常に時間がかかってしまうので、本文の検索にはn-gramは使

わずに単語ベースを使います。この2つのインデックスにクエリを投げて結果をマージする、という工夫をしてます。

> **フィルタリング**
> - 検索結果を走査して確認
> - 対象が大きいと計算量が大
>   - 対象が小さければ良い

再現率（Recall）と適合率（Precision）

先ほど「Gears of War」の話をしたときに、どのくらい、どのような結果が出てきたら妥当なのかという話がありました。これは検索システムを作った人や使ってる人の主観にも依存するところですが、もう少し定量的な評価をするための基準があります。再現率（*Recall*）と適合率（*Precision*）と呼ばれる基準です。これらは検索の妥当性の評価基準の一つで、どれだけの量、結果を返しているかが「再現率」で、検索結果として返したもののうちきちんと妥当なものが返せているかを「適合率」といいます。図9.5を見てみましょう。

図9.5では全体集合が、検索対象の文書すべてだとして、Aが検索結果、Bがその検索システムに潜んでいる適合している文書です。検索対象としてたとえば「はてな」で検索したらちゃんと「はてな」を話題にしている文書の集合をBとします。CはA∩B、つまり検索結果の中でも、きちんと正しい結果が入ってるものをCとします。このように定義したときに、適合率のほうはC/Aになります。

●図9.5　再現率（Recall）と適合率（Precision）

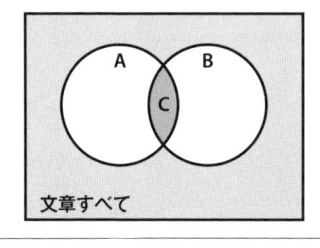

A：検索結果
B：適合している文章
C：A∩B

$$適合率 = \frac{C}{A}$$

$$再現率 = \frac{C}{B}$$

ぱっとは理解しにくい概念ですが、大雑把に説明してしまうと、再現率は、ドキュメント全体には「はてな」を含む文書があって、検索エンジンがそれのうちどれだけ検索結果を返せたか。たとえばシステム全体には1,000件「はてな」という文書が潜んでいるとして、「はてな」で検索したときにそこから何件結果を返却できたか。一方、適合率は、返した結果にどれだけ正しい結果が入っているか。検索結果がたくさん返ったときに、正しくないもの、いわゆるゴミも一緒に返したとします。このときゴミがいっぱい入ってる場合、Cの部分が小さくなるので、適合率は下がった状態になります。どうですか、わかりづらいですかね…。

伊藤：これ、僕説明すごく得意なんですよ。
　　　　ゲーセンで、クレーンのショベルでお菓子取るゲームあるの知ってる？チョコレートとか取れるやつ。この中に、チョコレート以外に酢昆布も入っているとします。

- **クレーンゲームの中身**

　　　■■□□□□■□　　■チョコ
　　　□■□□■■□□　　□酢昆布
　　　□■■□□□□□
　　　□□■□□□□□

伊藤：取る人はチョコレートが食べたい、酢昆布は食べたくない。つまり、チョコレートがアタリで酢昆布がハズレだとする。酢昆布好きな人ごめんなさいね(笑)。で、このときにプレーヤの満足度が上がるパターンを考えると2つあります。1つめのパターンが、この台に入ってるチョコは全部欲しいというパターン。とにかくたくさんチョコが欲しいパターン。

- **取った内容：プレーヤの満足度が上がるパターン❶のイメージ**

　　　■■■■■　　　➡■(チョコ)全部取った！(酢昆布も混じってるけど)
　　　■■■■□□
　　　■■■■□□
　　　■■■■■□□□

伊藤：2つめは、ハズレがなかった、つまりガッと取ってきたら、チョコ

レートだけだった、やった！という場合。酢昆布は見るのも嫌だから入ってて欲しくない！というパターンですね。

- 取った内容：プレーヤの満足度が上がるパターン❷のイメージ
  ■■■　　➡□(酢昆布)がなかった！(チョコだけ！)

伊藤：この２つのパターンがトレードオフになってるというのがRecall/Precisionの話です。まずチョコが全部欲しいっていうのは、台に入ってるチョコのうち何個取れたか、なのでこっちが再現率(Recall)のこと。で、ハズレがなかったというのが適合率(Precision)。で、再現率と適合率のどちらか一方を最大化するのは簡単です。再現率を最大にするには、チョコが全部手に入れば良いので、台に入ってるのなんとかして全部取り上げる。たとえば、というかクレーンゲームの台そのものを持っていけばいい。そんなことをしたら捕まりますけど(笑)。でもね、全部取ると、当然ハズレが入ってくるんで適合率が下がるんです。一方で、適合率を最大にするにはチョコ１個だけ取ればいいんですよ。そうすると当然、ハズレ＝酢昆布は絶対入ってこないことが保証されるので、これで満足いく。でもこれだと、他にも台にチョコがいっぱい残っちゃうんで再現率が下がりますよ。で、実用的な検索システムのことを考えると再現率、適合率のどちらか一方が高いだけというのは検索結果としてはふさわしくないのは直感的にわかりますよね。検索結果的には、対象の文書はたくさんあるけど、内50件くらい適当にとってきたら、その中にハズレが一切なかったというのが一番ベストなところ。ショベルでさくっと10個20個すくったら、酢昆布は一つもありませんでしたというのが満足度が一番高い。つまり、再現率と適合率にはトレードオフがあるのです。わかりましたか？(笑)

ありがとうございます。トレードオフがあるんだなというのが実感できてもらえたらいいなと思います。

検索システムの評価と再現率/適合率

この再現率/適合率を使うと、その検索システムに特定のクエリを入力

したときの性能を定量化することができますよね。このシステムは適合率は高いけど、再現率が低いね、とか。バランス良く結果を返せているけど、全体としては性能は低いね、とか。実際研究開発の世界では自分達が研究目的で作ったシステムの性能を評価する場合にこの再現率/適合率を使いますし、実システムでもここにトレードオフがあるということを知っていると、どっちか一方を犠牲にしつつチューニングするなんて方針が立てやすいので覚えておいて損はないです。

　形態素解析とn-gramの例でいくと、形態素解析のほうはヒットして欲しいものがヒットしないことがある、でも、意図しない結果が返ってくることは少ないというので、適合率が優先になります。一方、n-gramは検索漏れは発生しないけれども、意図しない結果が返ってくる（から、フィルタリングが必要）ということで再現率が優先されている、と考えられますね。

> **memo**
>
> **再現率と適合率**
> - 検索の妥当性の評価基準
> - 正しいものを返したか？
>   - 適合率＝正例の数／返した総数
> - 網羅的に返したか？
>   - 再現率＝正例の数／適合する総数

ここまでの小まとめ

　長くなってきましたので、ここまでを簡単にまとめておきましょう。検索エンジンにもいろんな種類があります。grep型と、Suffix型と転置インデックス型があります…といった話をしました。それぞれに長所と短所があって、今の主流はその中でも転置インデックス型です。転置インデックス型はDictionary＋Postingsという構造になっています。この転置インデックスを構成するのにもさまざまな手法が考えられて、たとえば、どのようにしてDictionaryを作るかという問題があります。今回は形態素解析もしくはn-gramをベースにする方法を解説しました。

Postingsの作り方 ──転置インデックスの作り方 2

では続きに戻ります。ここまでDictinaryの話をしてきました。次はPostingsの作り方を見ていきましょう。

復習すると、先ほどの図9.3 2の右側のほうの作り方の話をします。Postingsとは以下の例を見てわかるように、その単語を含むドキュメント番号、IDともいいますね。IDを持っている配列のようなものだと考えてよいでしょう。

・転置インデックスの例

Dictionary		Postings		
はてな	➡	1	3	4
しなもん	➡	1	3	
京都	➡	3		
東京	➡	1		
北海道	➡	2		
kurain	➡	2	3	

Postingsの構成にもいくつか手法があります。例では単純に文書IDだけを保持していますが、termがその文書内のどの位置に出現するかという、出現位置を保持する場合もあります。これは「Full Inverted Index」と呼ばれたりします。出現位置を持っていると何がうれしいかというと、スニペットを出すときに、この単語が文章中のどこに含まれているのかがすぐわかる。

ほかにもスコアリングでも役立ちます。「はてな」と「京都」でand検索したときに、はてなの京都に関する話が出てきてほしい。この場合、その文書では「はてな」と「京都」という単語が近くに出現しそうというのは直感的にわかりますよね。たとえば「はてなオフィスは京都にあります」といった文章。目的としている単語が近い位置にある、つまり単語間の近傍度でスコアリングをするときに、単語出現位置を使ったりします。Googleもやってるはずです。

あと、n-gramのときのフィルタリングをする場合にも使えます。2つの単語が位置的につながっていれば問題ないですよね。

> **memo**
>
> **Postings**
> - 出現位置も保持するもの
>   - Full Inverted Index
>   - スニペット、スコアリング、フィルタリングが容易
> - 文書IDのみ保持するもの
>   - Inverted File Index
>   - サイズが小さい、実装が容易

今回は出現位置を保持しない、文書IDのみを保持するタイプ

　今回はこの出現位置を保持しない、文書IDのみを保持するタイプをやっていきます。これをとくに、Inverted File Index（転置ファイルインデックス）と呼ぶ場合があります。両者の違いですが、当然出現位置を持たないほうがサイズが小さくて、実装も容易になります。

　出現位置を持たないと、最初に見たように、termに対応するドキュメントのIDが並んでる配列に過ぎないので、データ構造としては単純です。文書IDはソートしておく。ソートしてしまえば、昇順でも降順でも、とにかく単調増加/減少な整数列にできるので…そう、第6回の課題で登場したVB Codeで圧縮できますよね。

　そのような理由から、このPostingsの文書IDの圧縮には、VB Codeがよく使われます。そこそこ良い圧縮率で、高速に圧縮展開ができるから、という理由です。

　そう考えると、転置インデックスといのは、左側にtermがあって、右側には圧縮された文書IDのリスト（Postings List）のkeyとvalueになりますよね。Perlで考えれば、ハッシュのkeyとハッシュのvalueのようになってる。この構造はkey-valueストアに保存するのに向いています。

　最初に説明した、いろいろな検索エンジンは、この転置インデックスを保持するためのkey-valueストアを独自に持っていることが多いです。たとえば、Hyper EstraierであったらQBDM、最近できたLuxだったらLux IOというkey-valueストアを持っています。ブックマーク検索では、ここの部分を、Lux IOを借りて使ってます。今回、みなさんが実装するときは、とりあえずは、今説明したように、Perlのハッシュで実装してしまえば良く

て、termをキー、圧縮されたドキュメントIDの配列をValueとして持つ。そういうデータ構造でOKです。

伊藤：できる人は、key-valueストアとか外部ストレージにインデックスを保存できるようにしてもいいね。

メモリに載っているほうが速いのはありますね。

伊藤：そう。ただメモリに展開するだけだと、プログラムを最初に起動したときに必ずインデックスを構築しないといけないじゃない。外部ストレージにインデックスを退避できるようにしておくと、その処理が省けるから実用的でしょう。

---

memo

Postingsとデータ構造
- 文書IDの順
  - ソートする ➡ VB Code
  - そこそこの圧縮率と高速展開性能
- 構造：term => 圧縮されたPosting List
  - key-valueストアに向いている

以上、Postingsの説明でした。割と簡単な話だったので、あまり話すことはありませんでしたね。実際には、文書IDをどういう順番で文書に付与していくだけで論文になっていたり、圧縮もVB Code以外にさまざまな手法があったり、Postings一つ取ってもそれなりに奥深いのですが、基本は単純です。

これで、検索ができるまでで挙げた6つのうち、インデキシングと検索の部分については、大まかな説明が終わりました。

スコアリングについて補足

スコアリングについても少しだけ触れておきましょう。

最初に話したように、検索結果をどのような順で表示するのかはかなり重要なことです。この順位は、その検索エンジンをユーザが使いたいか使

いたくないかに直結していますね。

　過去の検索の歴史の中で、「ドキュメントの重要性」を考慮してランキングを付けたのはGoogleが初めてでした。他のサーチエンジンは、もう少し違うところに着目してランキング付けを行っていました。このGoogleのランキングアルゴリズムがPageRankです。特許とかもありますが、その手法が論文などで一応公開されました。

　ただ、PageRankだけで今のGoogleが動いているわけではありません。さっき言ったように、検索語の2つの検索語の出現位置とか、それ以外にもたくさん、本当にいろんなアルゴリズムを使って検索結果のランキングを決めているようです。

　検索順位のランク付けを決めるには色んな手法が考えられて、たとえば検索した単語がドキュメントの中でどれくらい重要性を持っているかを計る、「はてな」という単語がこのドキュメントの中では重要度が高いなと思ったら、そのドキュメントの順位を上げるというようなこともできますね。そのときは指標としてTF/IDF[注9]を使ってもいい。あとは、検索語集合、まあ検索語がいっぱい与えられたときに検索対象のドキュメントに含まれている単語の列を見て、この文章と与えられた単語列が似てるかもしれない…と計るとか。ほかにはPageRank的にリンクフィードバックを利用するなど、とにかくいろいろな方法が考えられます。これはこれでおもしろい内容なので、興味がある人は参考文献（後述）を参考に深掘りしてみてください。

参考文献

最後に、参考文献を紹介します。

❶『Algorithms on String』（Maxime Crochemore／Christophe Hancart／Thierry Lecroq著、Cambridge University Press、2007）

❷『Introduction to Information Retrieval』（Manning D. Christopher ／Raghavan Prabhakar／Schütze Hinrich著、Cambridge University Press、2008）

❸Ian H. Witten／Alistair Moffat／Timothy C. Bell著『Managing Gigabytes』

注9　Term Frequency/Inverse Document Frequency。単語の出現頻度と逆出現頻度。

（Morgan Kaufmann、1999）
　❹各検索エンジン（前出）の技術資料

　本書第6回ですでに登場している❷『Introduction to Information Retrieval』は2009年8月時点ではてなでも輪講してる本です。2008年とこの分野の本としては比較的新しいですが、今回話した内容プラス、検索エンジンに必要な内容を網羅的に扱っていて良い本なので、興味がある人は読んでみてください。❶『Algorithms on String』は、KMP法やBM法、そのあたりの、テキストをどうやったら早く検索できるとかいう話を網羅的に扱った本になります。これもなかなかおもしろい本です。❸『Managing Gigabytes』は、id:naoya（伊藤）が勉強会で読んでいる本で、1999年でちょっと古いですがこれも検索エンジンの内部構造を扱っています。

伊藤：『Managing Gigabytes』はデータ圧縮と検索エンジンの手法を包括的に解説しています。圧縮と検索エンジンはだいぶ違う分野に見えるけど、実は両方かなり密接に関わっているのがよくわかっておもしろいです。というか検索の本だと思って読んでみると、冒頭いきなりデータ圧縮の話で始まってね。なかなか硬派な本です。

　と、いろいろ本がありまして。文書検索とか大量データを扱うときについて調べたかったらこのへんを当たると良さそうです。

伊藤：最近は『Search Engines：Information Retrieval in Practice』（Bruce Croft／Donald Metzler／Trevor Strohman 著、Addison Wesley、2009）という本が出ていて、著者としてYahoo!の人も参加しているそうで、一部内容はIIRと似てますが平易でなかなかの良著だそうです。

　ここに挙げたのはすべて英語ですが、各検索エンジンの技術資料には日本語で読み物としておもしろいのが多いです。たとえばSennaやHyper Estraierのサイトに行くと、学会やカンファレンスで発表した資料が残っていて、それを読むだけでも実装について細かい説明が載っているのでなかなかおもしろいですよ。

第10回
[課題] 全文検索エンジンの作成
基本部分、作り込み、速度と精度の追求

講師　倉井 龍太郎、伊藤 直也

大規模データ処理の定番技術
検索エンジン開発にチャレンジ

　第10回では、実際に課題を通じて検索エンジンを実装してみることにしましょう。

　前回第9回では検索エンジン作りを目標にして、検索エンジンの分類やその定番である転置インデックスの構造を見てきました。転置インデックスはDictionary＋Postingsで構成されていて、Dictionary、Postingsそれぞれの詳細についても見てきました。検索エンジンと聞くと一見難しそうですが、内部を紐解いていくとPerlのハッシュのようなデータ構造でひとまずは実現できる程度の、簡単な構造になっていることがわかったと思います。

　大規模データを対象にした場合はもちろん、そこからいろいろと発展させていく必要はあるものの基本部分は同じです。これらの基本が頭に入っていれば、応用のときにも勘が働きやすくなるでしょう。

　その第一歩が第10回です。はてなブックマークの全文検索機能を題材に、転置インデックス型の検索エンジンを作る課題です。開発を通して、まずは基本部分を作り、応用に向けて徐々に作り込みを重ねていく流れを学んでほしいと思います。

> **memo**
> **全文検索エンジンの作成**
> ・[課題]はてなブックマーク全文検索を作る（→Lesson 27）
> ・回答例と考え方（→Lesson 28）

Lesson 27
[課題]はてなブックマーク全文検索を作る

全文検索エンジンの開発

* [課題]はてなブックマークに投稿された直近1万件のエントリを対象にした全文検索を作る
  - 対象は直近1万件のエントリ
  - 検索語を含むエントリを返す
  - 返す内容はURL、タイトルを含むこと
  - スニペットも表示できれば
  - 投稿日付順にソート

大まかには、以上が課題内容です。これに加え、進度に合わせて、

- 検索の作り込み：AND/OR検索に対応、カテゴリでの絞り込みに対応
- 速度と精度を追求：実用的な検索速度、検索漏れやfalse-positiveを回避

といったことができればよいと思ってます。

課題内容

　課題内容は、マイブックマーク検索と同じようなものを作ってみよう！です。直近1万件のエントリ、つまりブックマークの投稿のデータを講師陣のほうで用意しますので、これを対象として検索語を含むエントリを返すようなプログラムです。データには、各エントリの本文を抽出したデータが入ってます。なので、タイトルやURLだけでなく、本文に検索語が含まれているかどうかもチェックして、ヒットするエントリを返してください。

　検索結果としては、エントリのURLとタイトルを返すように。「はてな」で検索したら、誰かのはてなダイアリーがURLとタイトルで返ってくる…そういうシステムですね。余裕がある人は、スニペットの表示にもチャレンジしてみてください。スニペットを表示しようとすると、講義で述べた

ように、転置インデックスに単語出現位置を入れたりする必要があるので、結構時間がかかるかもしれません。おもしろいとは思うけど、大変かも。

検索結果のソート順ですが、スコアリングについては前回の解説は触り程度だったので、投稿日付順にソートされていればOKです。最新から5件や10件で表示できればOKです。

課題が解けると何がいいの？

この課題の出題意図ですが、もういいですよね。大規模データを対象に全文検索を作ることができれば、RDBMSの限界を突破したりと、いろいろな応用が効く。まずはその足がかりとして、転置インデックス型の簡単な検索エンジンを作ってみて、その基礎を学ぶ…といったところです。

サンプルデータの形式とデータサイズ

お渡しするサンプルデータには

❶ URLやタイトルなどエントリの基本データが10,000件分記録されているテキスト
❷ 各エントリの本文テキスト10,000ファイル

の二つが同梱されてます。基本データのほうは、

```
15283314    4    http://www.yomiuri.co.jp/feature/20090811-247096/news/20090811-OYT1T01075.htm    焼津市、西へ2センチ移動:静岡沖地震:特集:YOMIURIONLINE（読売新聞）
15283313    4    http://www.excite.co.jp/News/magazine/MAG7/20090812/47/新聞・テレビは死ぬのか「迷走するメディア経営」?大スポンサーとの関係|エキサイトニュース
…
```

という形式になっていて、左からタブ区切りで、

- エントリID（eid）
- カテゴリID（category_id）
- URL（url）
- タイトル（title）

となってます。エントリIDは、エントリをユニークに識別するIDで、この値が大きいものほど新しいエントリです。カテゴリIDについては後で説明します。このテキストは10,000件分で1.4MB程度ですので、それほど大きくはありません。本文データは、10,000件で55MBで、こちらもそれなりのサイズですね。

これがはてなブックマーク全体を対象にすると、3,000万件超になってくるので、ギガバイト単位になってきて扱いが難しくなってきます。

今回は、検索エンジン開発のほうに集中したいので、このそれなりのデータサイズでやってみようと思います。

辞書の構成 ── Dictionary、Postings

実際に辞書となる転置インデックス、何度も繰り返し述べてきたDictionary＋Postingsを作るのが課題です。

Dictionaryは、n-gramではなく単語をベースにしたDictionaryを作ってください。このとき、どのように本文データからtermを抽出したらよいかですが、前回の課題で作ったAC法の実装を使ってもいいし、形態素解析器のMeCabを使ってもかまいません。おそらくMeCabのほうがメモリも使わず高速に動作すると思いますが、AC法を使って実装するとすべて自分で作った喜びが味わえるでしょう。

Postingsの圧縮は、第6回の課題で作ったVB Codeの実装を使ってください。第6回の課題では圧縮したデータをファイルに書き出す必要があったと思いますが、今回はファイルに書き出すのではなくメモリ上に保持して、それを使って検索します。そのように、第6回の実装を書き換えて工夫してみてください。

インタフェース

アプリケーションのインタフェースは、以下のとおり、

- コマンドラインから起動
- 対話的なインタフェース

で検索できるようにしてください。

UNIXのコマンドラインからsearch.plなどとして起動すると、検索を受け付けるようになって、「はてな」と入力すると、はてなダイアリー…URLはこれこれ、と検索結果を返してくる形（図10.1）で、結果に何件表示するかは自分で決めてくれてOKです。この辺り、オプションで設定できるとか細かい工夫は歓迎しますので、好きなように作ってください。

基本部分＋作り込み

以上の構成で、基本部分は作れると思います。以下の3つの点で作り込んでみてもらえたらと考えています。

- 全文検索を作り込もう
- and、or検索ができる
- カテゴリによる絞り込みができる

基本部分が動いたら、全文検索を作り込みましょう。おそらく作り込みの過程で、データ構造に手を加えたりする必要が出て来ますが、その作業

● 図10.1　インタフェース

```
eid␣category_id␣url␣title  ◀データ形式
   \t          \t  \t

$ search.pl
> はてな
:: はてなダイアリー   ◀検索結果は最低10件
:: http://~
```

を通じて理解が深まると思います。

　作り込みの次のステップとしては、AND検索やOR検索をできるというのがありますね。AND/OR検索はクエリのパーシング（*parsing*）が少しめんどくさいです。ここは本質的でもないし、妥協してもかまいません。たとえば、スペース区切りはAND検索決め打ちという仕様にして"**はてな　倉井**"というクエリはすべてAND検索扱いにするとか。この辺りの仕様は、自分が実装しやすい方法で作ってください。

　もう一つ作り込んでみてほしいのは、カテゴリによる絞り込みですね。今回お渡しするデータには、各エントリのはてなブックマーク上でのカテゴリのIDも入っています。カテゴリは、たとえば政治・経済とか、コンピュータ・ITとか。それぞれのカテゴリにIDがありますが、それがエントリごとに振られています。

　このカテゴリIDを使って「カテゴリIDが1番で"**はてな**"を含むエントリを検索」といった絞り込みもできるようにしてみてください。それからカテゴリIDを指定するインタフェースは、コマンドラインオプションのほか自分で好きなように実装してみてください。

速度と精度で勝負

　余裕がある人は、速度と精度でゲーム的なことをしましょう。サンプルクエリ、100くらいのワードの検索語をこちらで指定しますので、そのクエリを入力に与えて自分で作った検索エンジンシステムを評価してください。

- 速度と精度で勝負
- サンプルクエリに対する検索結果の上位5件を評価
    - 検索時間
    - 精度（検索漏れ、false-positive）

　評価項目は、まずは検索時間。たとえば100個のサンプルクエリを投げたときに、全部の検索結果を返すのに何秒かかったかをチェックします。

　もう一つの評価項目は精度です。検索結果上位5件について評価しよう

第10回　[課題]全文検索エンジンの作成 —— 基本部分、作り込み、速度と精度の追求

と思っています。その上位5件が検索漏れを起こしてないか、本当は日付順に並べたら出てこなければならないエントリがあるのにそれが抜けていないか、あるいはfalse-positive（本来出てくるべきではない誤った検索結果）を返すことがないか、これらで精度のチェックをしたいと思います。

　最終的に、採点時にはみなさんの作った実装の検索時間の順位と精度の順位を足して、総合の順位も付けられたらと思います。

　さて、課題の配点ですが、検索エンジンを作ってみようという基本部分で6点。要するに、検索できたらとりあえず合格にします。きちんと動作してることが2点、ちゃんとコードが読めることが2点。高速性を要求してるので、ある程度くらいならコードが汚いのは今回の課題に関しては気にしなくてかまいません。

Lesson 28
回答例と考え方

回答例

　図10.2が回答の実行例です。ここでは転置インデックスを作ってディスクに書き出すindexer.pl（図10.2❶）と、そのインデックスをロードして対話プロンプトで検索するsearcher.pl（図10.2❷）の2つのスクリプトを作りました。searcher.plではスニペットも出力するようにしてみました。検索はとりあえずクエリ1語での検索のみ受け付ける実装で、AND/OR検索は実装していません。

indexer.plの実装

　まずindexer.plの実装から見てみましょう（リスト10.1）。
　大まかな流れとしては、入力に与えられたデータを読み取り、そこから

● 図10.2　実行例

```
❶基本データファイル（10000entries.txt）と
　本文テキストのディレクトリを指定してインデクシング
% perl indexer.pl 10000enries/10000entries.txt 10000entries/texts

❷同様に引数を与えて、検索
% perl searcher.pl 10000entries/10000entries.txt 10000entries/texts
docs: 10000 at searcher.pl line 25.
now index lodaing at searcher.pl line 26.
terms: 194179 at searcher.pl line 30.
> Google
[15271525] Agiledevelopment,startupsandgovernmentpolicy-JoiIto'sWeb
http://joi.ito.com/weblog/2009/08/11/agile-developme.html

"When I visited Chicago last, John Bracken and Brian Fitzpatrick aka
Fitz from Google organized a very interesting meeting with people from
The MacArthur Foundation, Google and various communities including "
...
```

第10回　[課題]全文検索エンジンの作成 —— 基本部分、作り込み、速度と精度の追求

● リスト10.1　indexer.pl

```perl
#!/usr/bin/env perl
use warnings;
use strict;

use FindBin::libs;

use List::MoreUtils qw/uniq/;
use Array::Gap;
use Path::Class;
use Text::MeCab;
use Storable qw/nstore retrieve/;
use Encode qw/decode_utf8/;

die "usage: $0 titles_file text_dir" if @ARGV != 2;

my $title_file = $ARGV[0];
my $text_dir   = $ARGV[1];

## 基本データファイルからタイトル、URLなどを読み取る
my %titles;
for my $line ( file($title_file)->slurp ) {
    chomp $line;
    my ( $doc_id, $cat_id, $url, $title ) = split "\\t", $line;
    $titles{$doc_id} = $title;
}

## MeCabで全文書を形態素解析、転置インデックスを作る
my $mecab = Text::MeCab->new;
my %main_index;
for my $file ( dir($text_dir)->children ) {
    my $doc = $titles{$file->basename} . $file->slurp;

    for (my $node = $mecab->parse($doc);$node; $node = $node->next) {
        my $key = decode_utf8 $node->surface;

        if ( my $arr = $main_index{$key} ) {
            push( @$arr, $file->basename,);
            $main_index{$key} = $arr;
        } else {
            $main_index{$key} = [ $file->basename ];
        }
    }

};

## 転置インデックスのPostingsListをArray::Gapで圧縮
for my $key ( keys %main_index ) {
    $main_index{$key} = Array::Gap->new( [ uniq sort @{$main_index{$key}} ] )->bin;
}

## インデックスをStorable（シリアライザ）でディスクに書き出し
nstore \%main_index, 'index.data';
```

転置インデックスを作っています。DictionaryはText::MeCabを使って、MeCabによる形態素解析で済ませました。つまり、形態素ベースの辞書です。

転置インデックスは、Perlのハッシュで作っています。Postings Listの圧縮は例によって差分を取ってVB Codeなのですが、ここでは敢えて、ライブラリでもできるよ、という例のためArray::Gapというライブラリを使ってみました。これは講師伊藤が作った、整数列をVB Codeで圧縮するライブラリです。以下のURLに詳しい解説があります。

- Array::Gap（naoyaのはてなダイアリー）
  URL http://d.hatena.ne.jp/naoya/20080906/1220685978
- naoya's perl-array-gap at master（GitHubからダウンロードして利用可能）
  URL http://github.com/naoya/perl-array-gap

転置インデックスが構築できたら、PerlのStorableというシリアライズ/デシリアライズライブラリを使ってディスクにハッシュを書き出します。Storableを使うと、ハッシュのデータ構造をバイナリでディスクに書き出して、別のプログラムからそれをロードするなどができて便利です。

searcerh.plの実装

次はsearcerh.plの実装です（リスト10.2）。入力で与えられたデータファイルを読み取りつつ、indexer.plで作ったインデックスファイルをロードします。ロードされた転置インデックスは、そのままPerlのハッシュとして使えます。

検索用のインタフェースは対話プロンプトとして提供しますが、その実装のためにTerm::ReadLineを使いました。

転置インデックスから検索、というと難しく聞こえるかもしれませんが、実際にはハッシュに対してキーに検索クエリを与えるだけ。キーに対応する値が圧縮されたPostings Listなので、それをArray::Gapで展開します。これで文書ID一覧が手に入るので、あとはテキストファイルと照合しながら、出力のフォーマットを整えてやればOKです。

第10回 [課題]全文検索エンジンの作成 —— 基本部分、作り込み、速度と精度の追求

スニペットを表示するのは、今回は簡単のためその場でテキスト中でクエリがヒットする箇所を探すように実装しました。実用的なシステムでは、転置インデックスに検索語の出現位置を記憶させておいて、クエリのヒット位置はその場で探さずに速度を稼ぐ方がベターです。

● リスト10.2　searcher.pl

```perl
#!/usr/bin/env perl
use warnings;
use strict;
use FindBin::libs;

use Path::Class;
use Storable;
use Encode qw/encode_utf8 decode_utf8 find_encoding/;
use Term::ReadLine;
use Term::Encoding qw/term_encoding/;
use Array::Gap;
use utf8;

die "usage: $0 titles_file text_dir" if @ARGV != 2;

my $title_file = $ARGV[0];
my $text_dir   = $ARGV[1];
my %titles;

## 基本データファイルからタイトル等を読み取る
for my $line ( file($title_file)->slurp ) {
    chomp $line;
    $line = decode_utf8( $line );
    my ( $doc_id, $cat_id, $url, $title ) = split "\\t", $line;
    $titles{$doc_id} = {title => $title, url=> $url};
}
warn sprintf "docs: %d", scalar keys %titles;
warn "now index lodaing";

## 転置インデックスをメモリにロード
my $data = retrieve './index.data';
my %index = %$data;
warn sprintf 'terms: %d', scalar keys %index;

## Term::ReadLineで対話プロンプトを起動
my $term    = Term::ReadLine->new('');
my $prompt  = '> ';
my $enc     = find_encoding( term_encoding );
my $limit   = 5;

while (my $input = $term->readline($prompt)) {
    $input = $enc->decode($input);

    ## 転置インデックスから検索
    if ( my $data = $index{$input} ) {
        ## PostingsList ($arr) を取得、結果表示
        my $arr = Array::Gap->new( $data )->as_array;
```

Lesson 28 回答例と考え方

改善できるところは?

今回は、回答例ということで簡単な実装で済ませましたが、改善していくとしたら以下のような箇所が挙げられるでしょう。

- AND/OR検索を実装する
    - ➡ AND/OR検索を実装するには、クエリを解析して複数のクエリ語を得たら、

(続き)

```perl
        my $message = '';
        my $res_size = @$arr;
        if ( $res_size > $limit ) {
            $arr = [ @$arr[0..$limit-1] ];
            $message
                = sprintf "Results 1 - %d  of about %d for %s\\n",
                    $limit, $res_size, $input;
        }

        for my $doc_id ( @$arr ) {
            my $res = sprintf "[%d] %s\\n%s\\n\\n\"%s\\\"\\n\\n\\n",
                    $doc_id,
                    $titles{$doc_id}->{title},
                    $titles{$doc_id}->{url},
                    &snipet($input, $doc_id);
            print encode_utf8 $res;
        }
        print encode_utf8 $message;
    } else {
        print "No Match\\n";
    }

    $term->addhistory($input);
}

## スニペット表示
sub snipet {
    my ($word, $doc_id) = @_;

    my $doc = dir($text_dir)->file($doc_id)->slurp;
    $doc = decode_utf8 $doc;

    my $pos   = index($doc, $word);
    my $wlen  = length $word;
    my $start = $pos - 100;
    $start    = 0 if $start < 0;

    my $res = substr($doc, $start, $wlen + 200);
    $res =~ s/\\n//g;

    return $res;
}
```

第10回 [課題]全文検索エンジンの作成 — 基本部分、作り込み、速度と精度の追求

それぞれのクエリ語に対応する Postings List を取得する。AND 検索の場合、その複数の Postings List に出現する共通の文書 ID を抽出、つまり複数 Postings List 間で文書 ID の積集合を取る。OR 検索では、和集合を取る。整数列から積集合/和集合を取るための効率的なアルゴリズムは、Lesson 26 の最後に挙げた参考文献などに詳しく記載されている

- **searcher.pl で、検索語も分解する**
    - ➡ 今回は AND/OR 検索をサポートしていないので、検索語はそのまま転置インデックスに放り込んでいる。実際にはクエリ語も形態素解析してから転置インデックスで探索する方が、精度は向上するだろう

ほかには、以下の部分の実装などにチャレンジしてみてもおもしろいと思います。

- 形態素解析でなく、n-gram 方式に変更してみる
- 転置インデックスに単語出現位置を記録して、スニペット表示に役立ててみる

Lesson 28 回答例と考え方

Column
Twitterのスケールアウト戦略
基本戦略とサービスの特徴に合わせた戦略

　第4回の講義では、DBのスケールアウト戦略について取り上げました。今、DBの分散、スケールアウトと言えば、気になるのはやはりTwitter（http://twitter.com/）がどのようにその負荷分散を行っているかでしょう。2010年4月に開催されたQCon Tokyo 2010でその舞台裏が「中の人」、Nick Kallen氏により紹介されていました。

- 「秒間120万つぶやきを処理、Twitterシステムの"今"」（@IT）
  URL http://www.atmarkit.co.jp/news/201004/19/twitter.html

　本書本文中では、データをメモリ内で処理できるように、パーティショニングなどでデータ分割を行って調整を行っていうのがその基本であることを繰り返し述べています。上記の記事を見る限り、Twitterも同様の方法でMySQLをスケールさせているようです。現時点では何か特殊なストレージを使っているわけではなく、MySQL＋memcachedにパーティショニング...という同様の基本方針です。はてなに比べて、世界中にユーザーを抱えるTwitterの規模は比較にならないくらい大きな規模に思えますが、その規模になっても基本戦略は変わらないというのは興味深いですね。

　なお、TwitterはユーザIDでのパーティショニングでなく、つぶやきの投稿日時を軸に、時間軸でのパーティショニングを行っているとか。そのほか、fan outと呼ばれるメール配送に似たアーキテクチャをMySQL＋memcachedで採用して一部の機能をリアルタイム性を失うことなく実現している、なんて話も紹介されています。今後はApache Cassandra（カサンドラ）（http://cassandra.apache.org/）というFacebookが開発した新しいアーキテクチャのストレージの採用も検討しているようですね。

第11回
大規模データ処理を支える サーバ/インフラ入門
Webサービスのバックエンド

講師 田中 慎司

テーマは、はてなのインフラストラクチャ
第11回～第15回に向けて

　第11回の講義のスタートです。長かった講義も2/3が終わり、残りは5回。ここからは技術解説が中心で課題はありませんので気楽に進めましょう。

　第11回～第15回の講義のテーマは、はてなのインフラストラクチャ。第1回の講義内容と一部重複する話もありますが、もう少しブレイクダウンした話、もう少し低レイヤの話もしますので、そのあたりを意識してみてください。

　まず第11回では、そもそもWebサービスがそのインフラに何を求めるのかについて話をして、はてなのインフラがどういう特徴を持っているかを説明していきます。続いて各種技術の解説へ入り、第12回では各種技術を結集してスケーラビリティをどうやって高めるか、第13回では冗長性をどのように確保するかを扱い、第14回ではシステムの効率をどうやって向上させるか考えます。そして、最後第15回ではシステムを支えるネットワーク周りの話を見ていくことにしましょう。

　第11回は、エンタープライズとWebサービス、クラウドと自前インフラなど、いくつか比較をしながら、はてなインフラの特徴を見ていくことにしましょう。

---

memo

はてなのインフラストラクチャ
- Webサービスのインフラの特徴と、はてなの特徴（➡第11回）
- 各種技術
    - スケーラビリティ（➡第12回）
    - 冗長化（➡第13回）
    - 効率向上（➡第14回）
    - ネットワーク（➡第15回）

Lesson 29
エンタープライズ vs. Webサービス

エンタープライズ vs. Webサービス ——応用範囲に見る違い

　はじめに、みなさんに質問です。世の中で「情報システム」と言うと、市場規模としてはいわゆる「エンタープライズ」と呼ばれる領域が圧倒的に大きく、一方の「Webサービス」はここ10年くらいで立ち上がってきたものです。現在では、Webサービスもそれなりの規模になりつつも、全体から見るとまだまだマイナーな領域だと感じます。また、情報システム分野の中で、エンタープライズ領域で求められるものとWebサービス領域に求められるものはかなり違います。

　実際、どのような違いがあるかはわかりますか？　たとえば、どのようなイメージがありますか？

学生：エンタープライズだと、システムが落ちると致命的というか人の人生を左右してしまうようなイメージがあります。

　そうですね。そういった、人のお金とか命とかそういったのに関わる領域が多いというのがエンタープライズの特徴の一つです。システムとして実現するものの対象領域の違いによって内部に求められる要求条件も変わってきて、それらが実際の細かい技術にも反映されてくるわけですね。続いて、それぞれの応用範囲と実際を少し具体的に見ていきましょう。

Webサービスの特徴 ——エンタープライズとの比較

　両者の特徴をざくっと表11.1にまとめました。エンタープライズとWebサービスの違い、Webサービスの特徴を見ていきましょう。

　まず表11.1の❶トラフィックについては、エンタープライズ系では極めて巨大な規模になることは稀ですが、Webサービスの場合、とくにグローバルで展開しているようなサービスでは、凄まじいトラフィックが発生す

る可能性があります。たとえば国内ではニコニコ動画[注1]が典型的な例です。ニコニコ動画単独で日本のインターネットトラフィックの数％を占めており、相当の存在感があります。このように、トラフィックという点ではWebサービスのほうが大きくなっています。

次に表11.1の❷成長度合い、すなわち成長スピードについてです。エンタープライズではリアルビジネスと連携しているのでそれほど急激に成長することはあまりありません。たとえば電話のネットワークがいきなり前年比100％増になるとか、そういった時代ではないし銀行の口座の数が前年比数十％増とかそんなことはほとんど起きません。エンタープライズ系では成長がある程度限定されていて、成長する際にも着実に増えていくという傾向があります。一方、Webサービスの場合は爆発的に成長する可能性があって、前年比100％増、200％、300％ということも珍しくありません。昔に比べると、Webサービスも徐々に成熟しつつあり、そこまでの爆発的な成長をするサービスも割合としては減っていますが、エンタープライズ系と比べるとまだまだ成長速度は圧倒的です。

そして、表11.1の❸の信頼性。エンタープライズでは「死守」と書いてありますが、障害が発生してデータが失なわれたりすると、実際にお金が消えることもあります。そのため、もし障害を発生させてしまうと被害者から損害賠償請求をされたり、人の命が救えるものが救えなかったりする、という事態にもなりかねません。そういった意味で非常に高い信頼性を求められます。しかしWebサービスは最近は有料サービスも増えてきていますが、それほど人命やお金に直接関わるものは少なく、とくにブログやソーシャルブックマーク、Twitterのようなミニブログでは、仮に一時的に見られなかったとしても「ちょっと待ってね」（言わなくても済むにこしたこ

● 表11.1　エンタープライズ vs. Webサービス

	エンタープライズ	Webサービス
❶ トラフィック	それなり	たくさん
❷ 成長度合い	そこそこ	爆発的
❸ 信頼性	死守	99％
❹ トランザクション	多用	それほど使わず

注1　URL http://www.nicovideo.jp/

とはありませんが）と言うことができ、信頼性にはそこまで高いレベルが要求されないという特徴があります。

最後に、表11.1の❹としてトランザクションを挙げました。❸は広くサービスの信頼性の観点でしたが、❹はDBの話です。エンタープライズでは、データとデータの整合性をきっちり維持しなくてはいけません。たとえば、ある口座からお金を引き落としてある口座に移動するときに、片方から引き落としたが片方は増やしてないとか、片方は増やしたが片方は引いてないとか、そういった不整合が発生すると金銭的な損害が発生してしまい、非常に大きな問題となります。そのような問題を避けるために、DB処理においてトランザクション処理を多用して、整合性をきっちり担保しながら処理していきます。しかし、Webサービスでは、一時的に整合性が一致していないことも許容する処理にすることもあります。たとえば、ブログを投稿した後にRSSリーダーで捕捉されるまでにタイムラグがあることは珍しくありません。このように短期的にデータの整合性が失われてもごめんなさいと言ってしまったりもします。その代わりコストを下げたり、少ないサーバ数でトラフィックがたくさん出たりするようにする設計にします。このように、そもそも応用が異なることからシステムへの要求条件に違いが出てきます。

Webサービスのインフラ ── 重視される3つのポイント

Webサービスのインフラで重視されるのは、どのような点でしょうか。ポイントを3つ挙げます。

第一に低コスト、高効率。そこが重視されます。しかし、単に低コスト、低コストと唱えていても実際にはコストは下がりません（笑）。そのために何か犠牲にしなくてはならないなどのトレードオフがあるのですが、一番わかりやすいのは100％の信頼性は目指さない。もちろんコストをかければいくらでも…いくらでもと言っても限界はありますが、相当高い信頼性は求めることができますが、そこは敢えて割り切ってむしろコストを下げて効率を高めていく方向に振っています。サーバなどのコストについては追って触れます。

第二のポイントとしては、スケーラビリティや応答性などに対する設計を重視する。サービスの成長スピードがわからないとか、ユーザエクスペリエンスのためにサービスの応答性が大事ということもあります。そのため、100%の信頼性を求めるよりも、将来的にしっかりスケールすること、99%の時間帯は良好な応答があるようにすることなどに、技術的に重点を置く設計が重要になります。とくにインフラを語る上では外せないスケーラビリティについては、後ほどノウハウを交えてしっかり取り上げます。

最後に第三のポイント。Webサービスでは、サービス仕様がころころ変わるということがあります。はてなダイアリーやはてなブックマークなどでは機能追加が頻繁に行われており、それに柔軟に対応していけるインフラでなければいけません。エンタープライズのシステムなどの場合、大きい会社に入って情報システムを触ると否応なしに体験することになると思いますが、あるサービスの仕様を追加したいと思ったとき、サービスの規模や複雑さにもよりますが半年とか1年前から計画して、じっくりと準備してサービス仕様を決めて、開発、デバッグし、ようやくリリースできる、そのような流れで進めることもそれほど珍しくありません。しかし、動きの早いWebサービスの領域でそのようなことやっていると、完全に手遅れになってしまいます。したがって、第三のポイントとして、開発スピードを重視したインフラにしていくのもすごく大事なところです。たとえば、アプリケーションのデプロイをできるだけ簡便に、かつ、デプロイ時にまさに処理中のリクエストに影響しないようにする、必要なサーバを即座に追加できるようにしておく、デプロイしたコードに問題が発見された時にすぐに前の状態に戻せるようにする、という取り組みをしています。

> **memo**
>
> **Webサービスのインフラで重視したい3つのポイント**
> ❶低コスト、高効率重要
>   ➡100%の信頼性は目指さない、など割り切るべし
> ❷設計重要
>   ➡スケーラビリティ、応答性が大事
> ❸開発スピード重要
>   ➡サービスに対して機動的にリソースを提供すべし

Lesson 30
クラウド vs. 自前インフラ

クラウドコンピューティング

　Lesson 29で述べたとおり、Webサービスは高効率性や低コスト性が重視される領域なのですが、その点で2008年くらいから流行している「クラウドコンピューティング」「クラウド」も注目するべきキーワードになってきています。いくつかのブログなどでも、クラウドコンピューティングと自前のインフラ構築との対比が話題になっていますね。

　クラウドコンピューティングという用語は、Googleの会長兼CEO、Eric Schmidt氏が講演の中で言及したのが最初とされています。用語としてはそれほど厳密に定義されておらず、さまざまな人が少しずつ違う意味で使用しているというのが現状です。有名なクラウドコンピューティングサービスには、Amazon EC2[注2]があります。Amazon EC2は、Amazon Web Servicesの一機能として2006年に登場しました。その後、Google App Engine[注3]やMicrosoft Windows Azure[注4]など、複数のサービスが登場し競争が激化してきている分野です。

　現時点では、はてなは自前インフラでほぼすべてを構築していますが、いろいろ対立軸があって実際にクラウドか自前か、どちらを選ぶのかは判断に迷うところがあります。続いて、メリット、デメリットを見ていきましょう。

クラウドのメリット、デメリット

　クラウドコンピューティングは、安価に使えてスケールさせられるという特徴があります。クラウドの最大のメリットは「スケーラビリティ」にあります。

注2　URL http://aws.amazon.com/ec2/
注3　URL http://code.google.com/intl/ja/appengine/
注4　URL http://www.microsoft.com/windowsazure/

一方、デメリットは、Amazon EC2などのそれぞれのクラウドサービス独自の仕様に対応する必要があるという点です。2010年4月時点のAmazon EC2を例にすると、ホスト仕様が用意されたものしかなく画一的であるため、メモリを大量に積もうと思ってもある程度以上は積めないとか、I/O性能がそれほど速くないホストしかありません。あとは先日リリースされたロードバランサ（Elastic Load Balancing）がありますが、そのロードバランサのアルゴリズムの詳細がどうなっているか、限界に近いときに挙動がどうなるか、などはまだよくわからないところです。また、Amazon EC2で動かしているノードも時々止まるということもあります。自分のミスではないのに時々止まるというのがなかなか心情的に納得いかないものです。

　このように、いくつかのデメリットがある一方、それらは徐々に解消されていっているので将来的にはどうなるかわかりません。今はまだ過渡期で、少なくとも現状としてはまだまだ自前インフラを構築することが有利だと考えています。

---

memo

クラウドコンピューティングは、まだ過渡期？

- メリット
    - スケーラビリティの柔軟性
- デメリット
    - 画一的なホスト仕様（メモリの上限68GB、低速なI/O）
    - 曖昧なロードバランサ
    - 時々止まる…（2010年4月原稿執筆時点）

はてなでのクラウドサービスの使用

　現在はてなでは、Amazon Web Servicesを一部で使っています。後ほどCDN（Contents Delivery Network）の話が出てきますが、メディアファイルの配信のためにAmazon Cloudfrontというサービスを使っています。

　そういったメディアの置き場としてクラウドサービスを使うのは、現時点でも十分ありかなと判断しています。一方、アプリケーションやDBを本格的に置くというのはまだ時期尚早だと考えています。あと2年くらい

はまだまだ自前中心でいくことになりそうです。その後は徐々にクラウドコンピューティングが発展していき、もちろん自前インフラも発展しますがクラウドコンピューティングのほうが発展速度が速いでしょうから、どこかでトレードオフがやってくるか、そのままある程度のところで平行線をたどるのか、見極めが必要になるだろうと思っています。

　見極めは、その時点でのはてなの規模にもよります。たとえばAmazon EC2上でFacebookやGoogleの規模ほどのシステムが実現できるかというと、さすがに難しいと思います。Amazon EC2がほぼ無限にスケールするとよく言われているのは大抵のサービスは相対的に小規模で、Amazonの規模から見ると誤差みたいな範囲でしか増減しないので事実上無限と言っているのだと理解しています。実現したいサービスがどんどん大規模になればなるほど、Amazonのシステムの中での占める割合が大きくなり、Amazonが持つインフラの10％とか占めるようになってきたとしたら、Amazon内部でのみ見えていた限界というのがいろいろ見えてくるようになるでしょう。

　そのような規模ではAmazon EC2が用意しているインタフェースを介すのか、自前でやるのかという判断では、ある程度の規模以上では自前でやったほうがいいということになると思います。そのため、問題はその領域がどこまでであり、はてなの成長スピードがどのようになっているか次第だとなります。ちなみに、個人で小規模なサービスをやったり、学生のうちに使ってみたり、というようなトライアル用途は、クラウドコンピューティングがすごく得意とする分野でしょう。クラウドコンピューティングの世の中での全体的なシェアは徐々に増えていくと思いますが、はてなとしては、局所的に導入・使用していきながら、ノウハウを貯めていくつもりです。

自前インフラのメリット

　自前でインフラを管理することのメリットは、

❶ハードウェア構成を柔軟にできる

❷サービスからの要望への柔軟な対応ができる
❸ボトルネックをコントロールできる

といった点にあります。

　❶の柔軟なハードウェア構成の例として、たとえばメモリ搭載量を増やしたい、という要求が高まっているということがあります。Lesson 9内の「キャッシュを前提にしたI/O軽減策」項でメモリの8〜16GBという話がありましたが、さらに32GB、64GB、128GBといったメモリを積むと解決するという問題領域は案外あるものです。そのような領域では、ソフトウェアレベルでの分散処理を頑張ることも重要ですが、いざとなればメモリをいくらでも積めるオプションというのが用意されていると安心できます。クラウドコンピューティングの場合上限が決まっているため、そこのコントロールが自由にできません。また、自前でインフラを構築していれば、SSD（*Solid State Drive*）を導入してI/O性能を一気に挙げるなど、さまざまな先進的なハードを投入していって、サーバの限界をどんどん上に上げることができます。しかし、クラウドコンピューティングを使っている限りは与えられた選択肢の中から選ぶしかなく、その中でどうやって解決するかという制約がある中でやらなければならなくなり、自前インフラで実現可能なレベルでの柔軟性は失われます。

　次に❷のサービスからの要望への柔軟な対応の例として、単に台数を増やすだけではなく、たとえばネットワーク的に近い構成のものを用意したい、あとはデータを大量に積めるようにしたいなど、といった要望への対応をすることがあります。もっとも、このあたりはクラウドコンピューティングでも改善が進んでいるところですので、自前だから必ずしも良いというわけではありませんが、現時点では自前のメリットであると考えておいて差し支えないでしょう。

　最後に、❸ボトルネックのコントロールです。これはロードバランサやネットワークなどで発生する問題で、システムの規模が大きくなると無視できない領域になってきます。クラウドコンピューティングの中で、内部のサーバ間の通信がどのくらいになるとボトルネックになるのかとか、ロードバランサに大きな負荷を与えたときに実際どういう挙動をして、どこ

にボトルネックや遅延が発生するかは、Amazonをはじめとするクラウド環境を提供する側の技術に依存するしかなくなります。自前では、このボトルネックのコントロールができます。問題が発見されたら、自分の手で解決もできます。最悪の場合でも、その問題がどれぐらい深刻で、対処するのにどれぐらいのコストと時間が必要か、について調査することもできます。このあたりを自分でコントロールできるという点は、自前インフラの最大のメリットです。

> **自前インフラのメリット**
> - 柔軟なハード構成
> - サービスからの要望への柔軟な対応
> - ボトルネックのコントロール

自前インフラと垂直統合モデル

　技術のモデルとして、垂直統合モデル、水平分散モデルという概念があります。垂直統合モデルとは、物理的なレイヤから、上のサービス設計まですべてを一社で構築するモデルです。たとえば、GoogleやAmazonなどの企業が該当します。一方、水平分散モデルは各レイヤごとに別の企業がシステムを提供することで、全体としてシステムが構築されるモデルです。こちらは、MicrosoftのようなOSとオフィススイートのような一部のアプリケーションに特化している企業が該当します。

　時代とともに、これらのモデルが交互に現れながら、全体として洗練されていっています。今のはてなは、サービスのディレクションからデザインからアプリケーションからインフラまで自前でやるという垂直統合モデルを採用しています。当面は、このモデルで続けようと思っています。将来的にクラウドコンピューティングをより積極的に導入する方針となったら、インフラの低レベルなレイヤで水平分散モデルを取り入れることになり、考え方の転換ということになるでしょう。

はてなのサービス規模

これまでに話してきたようなWebサービスの特徴を踏まえて、はてなの特徴をおさらいしておきましょう。はてなは実際どれくらいの規模の運営をしているかというと、原稿執筆時点の2010年4月時点で登録ユーザ数150万人、1,900万UU、トラフィックはピーク時850Mbpsくらい出ているという中堅どころのサービス規模です。

第1回で紹介した数字（2009年8月のインターンシップ講義時点）を、原稿執筆時点（2010年4月）のものにアップデートしたのが以下です。

- 登録ユーザ数は150万人、1,900万UU/月
- 数十億アクセス/月（画像などへのアクセスを除く）
- ピーク時の回線トラフィック量は850Mbps
- ハードウェアは600台以上（22ラック）

サーバ台数は600台で、仮想化して1,300台という規模です。

はてなブックマークのシステム構成図

システム構成図は図11.1のとおりです。はてなブックマークでは、リバースプロキシが3台、APサーバが11台、DBサーバが24台、キャッシュサーバが7台、ロードバランサが2台、その他のエンジンが9台で、計56台で構成されています。それぞれのサーバは仮想化されているため、物理的な台数は、実際にはもう少し少なくなっています。全体的な構造は、（リバース）プロキシとアプリケーションとDBの3層構造となっています。APサーバとDBサーバの比率が1：2程度となっています。この比率はアプリケーションロジックの複雑さやDBへのクエリの複雑さによって変化しますが、これぐらいの比率が適正であると考えています。また、一部のサーバはユーザ向け、ボット向けというようにリクエストの属性によって分けられており、安定して高いパフォーマンスを発揮できるようにしています。キャッシュサーバはSquidが2台、memcachedが5台ありますが、それぞれのキャッシュをうまく使うことも非常に重要です。

● 図11.1 はてなブックマークのシステム構成図

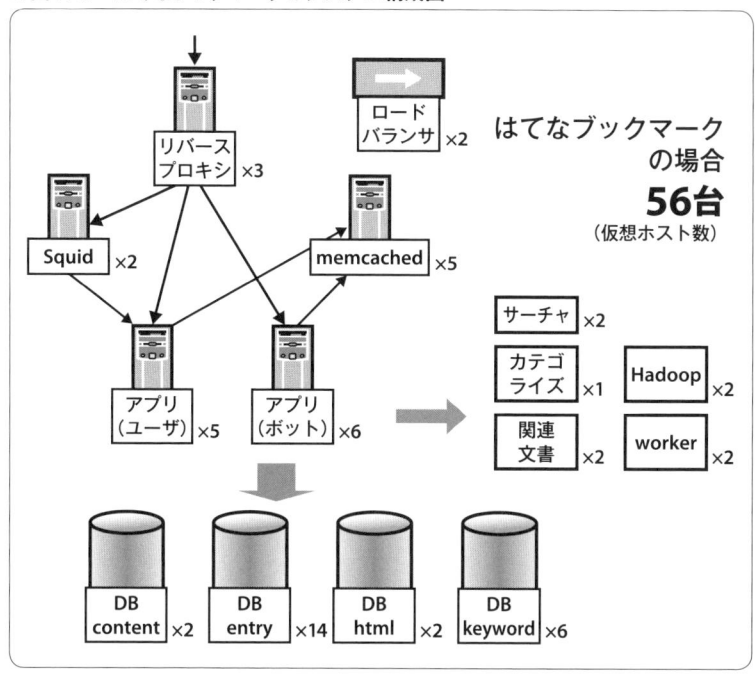

[図: はてなブックマークのシステム構成図。リバースプロキシ×3、ロードバランサ×2、Squid×2、memcached×5、アプリ(ユーザ)×5、アプリ(ボット)×6、サーチャ×2、カテゴライズ×1、関連文書×2、Hadoop×2、worker×2、DB content×2、DB entry×14、DB html×2、DB keyword×6。はてなブックマークの場合 56台(仮想ホスト数)]

　これまでの講義を通してだんだんイメージができてきましたか？ 講義で重点的にお話ししていたことはアプリケーションの作り方の部分で、ほかにDBの有効な使い方などの内容を扱いました。

　あとは、図11.1のサーチャ(検索)、カテゴライズ、関連文書のような特殊なエンジンは第9回、第10回の講義で行ったような全文検索エンジンのように、この3層構造から離れたエンジンとなっています。このような各種エンジンが用意されているのがはてなブックマークの特徴で、さまざまなデータを独自エンジンで処理することで、少ない台数で高いパフォーマンスを引き出しています。

　第2回〜第10回までの一連の講義であったような技術を総合的に投入して、はてなのシステムが構築されています。第12回から、スケーラビリティ・冗長化・ネットワークなどについて詳細にお話していきます。

第12回
スケーラビリティの確保に必要な考え方
規模の増大とシステムの拡張

講師 田中 慎司

負荷に合わせてスケールさせる
大規模のサービスは数十台のサーバで

　第11回ではサーバ/インフラ入門と題して、今どきのWebサービスを想定して、概要、クラウドと自前インフラの比較、はてなのサービス規模を駆け足で見てきました。

　続いて第12回～第15回にわたって、はてなのインフラがどうやって実現されているかについてに焦点を移してお話しします。第12回は、スケーラビリティの確保です。規模の増大に合わせて、いかにシステムを拡張し対応できるようにしておくかについて見ていきます。なお、ここでの講義は実際のシステム構築自体が目的ではありませんからHow-toではなく、その手前のスケーラビリティの確保に必要な考え方を説明していきます。

　スケーラビリティの話は、第1回の導入の講義と第2回～第5回の大規模データの扱い方を解説した講義で取り上げた部分と対応します。その内容を今一度、インフラの観点から捉えておきましょう。

　ざっくりとまとめると、はてなでは大規模のサービスを数十台のサーバから構築している、それぞれのサーバは4 core CPU1～2つと8～32GBのメモリを積むことで、負荷に応じてスケールできるようにしているという話をしました。これらポイントを踏まえつつ、スケーラビリティの確保に必要な考え方について、見ていくことにしましょう。

> **memo**
>
> **スケーラビリティ**
> - レイヤとスケーラビリティ（➡Lesson 31）
> - 負荷の把握、チューニング（➡Lesson 32）

Lesson 31
レイヤとスケーラビリティ

スケーラビリティへの要求 ── サーバ1台で捌けるトラフィックの限界

　最近のサービスの多くはサーバ1台で動きます。はてなの標準的な仕様である4 core CPU、8GBメモリぐらいのサーバを使用すると、ピーク性能で数千リクエスト/分ぐらい出ます。もちろんこれはこれまでの実運用を通して経験則で得られている数字なので、動いているアプリケーションによって大きく変化します。

　ピーク性能で数千リクエスト/分ほど処理できると、月で100万PV(*page view*)ほど捌くことができます。つまり、月で100万PVぐらいのサービスは大体1台で処理でき、そこから多少増えてきてもDBを分離するくらいで対応できるということです。また、最初にもう少し高い仕様のサーバ、たとえば4 core CPU 2つで32GBメモリのサーバを用意できると、さらにパワーが増えて1分間あたり数千から1万くらい捌けることになります。すると100万より多く、200万PV/月くらいは大体1台で捌けるということになります。

　しかし、はてなの場合、1サービスで数億PV/月ぐらいのトラフィックになります。百万と億という単位では2桁の差があるので、そこをどうやってスケールさせていきましょうか、というのが課題となり、そこで脈々とさまざまな技術とノウハウが埋め込まれています。

> **memo**
>
> **スケーラビリティへの要求**
> - 多くのサービスはサーバ1台で動く
>   - ➡はてな標準サーバ：4 core CPU、8GB RAM
>   - ピーク性能は、数千リクエスト/分
>   - 100万PV/月
>   - ➡高性能サーバ：4 core CPU × 2、32GB RAM
>   - 200万PV/月
> - はてなでは、数億PV/月
>   - ➡大規模サービスはサーバ1台では動かない

レイヤごとのスケーラビリティ

　レイヤごとのスケーラビリティを見ていきます。APサーバは基本的に、あまり深いところを考えなくても比較的簡単にスケールさせることができます。なぜ簡単かというと、APサーバは状態を持たないので、リクエストごとに別のAPサーバに飛んでも処理上問題は発生せずに、ロードバランサに新しいサーバを追加していけば、どんどんスケールさせていけます。台数さえ増やせばいくらでもスケールするという構成になっています。

　また、DBやファイルサーバだと、前述のような分散、スケーラビリティの確保がとても難しいものです。データソースへのリクエストは、read（読み込み）とwrite（書き込み）、2種類に分けられますが、readの分散は比較的容易なのに対し、writeの分散がとても難しくなっています。

　このあたりは復習。第2回〜第5回の講義のとおりですね。APサーバとDBのようなデータソースを分けて対応を考えるのは重要なポイントですから、以降もこの点を踏まえつつ進んでいくことにしましょう。

---

memo

レイヤごとのスケーラビリティ

- APサーバ
    - 構成が同一で状態を持たない ➡ 容易
- データソース（DB、ファイルサーバなど）
    - readの分散 ➡ 比較的容易
        - メモリをいっぱい載せる、など
    - writeの分散 ➡ 難しい

Lesson 32
負荷の把握、チューニング

負荷の把握 ——可視化した管理画面

　どのようにスケールさせていくかを検討するために、まずサーバの負荷を把握できないと始まりません。各サーバの負荷を把握するためには、サーバ群を管理し、それぞれの負荷を適切にグラフ化することが大事です。ここでは、はてなが独自に作成しているサーバ管理ツールが実際に動いているところを見せようと思います。

　サーバ管理ツールでは図12.1のように管理をしています。

●図12.1　サーバ管理ツール（ホストを一覧）

第12回 スケーラビリティの確保に必要な考え方 —— 規模の増大とシステムの拡張

先ほどはてなブックマークのシステム構成図を見てもらったので、個別のサービスの例として、はてなブックマークの画面を見せます。図12.2のブックマークの管理画面を見ると、図12.2 **1** にサーバの役割（Role）が並ん

●図12.2　はてなブックマークの管理画面

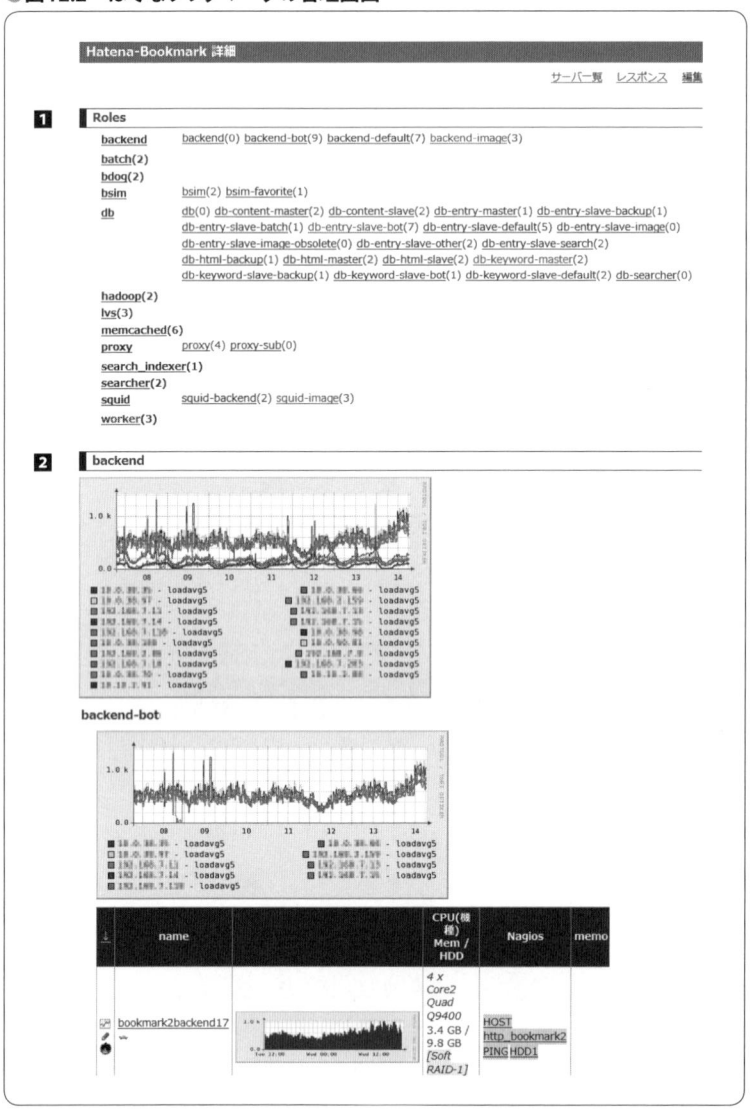

でいるのが見えます。アプリケーションが動くバックエンドサーバ(図12.2中のbackend)が19台、バッチサーバ(batch)が2台ほどあって、bdog、bsimというのは特殊なエンジン、カスタマイズエンジンです。さらにDBサーバ(db)が用途ごとに細かく分かれています。Hadoop(hadoop)とかLVS(*Linux Virtual Server*)というロードバランサ(lvs)とか、memcachedのようなキャッシュサーバとか、あとはリバースプロキシサーバ(proxy)があります。

負荷を測るための項目 ──ロードアベレージ、メモリ関連、CPU関連

　負荷を見る際には、まずロードアベレージから見ます。前述のとおりロードアベレージは重要な数字です。Linuxカーネルの中ではプロセスが多数起動しています。ロードアベレージとは、それらのプロセスがいつでも動ける状態なのにまだ実際CPUが割り当てられてなくて、待ち状態にあるプロセス数の平均値です。たとえば、5分間のロードアベレージが1だとすると、5分間で平均1プロセスが待っている状態になっていることを意味します。CPUがきれいに割り当てられてるとこの値が0に近くなり、CPUコア数以下であれば良いという経験則があります。はてなではCPUコア数以下かその半分か、用途に応じてその閾値は微調整しますが、大体CPUコア数かその半分くらいで収まるように制御しています。また、用途によってはロードアベレージがCPUコアの数倍にも達しているようにわざとしているところもあります。

　負荷を測るための項目はロードアベレージ以外にもたくさんあり、たとえば、メモリの使われ方については、ユーザ空間が消費されているメモリや共有されているメモリ、あとはカーネルが使っているバッファのメモリなどがあります。これらの項目が、こういう挙動をしているからこういう動作になっている、ということを把握することで、よりサーバの性能を引き出し、パフォーマンスの高いシステムが実現できるようになります。

用途ごとに合わせたチューニング ──ユーザ用のサーバ、ボット用のサーバ

　図12.2 **2**(サーバ管理画面のbackendのグラフ部分)のようにサーバ管理ツ

ールでブックマークのバックエンドの負荷を見ると、グラフを重ねた状態で確認できます。その部分を拡大したのが図12.3です。実際は、19台のサーバのロードアベレージを重ね合わせて大体6や1.2のラインが見えています。上と下で2つ分かれていますが、これは用途ごとに分かれていて、図12.3❶がAPサーバ全体の負荷、❷がボット用サーバの負荷になっています。

第3回の講義のとおり、用途ごとに分けてクラス、種類ごとに分けています。クローラのようなボットからのリクエストはボット用のサーバを使って処理させて、ユーザからのリクエストはユーザ用のサーバを使って処理させるという話がありましたが、実際の数値を見ながら、おさらいしておきましょう。

ボットはレスポンスタイムがそれほどシビアではないので、処理数を最大化させる方向でチューニングをしていて、実際ロードアベレージも高くなっています。図12.3❷をよく見ると、4から6程度のラインで維持されていて実際ここの細かいCPU負荷を見るてみると、CPUも常に半分程度は使

●図12.3　はてなブックマークの管理画面

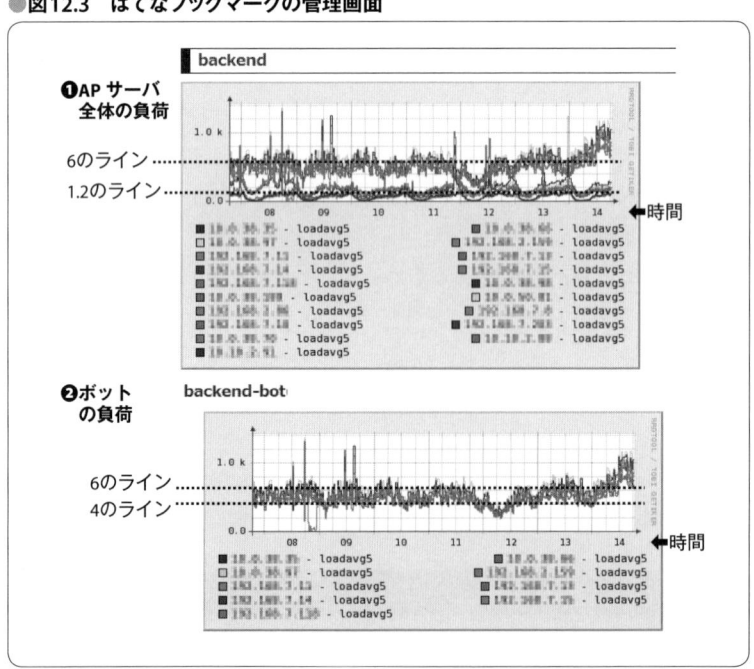

った状態で動いていて、メモリも半分以上使った状態が維持されていて、サーバリソースは使い尽くしている、と言っていい状態になっています。1年間のグラフを見てみると、年間ずっと動きっぱなしですごく働いているサーバだということがわかります。

図12.3❶のユーザ用のサーバを見てみてると、こちらはユーザの活動に応じて負荷がどんどん変動していって、トラフィックに応じて負荷が変動しています。深夜時間帯がちょっと落ちて、日中は高く、夜のピーク時間帯にさらに高くなるという傾向があります。ロードアベレージは先ほどのボット用のサーバが6だったのに比べると、1から3くらいに押さえられていて、良好なレスポンスのためにリソースを使い尽くすよりは、あまり処理待ちプロセスを溜めずに、良好なレスポンスを維持するという方向に振ったチューニングになっています。

繰り返しますが、ボットとユーザを分けることによって、APサーバのチューニングポリシーを変えてその効率を重視するのか、レスポンスタイムを重視するほうに振るのか、それともリソースを使い切るのを重視するほうに振るのかという具合に分けられます。

APサーバ/DBサーバのチューニングポリシーと、サーバ台数

仮に図12.3❶のユーザ向けのチューニングのままでボット用に投入して同じ程度の負荷で処理しようとすると、ボット用のサーバ台数が現在6台で処理しているところ、8台9台必要になると考えられます。用途ごとに分けてチューニングを変えることによって、全体のサーバ台数を抑えることができているというわけです。DBも同様になっています。

図12.4のbookmark2entrydbXXというのがメインのDBです。❷と❷'のボット用は少し負荷が高め（ロードアベレージが2前後）なのに対し、❶と❶'ユーザ用は負荷が低め（ロードアベレージが1前後）に抑えています。ユーザ向けのDBサーバは全体的に負荷を低めにすることで、そのDBサーバに対する問い合わせもできるだけ早く返せるようにしています。このようにDBも用途ごと、ボット用かユーザ用かに振り分けて、レスポンスを重視するか、リソースを使い切ることを重視するかということに分けていま

●図12.4 DBサーバ（ユーザ用、ボット用）の負荷

		name		CPU（機種） Mem / HDD
❶ユーザ用		bookmark2entrydb25		8 x Quad-Core Opteron 2372 HE 30 GB / 59.1 GB [PERC 6/i RAID-10] [HDD] Dell PowerEdge 2970
❶'ユーザ用		bookmark2entrydb02		4 x Dual-Core Opteron 2212 HE 30 GB / 59.1 GB [9650SE-4LP DISK RAID-1] [HDD] Dell PowerEdge SC1435
❷ボット用		bookmark2entrydb18		4 x Core2 Quad Q9400 15 GB / 59.1 GB [No RAID] [SSD] marqs-60
❷'ボット用		bookmark2entrydb21		4 x Xeon X3440 15 GB / 59.1 GB [No RAID] [SSD] marqs-60

す。

サービスの規模とチューニング

　サーバの用途やレイヤを踏まえたチューニングはサービスごとに行われています。はてなダイアリーが今一番サーバ台数が多いですが、ダイアリーではAPサーバがさらに細かく種類ごとに分かれています。DBもブックマークよりもさらに細かい種類がたくさん分かれており、周辺的なサーバもそれなりの台数があります。はてなブックマークと同じく、ボット用は負荷も相当高めにチューニングされています。

　チューニングの作業を重ねていくと、サーバの台数が増えていったときに異常な挙動をしているサーバをどうやって見つけるかが課題となります。ダイアリーでは、30台くらいのAPサーバがありますが、30台のうち1台で異常が発生したとして、そのおかしい1台をどうやって把握するかが課題です。

　昔はこういうグラフを1台ずつ見ていました。しかし、それでは特徴的なのがなかなか見つけられないので、現在はグラフを重ねて、1台だけ異常値が出た場合に把握しやすくするようにしています。これでも現在はロードアベレージしか重ねられていません。しかし、ロードアベレージは正常だが、CPUの使い方がおかしいとか、メモリの使い方がおかしいとか、異常の現れ方はいろいろなパターンがあります。現在の管理画面での可視化はまだ最適ではありませんから、試行錯誤を続けているところです。

* * *

　以上のように負荷を可視化して、複数のサーバのグラフを重ねることにより、ボトルネックの異常を把握できるようにしています。そのうえで、第3回の講義であったようにOSの動作原理を知って適切なチューニングをすることで、サーバ性能を正しく引き出そうとしています。そして、スケーラビリティをより高めようとしています。

> **memo**
>
> **チューニング**
> - 負荷の把握
>   - サーバ管理ツール（自前）
> - 状態の監視
> - 負荷を可視化して、ボトルネックや異常を把握できるようにする
> - OSの動作原理を知り、サーバの性能を正しく引き出す

スケーラビリティの確保

　スケーラビリティの確保でロードバランサを使ったり、パーティショニング（DB分割）をしたりしています。パーティショニングについては第4回にお話ししたので、それを思い出してください。はてなではLVS（*Linux Virtual Server*）というLinuxカーネルに含まれているロードバランサを使ってやっています。スケーラビリティを考慮したインフラ構築の具体的な方法については紙幅の都合もありここでは割愛しますので、詳しく知りたい方は『[24時間365日]サーバ/インフラを支える技術』などを参照してみてください。

第13回
冗長性の確保、システムの安定化
ほぼ100%の稼動率を実現するしくみ

講師 田中 慎司

冗長化と稼動率
いかにシステムを止まらないようにするか

　第13回は冗長化の話です。よく言われるのが24時間365日100%の稼働率。はてなでも24時間365日100%の稼働率。と言いつつ、実際は100%を必ず達成できるようなシステムにはしていません。実際には100%から少し落ちますが、ほぼ100%を目指すと言っています。一番重視しているのはSPOF（*Single Point of Failure*）、単一故障点の除去。SPOF、すなわち1ヵ所故障するとシステムが止まってしまう部分をできるだけなくすことによって、稼働率を高めようとしています。

　図13.1が調子が良かったときの2010年2月～4月の稼働率のグラフです。障害があると少し落ちています。図13.1の❶のラインが99.98%ですので、99.98%とは1ヵ月で10分間落ちてしまったというくらいで済んでいる数字になっています。昔に比べると障害に対して厳しくなってきているので、この99.98や99.99を日常的な数字としたいところです。

　それでは本題へ。ほぼ100%の稼動率を実現する冗長性の確保のしくみを見ていくことにしましょう。

● 図13.1　稼動率

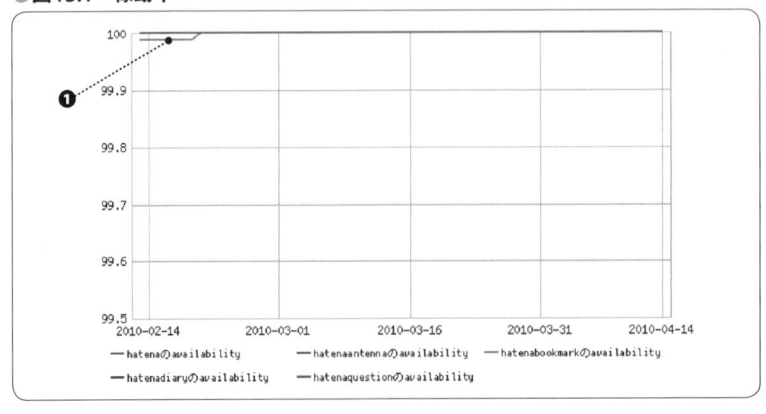

Lesson 33
冗長性の確保

冗長性の確保 ——APサーバ

　冗長化の実際ですが、APサーバでは、スケーラビリティの考え方と同様に台数を並べるのが基本となります。台数を並べるときに大事なのは1台や2台くらい停止しても、十分処理できるような処理能力を確保しておくことです。とくにはてなダイアリーのように数十台のサーバがあると、1台2台止まることはもう日常茶飯事です。

　サーバは、さまざまな要因で止まります。たとえば、エンジニアがサーバプロセスを止めたまま忘れた、といった人為的ミスから、サーバが物理的に壊れて止まっているとか、メモリが異常になって止まってしまっているとか、いろいろな状態があります。

　対応として、ロードバランサによるフェイルオーバ・フェイルバックで壊れたサーバを自動的に外し、復帰してきたら戻すということを行っています。フェイルオーバが自動で切り離し、フェイルバックが正常になったら復帰させるという処理です。ロードバランサは、サーバに対して定期にヘルスチェックを行っていて、APサーバやDBサーバが生きているか死んでいるかを判定しています。これは一番基本の冗長性のところですね。

　図13.2のように、ロードバランサがあって、APサーバが2つぶら下がるのが基本形です。たとえば、図13.2の**2**の**b**が落ちると、**2**のロードバランサが落ちたのを認識して、**b**の接続をカットして**a**のAPサーバだけに処理を流すようにします。しばらく経ったらAPサーバが復帰してきたので、また**1**の状態に戻して**a****b**両方にアクセスを流すようにするという処理をします。10台ぐらいの規模になると1、2台落ちることが全体にそれほど影響しなくなるようになり、運用の手間はだいぶ減らすことができます。

●図13.2　フェイルオーバ/フェイルバック

(図: 基本形(正常)と障害発生時のロードバランサ構成。❶壊れた、❷自動的に切り離し=フェイルオーバー、❸処理を ⓐ だけに流す、❹障害が解決し正常になったら復帰=フェイルバック。※はてなでは、ロードバランサにLVSを使用。(LVS=Linux Virtual Server))

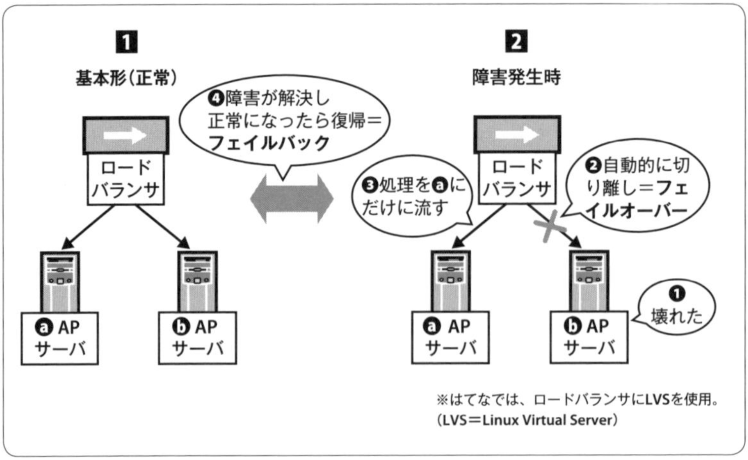

> **memo**
>
> **冗長性の確保（APサーバ）**
> - 台数を並べる
>   - 1、2台停止しても十分処理できるようにしておく
> - ロードバランサによるフェイルオーバ/フェイルバック

冗長性の確保——DBサーバ

　DBサーバも同様で、台数を並べて1台2台停止しても十分な能力があるようにしておくことが大事です。また、マスタの冗長化も行っています。第5回にはマスタの冗長化は難しいという話がありました。では、はてなでどのように冗長化しているかというと、マルチマスタという手法を使っています。

　マルチマスタは、具体的には双方にレプリケーション、お互いがお互いのスレーブであるという状態にしていて、片方に書き込みをするともう片方に伝播するし、反対側に書き込んでもその反対側に伝播するという、両方向にレプリケーションするという方法です。

　ただ、MySQLの実装は、実際にこちらに書き込んでから反対側に伝わる

という流れであるため、わずかながら遅延はあります。そのため、ミリ秒単位で見るとデータが一致していない状態が常にあります。このタイミングで片側が落ちて切り替わると、DBに書き込んだつもりのAPサーバから見ると、書き込んだつもりのものが実際には書き込まれていないなどの矛盾が発生することがあり、同期がずれるリスクが常にあります。現状では割り切れるところは割り切って常に動かし続けることを優先しています。

エンタープライズでは、この対策としてレプリケーションを同期的に処理することで対処しています。これにより、スレーブにまで書き込まれたことを確認してからクライアントに結果を返すようにすることができます。この場合、同期は確実に担保されるのですが性能的に大きなロスが発生するので、Webサービスでは同期がずれるリスクについて、一部割り切ることによって性能を重視することが多いです。

マルチマスタ

マルチマスタは、ここ数年のMySQLサーバの構築方法ではメジャーな方法で、各所で実績もあるこなれた手法となっています。フェイルオーバの細かい動きの話をすると、相互にVRRP（*Virtual Router Redundancy Protocol*）というプロトコルで監視をしています。VRRPによって片方がいなくなったことがわかると、自分がActiveマスタに昇格します。

Activeマスタに昇格するということをもう少し説明しましょう（図13.3）。

マルチマスタ構成では、サーバは基本的に2台あってActive/Standby構成をとっています。Active/Standby構成というのは片方はActiveで片方はStandbyになって、基本的に常にActiveのほうだけ書き込みをする構成です。片方が落ちたらStandbyだったほうがActiveに昇格してこちらが新しいマスタになり、落ちたほうは人手で復旧させてまたStandbyに戻すか、また元のActive/Standby構成に戻します。ちなみに、このActive/Standbyの切り替えで使用しているVRRPは、元々はルータ用に開発されたプロトコルです。

外部からどちらのサーバがActiveであるかを判断するために、バーチャルIP、いわゆる仮想IPアドレス（VIP）を使っています。Activeなほうに元々与えられているIPアドレス（実IPアドレス）とは別に、サービス用の仮想IP

● 図13.3　マルチマスタ構成

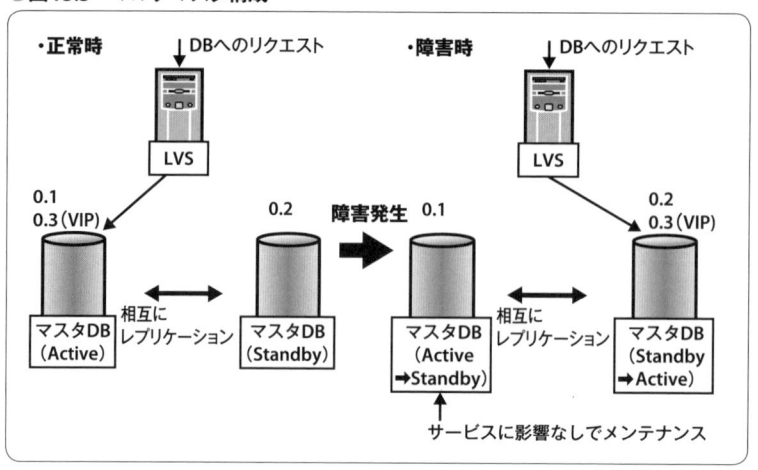

アドレスを付けています。たとえば2つのサーバが「0.1」「0.2」とアドレスが付いているとすると、新しく「0.3」という仮想IPアドレスをActive側に付けます。Active側が0.1だったとするとActive側には0.1と0.3の両方でアクセスできます。APサーバからは0.3をサービスで使用するようにしていて、切り離すタイミングで新しいActive側に0.3を付け直します。こうすることで、APサーバから見ると、常に0.3にアクセスすることでActiveマスタにアクセスすることができ、マスタの切り替えがAPサーバから隠ぺいされます。つまり、0.3という仮想的なサーバが常に生きているという状態が維持されるという構成になっている、ということです。

　以上のような構成をとることによって、多少リスクはありつつもほぼマスタの冗長性が確保できており、はてなではほとんどのサービスのマスタDBをこの手法で冗長化しています。結果的に、マスタが時々ハードごと落ちるというのはありますが、サービス停止につながるリスクはほぼ抑えられています。

Lesson 33 冗長性の確保

> **冗長性の確保（DBサーバ） ※第3回の講義を参照**
> - DBサーバ（マスタ）
>   - 台数を並べる
>   - 1、2台停止しても十分処理できるようにしておく
> - DBサーバ（マスタ）
>   - マルチマスタ
>   - 相互にレプリケーションする
>   - 切り替えのタイミングによっては、同期がずれるリスクは残る
>   ➡現状では割り切り、手動で回復

冗長性の確保——ストレージサーバ

　ストレージサーバに入ります。はてなでは、画像ファイルなどのメディアファイルを保存するための分散ストレージサーバとしてMogileFSを使っています。分散ファイルシステムを使用することで、大量のファイルを保存することができるスケーラビリティと、一部のサーバが落ちても障害とならない冗長性が確保できます。MogileFSはMovable Typeなどを作った米国のSix Apart社で開発されている分散ファイルシステムで、Perlで実装されています。構成として図13.4の❶のような構成になっていて、トラッカー、ストレージノード、メタ情報を格納するトラッカーDBという3つの要素から構成されています。実際のファイルはストレージノードに置かれ、あるURLに対して、実際にどこにファイルが置かれているかというメタ情報をDBで管理するというシンプルな設計となっています。MogileFSの採用実績としてはSix Apartで本格的に使われており、Webサービスでは十分な機能があります。はてなではメディアファイルを保存するストレージサーバとして、全面的にMogileFSを使っています。

　世の中には、さまざまな分散ファイルシステムの実装があります[注1]。たとえばサイズの巨大なファイルを分割してストレージに格納したり、という実装も開発されています。MogileFSはそのようなファイル分割はサポー

注1　分散ファイルシステムについては後ほど特別編で取り上げますので、興味のある方は合わせて参照してください。

●図13.4 MogileFS

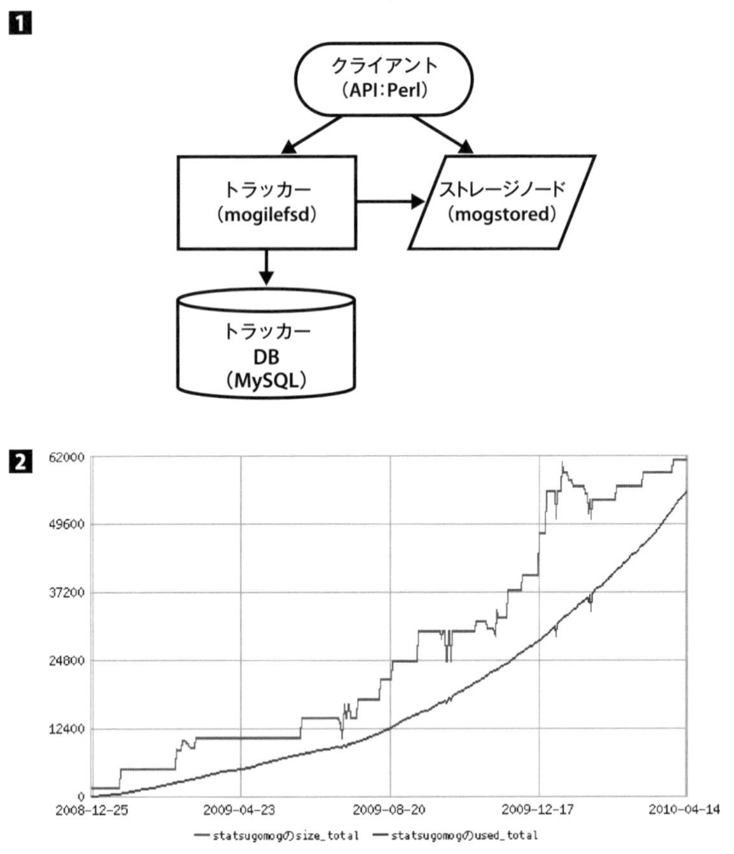
1
クライアント
(API:Perl)
トラッカー
(mogilefsd)
ストレージノード
(mogstored)
トラッカー
DB
(MySQL)
2
62000
49600
37200
24800
12400
0
2008-12-25
2009-04-23
2009-08-20
2009-12-17
2010-04-14
statsugomogのsize_total
statsugomogのused_total

トしておらず、ファイルはあくまでもファイルとして扱い、その1つのファイルをどこに置くかというメタ情報を別で管理するという手法になっています。

図13.4の2のグラフは、はてなの中でのMogileFSシステムの一つの容量グラフですが、本講義の2009年8月初旬時点で、総容量が大体18TBくらい、そのうち11TBほど消費しているのがわかります。これは16ヵ月間弱のグラフです。2009年8月時点の見積もりで、大体1日数10GBくらいスト

レージの容量を消費していて、大体1ヵ月で2TBくらい使う計算でした。2009年8月、うごメモはてなの米国版（Flipnote Hatena）注2、欧州版と続々とリリースして、さらに消費スピードが加速すると思いますので、1ヵ月で5TBとか6TBとかストレージを消費するような状態になっていくと予想していましたが、本書執筆時点2010年4月で見積もりどおりかちょっと多いペースでストレージ容量を消費するに至っています。

　いわゆるストレージサーバと呼ばれているものをベンダから買うと相当に高くて、大体10TBで100万円とか200万円とかそれくらいするものが、一般的のようです。しかし、うごメモはてなのような基本的に無料のWebサービスでそのような高いストレージサーバを使っていると、いくらお金があっても足りません。

　実際にどういうストレージサーバを使っているかというと、自作サーバに普通の1TBのサイズの3.5インチHDDを4つくらい乗せ、4TBのストレージサーバとしています。大体11万円か12万円くらいで4TBのストレージサーバがいっちょ上がりというわけです。現在は18TBのストレージを確保するためにストレージノードは10台ほど使っており、それぞれ平均2TBくらいの容量で、大体トータルコストが100万円強くらいで構成されています。おそらく世の中での20TBとかいうストレージを構築しているシステムの相場からみると、桁1つくらい安い値段で構築できていると思います。現在では、さらに2TBのHDDを使用することでストレージノード1台あたりの容量をさらに増やしています。しかし、ここまで1台あたりの容量を増やすと、その中に保存されるファイル数が多くなり過ぎて読み出しや書き込みのI/O性能がボトルネックとなり、100％の容量を使い切ることはできなくなるということも起こってきます。このあたりのバランスに気をつけることも必要ですね。

学生：分散ファイルシステムで画像などを配っているのですか？

　そうです。はてなでは、分散ファイルシステムに、画像などのメディア系のファイルを入れています。今何を入れているかをもう少し詳しく話す

注2　URL http://flipnote.hatena.com/

第13回　冗長性の確保、システムの安定化 ── ほぼ100%の稼動率を実現するしくみ

と、うごメモ用ですのでニンテンドーDSiから見るためのメディアファイルとPCから見るためのFlashのメディアファイルやJPEGファイルなどを入れています。うごメモ以外にももう1つストレージシステムがあって、そこにははてなフォトライフ[注3]の画像やはてなダイアリーの画像、あとはプロフィール画像など、うごメモ以外で使用するメディアファイルを格納させています。昔はストレージとして、NFS（*Network File System*）マウントを使っていたのですが、かなり痛い目を何回か見て、今の構成に行き着いています。MogileFSはすでに1年以上運用していて、十分に安定してます。

　分散ファイルシステムは奥が深くて、今も人気のある分野だと思います。あるノードが死んだときにそのノードが持っているデータをどうやって移動させるかとか、あとは、特定のノード上のファイルにアクセスが偏ったときに、どうやってその偏りを平準化するためにデータを再配置するかとか、そのあたりの技術がいろいろあります。MogileFSはアクセスの平準化まではサポートしていませんが、ストレージノード間で容量の使用比率に偏りがあったときに、使用率を平準化するための機能も含まれていて、使い勝手がいい分散ファイルシステムです。Perlで書かれているので、興味がある人は読んでみてください。それほどコードの量も多くなくて、読み切れる範囲だと思います。

　またMogileFSはストレージノードを追加することで、容量はほぼ無限に拡大させていくことができます。そして現在は、メタデータを処理する部分がボトルネックとなりつつあります。現在はファイル数も億単位になっており、MySQLに保存されているメタデータもGB単位になっています。この規模になると、実際にファイルが保存されるストレージノードだけではなく、メタデータの処理もさらにスケールするように改良していく必要を感じています。近い将来には、さらなるスケーラビリティを求めて、MogileFSを改良するか、また別のストレージシステムを模索するか、考える必要が出てくることになりそうです。

注3　URL http://f.hatena.ne.jp/

Lesson 34
システムの安定化

システムを安定させるためのトレードオフ

　これまでにシステムを安定化させるために冗長性を確保しているという話をしてきましたが、ほかにもいろいろな対策をしています。システムを安定化させるためにトレードオフがいくつかあって、まず安定性と資源効率にはトレードオフがあります。安定性と速度というのもトレードオフがあります。

　具体的に言うと、ぎりぎりまでメモリをチューニングして、8GBあるところに7.5GBくらいまでメモリを使うような設定をしておくとします。この状態で何もなければいいですが、扱うデータ量が増えたり、アプリケーションにバグがあったり、メモリリークしたりして、消費メモリ量が突然数100MB増えるということはそんなに珍しいことではありません。メモリがそのようにぎりぎりまでチューニングしてあると、メモリが増えたときにすぐにスワップを使い出して、性能が低下してサービス障害につながるということになります。

　もう1つあるのはCPUをぎりぎりまで使うということです。ぎりぎりまで使うとサーバ台数を減らせてコスト的には有利ですが、ぎりぎりまで使っている状態で1台が障害で落ちると全体での能力不足になり、リクエストが処理しきれずに詰まって障害になるという、これも時々発生することです。

　こうならないために実際どうするかというと、メモリは7割くらいまでしか使いませんとか、CPUを7割くらいまでしか使わないとか、ある程度余裕を持って設計することが大事です。先ほど、1台2台落ちても大丈夫なようにという話をしましたが、ぎりぎりまで使うのではなく、ある程度バッファを維持してバッファが足りなくなったら新しいサーバを追加するとか、少し構成を変えて全体的な使用量を減らすとか、そういった対策をとり続けることで安定性が確保できます。

第13回 冗長性の確保、システムの安定化 —— ほぼ100％の稼動率を実現するしくみ

> **memo**
>
> **システム安定化とトレードオフ**
> - 安定性⇔資源効率
> - 安定性⇔速度
> - ギリギリまでメモリをチューニング
>   - メモリ消費が増える➡性能低下➡障害
> - ギリギリまでCPUを使う
>   - 1台落ちる➡キャパシティオーバー➡障害

システムの不安定要因

不安定要因は、それこそシステムの構成が複雑になればなるほど星の数ほど増えていきます。典型的な要因だけ、以下に挙げました。

- アプリケーション／サービスレベル➡負荷増大
  - ❶機能追加
  - ❷メモリリーク
  - ❸地雷
  - ❹ユーザのアクセスパターン
  - ❺データ量の増加
  - ❻外部連携の追加
- ハードウェア➡能力低下
  - ❼メモリ・HDD（*Hard Disk Drive*）障害
  - ❽NIC（*Network Interface Card*）障害

❶機能追加、❷メモリリーク

アプリケーション、サービスレベルへの機能追加は、もちろんシステムの不安定要因で、新しく機能を追加したらその機能が想定より重くて、全体の負荷が増えてサービスが落ちましたというのは過去何度となく例があります。メモリリークもかなり不安定要因になって、とくにPerlのようなLightweight Languageを使っていると、メモリリークを完全に排除するのは難しく、どうしてもメモリが僅かずつリークしていき、あまりにバッフ

ァが少ないと、時間とともにバッファを使い尽くしてスワップを使い出し、負荷が増大してしまうということがあります。

❸ 地雷

　地雷という項目がありますが、これは特定のURLが読まれる（踏まれる）といつまでたっても応答が返ってこず、地雷のように障害の原因となってしまうような現象のことです。原因としては、メモリリークや無限ループなどさまざまな要因があります。以前、外部リソースにXMLデータを取りに行くコードに地雷が埋まっていたことがありました。XMLデータを外部に取りに行くときに、返却されたデータが正しくないXMLであったり、あとは仕様的には正しいのだが、マイナーな仕様を使っていたりという場合があります。CPANモジュールのライブラリやアプリケーションのコードにバグがあると、そのようなXMLを解釈するときに無限ループに入ってしまったり、メモリを異常に消費したりしてしまって、暴走してそれがシステムの不安定につながるということが時々ありました。この地雷の原因を見つけるのはなかなか難しいものです。というのも、アプリケーションが動いていて、地雷を踏むと突然システムが固まって落ちるということになるためです。そのため、地雷を踏んだ直後のシステムが落ちる前に捕まえないと、どこで何が地雷となっているのか把握するのが難しいということになります。このあたりは職人的なテクニックが必要で、gdbなどのデバッガを使ったりします。

　ほかにはダイアリーのコメントで、1万件くらいコメントが付いたエントリというのがありました。このときは、特定のダイアリーのエントリを見るとサーバが落ちるということがあって、当初はまったく原因がわからなかったのですが、結局、コメントが1万件付いていたエントリがあったことが問題でした。当時のコードではコメント1件ごとにCPANのDateTimeモジュールを使ったオブジェクトを生成していて、そこのオブジェクトが想定以上にメモリを食っていて、1件2件とか10件20件とかだったら大したことはないのですが、1万件となると数百MBとかというメモリを使うことになってしまい、結果的にスワップを使い出し、サーバが重くなって落ちたりしました。

対策としては、もう少し軽い実装にしたり、最初に表示する上限を1,000件くらいに絞るという対策を実施しました。こういう地雷を踏まないようにするために、そもそも地雷を作り込まないようにすることももちろん大事ですが、なかなか完全に除去できるものでもないので、こういう地雷を多少踏んでも大丈夫なような設計にすることも大事です。

❹ユーザのアクセスパターン

ユーザのアクセスパターンの変化というのも負荷の増大の要因になります。以前は、よくスラッシュドット効果とかDigg効果とか言われていたのですが、人気のあるサイトにリンクを貼られるとそこのユーザが集中的にアクセスして落ちることがよくありました。たとえば、はてなだとYahoo!アタックと呼んでいるもので[注4]、Yahoo!トピックスにはてなダイアリーのキーワードがリンクされたりとか特定のダイアリーのエントリがリンクを張られたりして、ふだんから比べると桁が違うアクセスがやってきて落ちることが過去何度となくありました。

こういったアクセスの変動も吸収できるような構成にしておくことは大事です。典型的にはSquidのようなキャッシュサーバを挟んで、ゲストユーザの場合はちゃんとキャッシュを返却できるようにしておくという手段があります。キャッシュを使うとほとんどリソースを使わずにリクエストを返すことができるので、しっかりキャッシュしてゲストの集中アクセスを捌けるようにしておくことは、かなり効果的です。

❺データ量の増加

データ量の増加も大きな不安定要因の一つです。1年くらいサービスが安定して運用できていても、そのうちに当初想定していたデータ量よりも増えてしまい、それが全体的な負荷の増加につながってシステムが不安定になることがあります。

たとえば、少し前に困ったことが、はてなスターでデータ量が想定外に増加したというのがありました。なぜ増加したのかというと、Webからニ

注4　アクセス数の伸びはありがたいことですが、落ちてしまうほどの負荷という意味で…。

ンテンドーDSiへのインタフェースの変化が理由としてありました。Webでは JavaScriptによるインタフェースで、ぽちっと押して1個付けるという文化が主流でしたが、うごメモのDSiクライアントではスターを1個付けると、スーパーマリオの「ちゃりーん」とコインを取った音がするという、とても小気味いいインタフェースで、子ども達が100個、1,000個とかこれまでから2桁くらい多い数を付け出してたのです。大体うごメモを始める前は、世の中のスターの数が数千万ぐらいだったのですが、うごメモをリリースしてしばらくたったら、億の大台に1桁跳ね上がってDBのサイズの数GBくらいで安定していたものが、一気に数十GBの世界に突入して全然メモリが足りなくなり、はまるということがありました。

　このように当初設計したときには想定外だったような使われ方をして異常にデータ量が増えてシステムが不安定になるということがよくあります。このときには、DBの設計を変えて、以前は1,000個スターが付いたら1,000レコード追加していたのですが、設計を変えて1,000個追加したという情報を持たせるレコードを1つ追加するように変えて対処して、全体的なレコード数の増加を抑えてデータ量の規模を適正な水準に抑えるという対策を行いました。これでレコードが数億まで増えたのが、数千万くらいのオーダーに再び圧縮することができ、今でもなんとか耐えることができています。このようにデータが異常に増え出したということに、早めに気づいてしっかり適切な対処をすることがとても大事です。

❻外部連携の追加

　外部連携の追加というのは、広告系のWeb APIを新しく叩いたり、AmazonのWeb APIを追加で叩くというような、新しい外部のWeb APIを叩くことです。これも不安定な要因になります。たとえば、はてなダイアリーではAmazonのAPIを使用しているところがあるのですが、Amazonも時々、突然落ちることがあって、アプリケーションを設計しているときにはAmazonが落ちることは元々想定していなかったこともあり、Amazonが落ちたためにはてなも引きずられて落ちることがありました。これが原因でダイアリーが早朝に落ちてしまったことがあります。

　このような外部連携を増やすと、外部システムが落ちている時に引きず

られて落ちるという実装になりがちなので、外部システムが落ちたり、落ちなくても重くなったりしたときにも、連携しているサービスが影響を受けずに十分な速度で動くとか、外部からのデータを取得できなくなるが、そこの要素だけ落ちてほかは表示できるとか、そういった外部のノイズに耐えられるようなシステムにすることも大事です。

❼メモリ・HDD障害、❽NIC障害

　最後に、ハードウェアについて。アプリケーションエンジニア向けの講義なのでここでは詳細は扱いませんが、メモリやHDD、ネットワークの障害は日常的に発生します。

　したがって、ハードウェアの能力が低下しても大丈夫なようにしておくことも大事です。たとえば、ロードバランサのヘルスチェックを適切な項目にして、ハードウェア障害で不調になった時にすぐに問題のサーバにリクエストが転送されないようにすることがあります。ヘルスチェックが適切ではない場合、不調になったことを検出できずに、いつまでもリクエストが転送されエラーページが表に出てしまう、ということになりかねません。このあたりのシステムの不安定要因を一通り考慮した設計へ、どんどん改善していくことがインフラの仕事の重要なところですね。

> **memo**
>
> **アプリケーション／サービスの不安定要因 ➡ 負荷増大**
> - 機能追加、メモリリーク、地雷、ユーザのアクセスパターン、データ量の増加、外部連携の追加
> - **ハードウェアの不安定要因 ➡ 能力低下**
>   - メモリ・HDD、NIC障害

Lesson 35
システムの安定化対策

実際の安定化対策 ——適切なバッファの維持と、不安定要因の除去

　安定化のための考え方をここまで述べてきました。実際にどのように対策しているかというと、大枠は二つで**適切なバッファの維持**と**不安定要因の除去**です。

　まず適切なバッファの維持のために**限界の7割運用**を行っています。システムのキャパシティの70%を上限としてそれを超えたらサーバを追加したりメモリを増やしたりというような、閾値を設定するということをしています。

　不安定要因の除去としては、**SQL負荷対策、メモリリークを減らす、異常動作時の自律制御**が挙げられます。

　まずはSQL負荷について。DBで変なSQLを投げるとすぐ詰まって落ちてしまいます。負荷が重くなるようなSQLを発行しないようにすることは、システムを安定化させるためにとても大事です。アプリケーションエンジニアには自分のサービスがどういうSQLを発行するかはできるだけ把握するようにしてもらって、重くなるようなSQLを発行する場合はその用途のために隔離されたDBを用意してそちらに対して発行するようにしています。はてなでの例として、1時間に1回スターが全体で何個あるかを数えるSQLが走っていましたが、このSQLを以前はユーザ用のDBと同じところに走らせて、その影響で重くなるということがありました。そういったバッチでしか処理しないようなものはバッチ用のDBを用意しておいて、そこで処理させてユーザが普段使うDBとは負荷を分離しておくということが効果的です。

　また、メモリリークを減らすのは基本ですので、アプリケーションエンジニアには日々やってもらっています。

異常動作時の自律制御

　異常動作時の自律制御として❶自動DoS判定、❷自動再起動、❸自動ク

エリ除去と、現在3つほど行っています。

1つめは❶自動DoS判定（mod_dosdetector）。F5アタックと言われているような、リロードを連打するという行為があります。うごメモでは小学生がユーザ層として多いこともあり、F5キーを連打しまくって再生回数をひたすら増やす目的で2時間くらいで数十万回再生回数を増やすような操作がされたことがありました。この対処として自動DoS判定を行うようにして、1分間に特定のIPアドレスから多数のリクエストが来たら、しばらく403を返してアクセスを自律的に遮断してしまうことで、このような異常なアクセスに対処しています。

ほかにも、はてなスターをリリースしたときに、そのスターを自動的に付けるJavaScriptというのを公開されたことがあります。これは起動するとひたすらスターを付けまくるというブックマークレットで、今も検索するとおそらく出てくると思います。これを今実行すると、すぐに遮断されるようになっています。その遮断への対策としてsleepをはさんで少しずつスターを付ける実装になっていましたが、それぐらいならいいかということで放置しています（笑）。

次に、❷自動再起動（APサーバ・ホストOS）のようなしくみも設けています。本レッスンの冒頭で、メモリリークでスワップを使い出して負荷が増し性能が落ちるという話しましたが、そうなったときにある程度リソースを使い過ぎたなと判断したら、Webサーバを再起動するなどします。また仮想化しているホストでは、仮想化されているOSごとに再起動したりしています。ダイアリーではコードの量も多く、バグを完全にはつぶし切れておらず、メモリリークもまだ残っているため、リソースを適切に使いつつ、安定させるというのがなかなか難しい。そのため、自動再起動によって、より安定したシステムを実現しています。

はてなダイアリーのボット向けのサーバでは、リソースを使い尽くすようなチューニングをしています。この場合、2～3日に1回は自動で再起動しているという状態が続いています。

最後に、これは最終手段に近いのですが、❸自動クエリ除去（所要時間の長いSQLをKILL）も行っています。自動クエリ処理とは、DBサーバのクエリが何が動いているかを10秒に1回くらい取得して、ある程度以上の時間

が経過したクエリを強制的にKILLすることで、一部のサービスで仕込んでいます。所要時間の長いSQLを発行すると、DBが詰まって落ちるというのはよくありますが、どういうアクセスをするとそのSQLが発行されるのか？ など、判明した問題を改善するためには、コードを修正する必要が出てくるため、すぐには改善するのは難しいことが多いです。そのため、暫定対処の意味を含めて自動クエリ除去を一部で行っているという状況です。

　以上のような制御を行い、自律的に安定する方向へ安定する方向へとシステムを制御するようにしています。ただ、こういう自律制御がうまく機能し過ぎると問題を放置しておいてもシステムが安定して、アプリケーションが適当な作りをしていてもそれなりに動くようになり、問題に気付かないようなコードを書いてしまい、どんどん品質が落ちていってしまう、ということになりかねません。そのため、自律制御は暫定解であって、本質的な解ではないということを心してコードを組むというのは大事です。

> **memo**
>
> **安定化対策**
> - 適切な余裕（バッファ）の維持
>   - メモリ量・CPU負荷例➡限界の7割運用
> - 不安定要因の除去
>   - SQL負荷の上限を既定
>   - ➡負荷の高いSQLを必要とする場合は別ホストへ
>   - メモリリークを減らす
>   - 異常動作時の自律制御
>   - ➡自動DoS判定（mod_dosdetector）
>   - ➡自動再起動（APサーバ・ホストOS）
>   - ➡自動クエリ除去（所要時間の長いSQLをKILL）

第14回
効率向上作戦
ハードウェアのリソースの使用率を上げる

講師 田中 慎司

仮想化技術、自作サーバ
規模の大きさとリソース使用率

　第14回は効率向上についてお話します。インフラの話はスケーラビリティ、冗長化、効率向上、ネットワークという順番ですので、ここで3/4まで来たことになりますね。

　第13回のような冗長化を進めていくと、いきなり落ちても大丈夫なように備えることになり、基本的にリソースの使用率は低下します。とくに規模が小さければ小さいほど、冗長化によって効率は低下します。全体で20台くらいのサーバがあれば1、2台の備えはそれほど大きな数字ではありません。

　しかし、元々2、3台のところに1、2台の余裕を持たせるということは、全体の3、4割くらいの余裕を意味するようになり、リソースの使用率は相当に落ちてしまいます。

　そのためにはてなでは、仮想化技術を使用しホストの集積度を上昇させることで、全体でのリソースの使用率を上げようとしています。また、自作サーバを使うことで、サーバの冗長な仕様をそぎ落とし、システム全体での低コスト化を進めています。

　さっそく効率向上をテーマに、仮想化技術、自作サーバについてそれぞれ解説することにしましょう。

> **memo**
>
> **効率向上作戦**
> - ハード効率
>   ➡冗長化を進めると、利用効率は低下する傾向
> - 仮想化技術（➡Lesson 36）
>   - ホストの集積度を上昇させる
> - 自作サーバ（➡Lesson 37）
>   - 必要十分な仕様により低コスト化

Lesson 36
仮想化技術

仮想化技術の導入

はじめに、仮想化技術の目的からまとめておきます。以下のような点が挙げられるでしょう。

- スケーラビリティ
    - オーバーヘッドの最小化
- コストパフォーマンス
    - リソースの使用率の向上
    - 運用の柔軟さ(環境の単純化)
- 高可用性
    - 環境の隔離

はてなでも、システム全体でのスケーラビリティを高めることやコストパフォーマンスを上げること、リソースの使用率を上げることや運用を柔軟にできるようにすること、サーバ環境を隔離して高可用性を実現する、そのあたりを狙っています。

仮想化技術の実装として、現在、市場にはさまざまま製品があります。代表的な製品を挙げると、以下のとおりです。

- VMware URL http://www.vmware.com/jp/
- Virtual PC URL http://www.microsoft.com/japan/windows/virtual-pc/default.aspx
- Parallels URL http://www.parallels.com/jp/
- Xen URL http://www.xen.org/

はてなでは、Xen(CentOS 5.2、Xen 3.0.3)を使っています。

仮想化技術を使う場合のストレージとしてネットワーク上の仮想ディスクを使うという構成もよく採用されますが、はてなではローカルディスク上にLVM(*Logical Volume Manager*)のパーティションを作成しています。

仮想化技術の効用

はてなでは仮想化技術を使用することで、実際に以下の効用が得られています。

❶IPMIの代替としてのハイパーバイザ
❷ハード差分の吸収（➡環境の抽象化）
❸準仮想化（ParaVirtualization）を使用
❹リソース消費の制御
- 過負荷のアラート
- 負荷の調整

まず❶については、ベンダ製のサーバには IPMI（*Intelligent Platform Management Interface*）というリモート管理機能がありますが、その代替としてハイパーバイザーを使うことができています。ハイパーバイザーは、いわゆるホストOSのことです。サーバ上に最初に起動するOSを「ホストOS」（Xen用語ではDom0）、ホストOS上で起動するOSを「ゲストOS」（Xen用語ではDomU）といいますが、ホストOSを別名「ハイパーバイザー」といいます。IPMIはベンダ製のサーバ製品に実装されていることが多いリモート管理機能で、たとえば電源ON、OFFを遠隔から行う、ということができます。はてなでは、そのIPMIの代替としてハイパーバイザーという層を1つ増やすことでゲストOSをリモートから制御しています。これによってIPMIが搭載されていない安価のハードウェアを使うことができます。

次に、❷ハード差分を吸収して環境を抽象化できています。これにより新しいハードや古いハードでも差分を気にせずに使用できます。

❸はXenに特化した話ですが、仮想化によるオーバーヘッドを減らすためにハードウェアを完全にエミュレートしない準仮想化（*ParaVirtualization*）という方式があり、そちらの方式を使用しています。

さらに、❹として、リソース消費をソフトウェアレベルで強力に制御することができています。制御することで「過負荷のアラート」「負荷の調整」を行えます。

Lesson 35の「システムの安定化対策」で異常なリソース消費を見つけたら

強制的に再起動する、という話をしました。その流れで過負荷時にプロセスを再起動するだけではなく、ゲストOSの自動再起動も行っています。ゲストOSを自動的に再起動させるときにはmonit[注1]というリソース管理用のツールを使って、ロードアベレージがいくつか、メモリ消費がどれぐらいか、ネットワークコネクションを確立することができるか、などを監視させています。監視している値が設定した閾値を超えたら、Apacheの再起動やゲストOSの再起動を行うわけですね。

仮想化サーバの構築ポリシー

　仮想化技術を導入する最も基本的な目的は、ハードウェアの利用効率の向上です。ハードウェアの利用効率の向上のために、空いているリソースを使うゲストOSを投入します。

　たとえば、CPUリソースが空いてたらWebサーバ、I/Oリソースが空いていたらDBサーバ、メモリ容量が空いていたらキャッシュサーバを投入します。

　リソースの消費傾向が似ており、かつ負荷の高い用途のゲストOS同士は、リソースを食い合うため、同居は避けるようにしています。

　先ほど述べたように、仮想化技術を導入するときに中央に大きい信頼性の高いストレージを置き、ネットワークでファイルシステムをマウントする構成を採用することも一般的には多いのですが、そういったものは使っていません。なぜ使っていないかというと、高価なストレージサーバを使用しないと十分な安定性を確保することができないからです。まぁ、そのようなハードウェアは高いからというのが大きいですね。

> **memo**
>
> **仮想化サーバの構築ポリシー**
> ・ハードウェアリソースの利用率の向上
> ➡空いているリソースをおもに利用するゲストOS(DomU)を投入
> 　・CPUが空いている➡Webサーバ

注1　URL http://mmonit.com/monit/

> - I/Oが空いている ➡ DBサーバ
> - メモリが空いている ➡ キャッシュサーバ
>
> - 同居を避ける組み合わせ
> ➡ 同じ傾向かつ負荷の高い用途同士（別サーバのWebサーバ同士など）は避ける
> - 中央ストレージは使用しない

仮想化サーバ——Webサーバ

具体的なゲストOSの構成を挙げてみます。たとえば4GBメモリを搭載しているサーバに、おもにWebサーバ用のゲストOSに3.5GBを割り当てていたとします（図14.1）。最近メモリが安くなっているので、基本的に8GBに増強するようにしています。そうすると、メモリに余裕が出てくるので、Webサーバ用ゲストOSのメモリを5.5GBに拡張し、さらにmemcached用のゲストOSに2GBを割り当てています。

仮想化サーバ——DBサーバ

次にDBサーバの例です（図14.2）。DBサーバでは、DBがある程度のメモリを消費するがCPUリソースとI/Oリソースはそれほど消費しない、ということがよくあります。そのような場合は、Webサーバ用のゲストOSを同居させてI/OとCPUを両方使い尽くしましょう。

●図14.1 仮想化サーバ（Webサーバ）

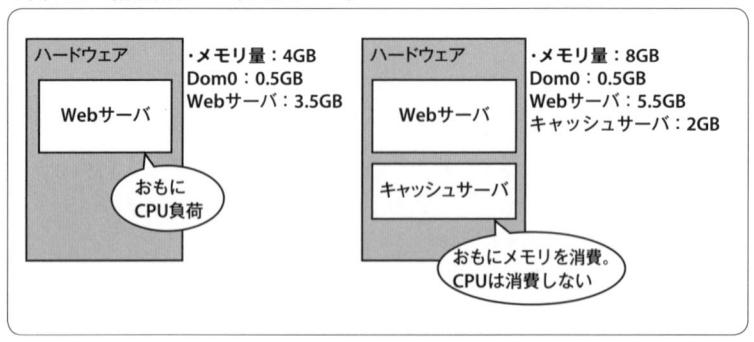

ハードウェア	・メモリ量：4GB Dom0：0.5GB Webサーバ：3.5GB	ハードウェア	・メモリ量：8GB Dom0：0.5GB Webサーバ：5.5GB キャッシュサーバ：2GB
Webサーバ （おもにCPU負荷）		Webサーバ キャッシュサーバ（おもにメモリを消費。CPUは消費しない）	

Lesson 36 仮想化技術

仮想化によって得られたメリットの小まとめ

　ここで、仮想化技術によって得られたメリットについてまとめておくことにしましょう。具体的なメリットとしては、物理的なリソース制約の解放により、動的に変更できるようになったり、ゲストOSのマイグレーションや複製が容易になったりしました。これらにより容易なサーバ増設が可能となり、スケーラビリティの確保に結び付いています。

　あとはソフトウェアレベルで強力なホストのリソース制御を行い、異常動作時の局所化、ホスト制御が容易となりました。効率が向上し、システムを全体的に安定化できるようになってきています。現在ではこれらのメリットを便利に生かしており、かなり仮想化技術の運用もこなれてきています。

---

memo

仮想化によって得られたメリット
- 物理的なリソース制約からの解放
    - リソースの動的な変更
    - VMのマイグレーション・複製

➡容易なサーバ増設➡さらなるスケーラビリティへ

- ソフトレベルの強力なホスト制御
    - 異常動作時の局所化
    - ホストの制御が容易となる

➡ハードウェア・運用のコスト低下

➡コストパフォーマンスの向上、高可用性へ

●図14.2　仮想化サーバ(DBサーバ)

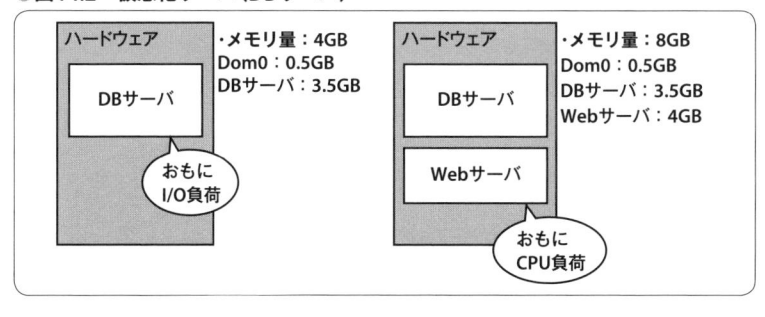

ハードウェア	・メモリ量：4GB Dom0：0.5GB DBサーバ：3.5GB	ハードウェア	・メモリ量：8GB Dom0：0.5GB DBサーバ：3.5GB Webサーバ：4GB
DBサーバ （おもにI/O負荷）		DBサーバ Webサーバ （おもにCPU負荷）	

第14回　効率向上作戦 ── ハードウェアのリソースの使用率を上げる

仮想化と運用 ── サーバ管理ツールで仮想化のメリットを運用上活かす

第12回の負荷の把握の解説の際にサーバ管理ツールを紹介しました。サーバ管理ツール上でも、サーバの親子関係は把握できるようにしています。

たとえば、図14.3はラック情報ですが、例として特定のラックの中のホスト情報を表示しています。図14.3中のグレー地表示がホストOSで、白地表示がゲストOSです。ホストOSとゲストOSがセットになっていて、ゲ

●図14.3　特定のラックに含まれるサーバの構成を負荷とともに一覧

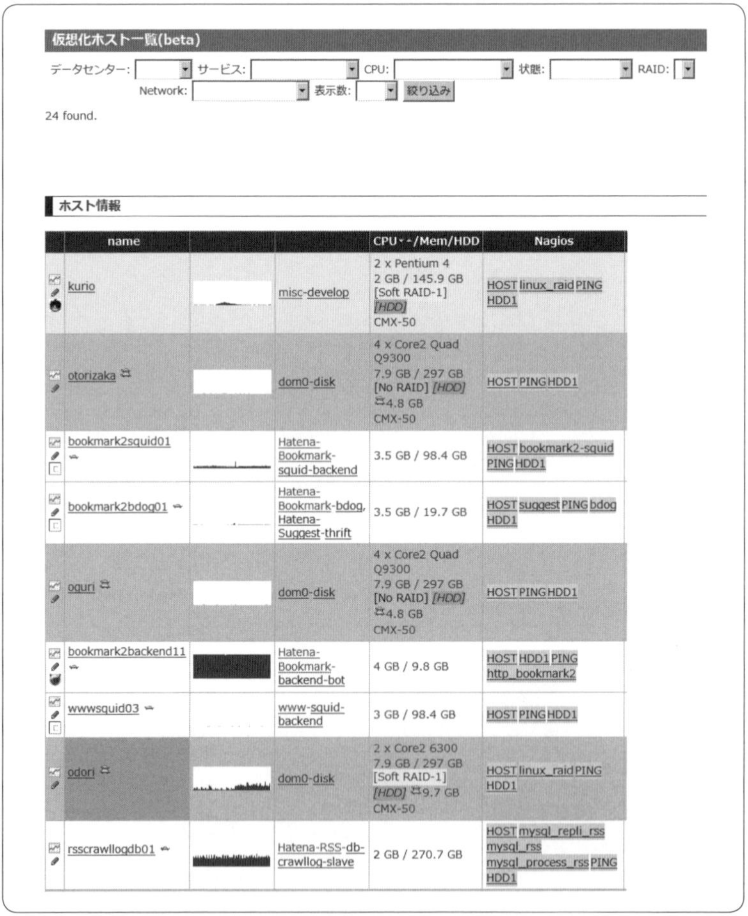

ストOSが2台載っているのか、3台載っているのかがわかるようになっています。

このへんの管理をしっかりしないと、仮想化のメリットが運用上活きてこないので、このような管理システムの作り込みとセットでやることは大事です。あとは図14.4のように、同居しているゲストOSのグラフをまとめて見たり、CPU負荷をゲストOSごとに別々のページにするのではなく、同じページでまとめて確認できるようにしたりしています。

また、はてなでは、仮想化されたホストの親子関係をDNSを使用して調べることができるようにしています。たとえば、先ほどの図14.3では、oguriというホストOSの上にbookmark2backend11というゲストOSが配置されています。DNSを利用して、それぞれのホスト名でIPアドレスを取得することができるようにしているのですが、さらにparent.bookmark2backend11という名前で、ゲストOSの親のIPアドレス、つまりoguriのIPアドレスが得られるようにしています。これによって、ゲストOSが不調になり外部からログインできなくなった場合も、すぐに親のホストOSにログインしてゲストOSの様子を調べることができます。

仮想化された環境では、ゲストOSをあるホストから別のホストに移動させることはよくあります。そのため、ゲストOSの親ホストを必要になるたびに管理ツールなどで調べるのは非常に手間ですので、"parent."と前に付けるだけで親ホストを示すようにしています。これは実装前に予想していた以上に便利で、もはやこれなしでの運用は考えられませんね。このようなDNSとの連携をすぐに作り込めるのも、自前でサーバ管理ツールを実装しているメリットだと感じています。

仮想化の注意点

以上、はてなでの仮想化技術の導入状況やメリットについて一通り話をしました。何か気になる点はありますか？

学生：仮想化でデメリットはあるのでしょうか？

良い質問ですね。典型的なデメリットとしては、パフォーマンス上のオ

第14回　効率向上作戦 —— ハードウェアのリソースの使用率を上げる

● 図14.4　同居しているゲストOSに関連するグラフを一覧表示

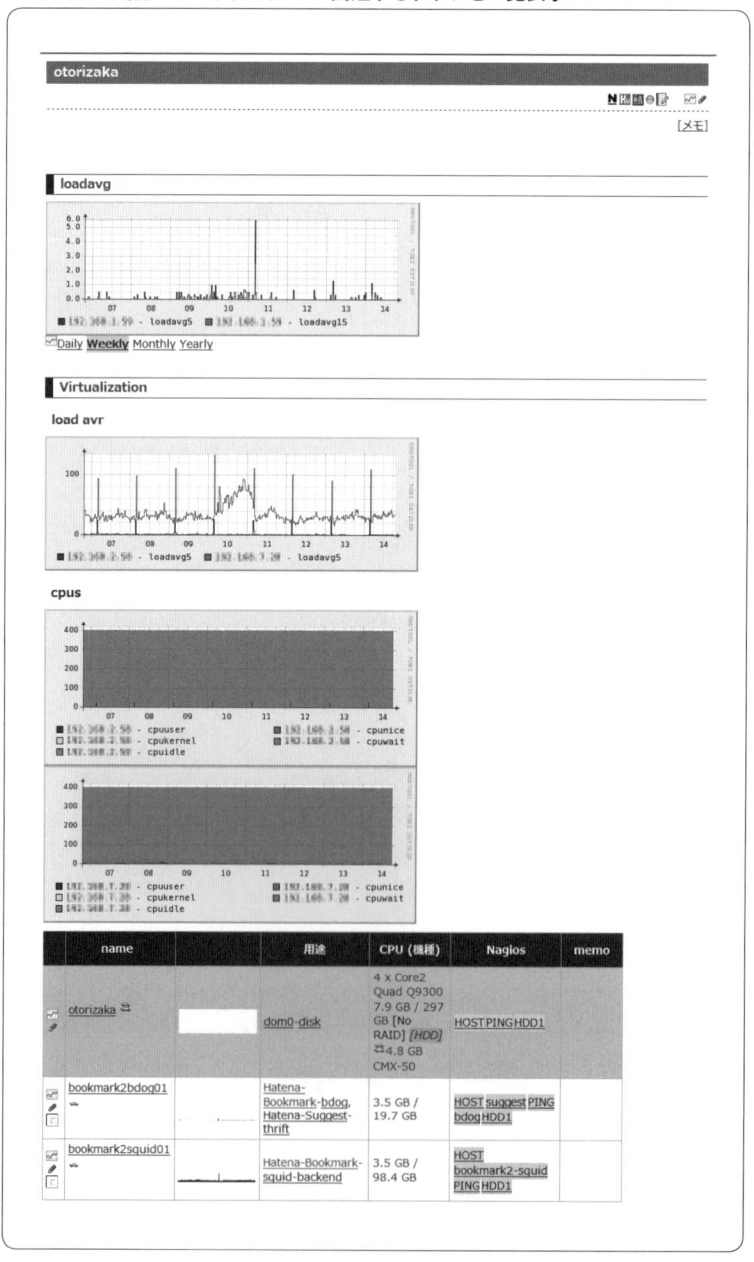

name		用途	CPU (機種)	Nagios	memo
otorizaka		dom0-disk	4 x Core2 Quad Q9300 7.9 GB / 297 GB [No RAID] [HDD] 4.8 GB CMX-50	HOST PING HDD1	
bookmark2bdog01		Hatena-Bookmark-bdog, Hatena-Suggest-thrift	3.5 GB / 19.7 GB	HOST suggest PING bdog HDD1	
bookmark2squid01		Hatena-Bookmark-squid-backend	3.5 GB / 98.4 GB	HOST bookmark2-squid PING HDD1	

ーバーヘッドがあります。はてなにおける経験値ですが、大体、

- CPUで2～3%
- メモリの性能も1割くらい
- ネットワークの性能は半分くらい
- I/O性能が5%くらい落ちる

という数値がオーバーヘッドの目安としてあります。これが、最大のデメリットです。

あとは仮想化技術の実装上での不具合により、突然ネットワークが落ちるとか、そのあたりの不安定要因が若干増えるということがありますが、それに比べてメリットが十分大きいので、仮想化技術を使っています。

もっとも、ネットワーク性能が半減してしまうのは用途によってはけっこう痛い。後ほど説明しますが、はてなではネットワークルータとしてPCルータを使っていて、PCルータでは仮想化を使っていたために性能が落ちている、ということがありました。仮想化技術がボトルネックだったということは最近になってわかったことで、仮想化技術は万能ではないということを学んだところです。そのため現在では、用途によっては仮想化技術を導入せずに使用しているところもあります。

*　*　*

以上で、仮想化技術の説明でした。仮想化技術がさらなるスケーラビリティの確保やコストパフォーマンスの向上、高可用性と、効率向上につながっているのが把握できたと思います。効率向上のポイントはまだまだあります。続いては、要素技術としてハードウェアを見ていくことにしましょう。

第14回　効率向上作戦 ──ハードウェアのリソースの使用率を上げる

Lesson 37
ハードウェアと効率向上
低コストを実現する要素技術

プロセッサの性能向上

　ここからは、ハードウェアの話です。ムーアの法則は有名なので、みなさんご存じでしょう。ムーアの法則は「集積回路上のトランジスタ数は18ヵ月ごとに倍になる」という法則です。図14.5はインテルのホームページに載っているグラフでCore 2 Duo世代まで載っていますが、まだまだ直線的に延びていてプロセッサは指数的に性能が向上するハードウェアであることがわかります。

　ムーアの法則はトランジスタの集積度の話で、この分野は技術的にはまだまだ伸びています。一方、コア単体での性能は、すでに上限にあたりつつあると言われていますが、コア数についてはこれからまた増えていくことで、少なくともサーバ用途で使っている限りは性能は当面は増えていくことが期待できます。

●図14.5　ムーアの法則[※]

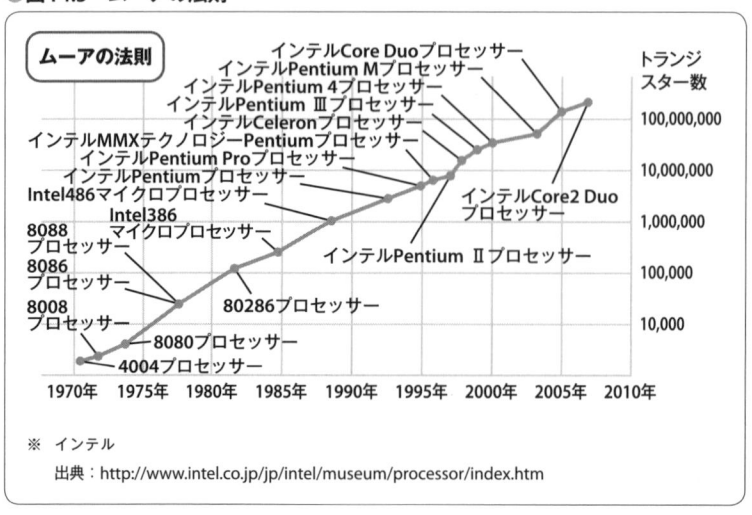

※　インテル
出典：http://www.intel.co.jp/jp/intel/museum/processor/index.htm

メモリ、HDDのコスト低下

　メモリとかHDDは急速に安くなっています。たとえば、3年前に2GBで3万円程度だったのが、最近は5千円程度。第2回にも話がありましたが、2GBとか4GBのクラスのメモリの価格がどんどん落ちています。

　4 core CPU 8GBのサーバを例にすると、3年前作ろうと思ったら数十万円したのですが、今は8万円で作れます。このあたりの価格破壊というのは大変なインパクトがあります。

> **memo**
>
> **メモリ・HDDも急速に安価になっている**
> - 3年前：2GBで3万円
>   - 8GBで12万円
> - 現在：2GB×2で5千円程度
>   - 8GBで1万円
> - 4 core CPU 8GBのサーバにかかる費用
>   - 3年前：数十万円
>   - 現在：8万円

メモリ・HDDの価格の推移

　図14.6はサハロフ氏によるメモリ、HDDの価格推移のグラフで、パーツごとの値段の推移をグラフ化したものです。実際にはカラフルなグラフなので興味のある人は出典のURLを参照してみてください。今回は紙面の都合もあり白黒で掲載していますが、価格推移の傾向として基本的にすごい勢いで右肩下がりで下がっているのが見てとれるでしょう。こんな勢いで値段が落ちていく業界も数多くはないのではないでしょうか。

　現状HDDメーカーは次々と減っており、その過程で吸収合併を繰り返しています。また、メモリ業界も吸収合併が激しくて、競争が極めて激しいところです。メモリ業界もHDD業界も最終的には世界で2〜3社しか残らず、規模をどんどん高めていって、規模の経済で何とか収益を確保すると言われています。そういった業界構造が表れたグラフになっています。はてなのようなWebサービスの提供業者としては、このような価格の低下

という変化をうまく自らのインフラに即座に反映して、コストメリットを活かしていくことが結果的に競争優位につながると考えています。

安価なハードの有効利用──仮想化を前提としたハードウェアの使用

はてなでは安価なハードウェアをできる限り有効利用をしようとしていて、管理機能は最小限で抑えつつ、コアはできるだけ多くのものを採用し、メモリは十分安いので限界まで積んで置いています。また、I/O性能については用途ごとに求められるレベルがずいぶん違うので、ディスクレスサーバを用意したり、ハードウェアRAIDによるRAID-10を組んでみたり、SSDでRAID-0とかを組んでみたり、いろいろなパターンを用意しています。

最低限の管理機能という点では、IPMIのような管理系のハードウェアはコストになります。現在、IPMI機能を付けると、大体1万円から2万円くらいサーバの値段が上がります。そのため、Intel AMTというデスクトップ用のマザーボードにも付いている機能でこれを代替して、あとは仮想化技術でゲストOSをソフトウェア的に分離することで、リソース制御を可能

●図14.6　メモリ・HDDの価格の推移（2010年4月時点の最新版）※

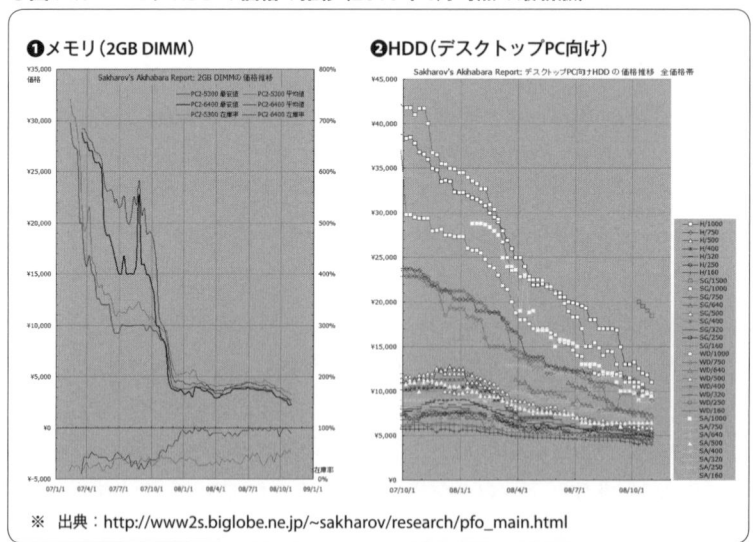

※　出典：http://www2s.biglobe.ne.jp/~sakharov/research/pfo_main.html

にしており、IPMIのための1〜2万円のコストを削減しています。このような低コスト化に向けた努力も行っています。

最近は図14.7のようなハードウェアを使っています。デスクトップ用のマザーボードを使用して、1台8万円くらいで自作しています。

仮想化を前提としたハードウェアの具体的な構成は、以下のようになっています。

- デスクトップ用マザーボード
    - Intel AMT
- デスクトップ用CPU
- ネットワークポート×1
- ECC（*Error Check and Correct*）なしメモリ（non-ECCメモリ）
- RAID（*Redundant Arrays of Inexpensive Disks*）なし、またはソフトウェアRAID

ベンダ製のサーバ（Dellなど）だと、ネットワーク用のポートは最小でも2つということのが多いのですがそこは1個でいいとか、ECCもなしでいいとか、RAIDもなくていいことが多いとか、Webに特化したハードウェアに割り切ることでコストを下げています。

●図14.7　仮想化を前提としたハードウェア

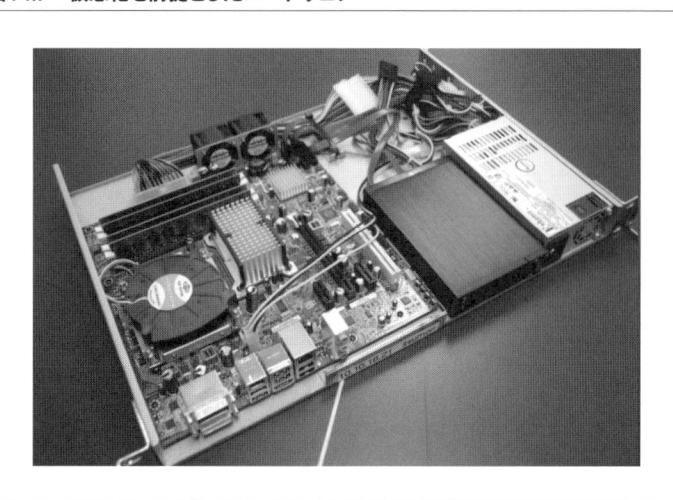

第14回 効率向上作戦 —— ハードウェアのリソースの使用率を上げる

> **memo**
>
> **安価なハードウェアの有効利用の方針**
> - 最小限の管理機能
> - メニーコア（多コア）のCPU
> - 大量のメモリ
> - フレキシブルなI/O性能
>   - ディスクレス
>   - ハードウェアRAID-10
>   - SSD RAID-0
> - 管理用のハードコンソールを不要にする
>   - IPMI機能 ➡ Intel AMT

SSD

　第11回でSSD（図14.8）を使っていると少し話で触れました。このあたりの新しい技術をどんどん積極的に導入していくというのはすごく大事なことで、いろいろトライしています。

学生：SSDはどこで使っていますか？

　たとえばはてなブックマークの場合、DBのスレーブサーバの多くで使用しています。

●図14.8　SSD

Lesson **37** ハードウェアと効率向上 ── 低コストを実現する要素技術

　ちょうどいい比較ができるグラフが図14.9（CPU負荷）、図14.10（I/O負荷）、図14.11（SQL数）です。これらのグラフではI/O readとI/O writeを示しています。紙面の都合で白黒なので補足説明をしながら進めますが、傾向は見てみてください。**1**がベンダ製のサーバ用ハードウェアで、大体30万円か40万円くらいするハードウェアです。一方、**2**がIntelのSSDを搭載

●図14.9　CPU負荷（オンメモリ vs. SSD）

132GB RAM　　　　　　　　**2**8GB RAM＋SSD

↑I/O待ちはほとんど発生せず

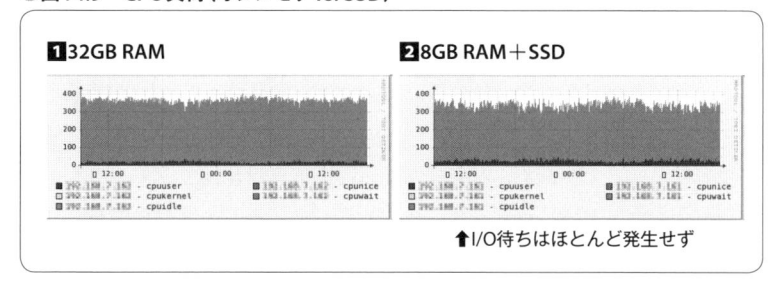

●図14.10　I/O負荷（オンメモリ vs. SSD）

132GB RAM　　　　　　　　**2**8GB RAM＋SSD

↓ほぼオンメモリ　　　　　　　↓大量のI/O read

I/O write　　I/O read

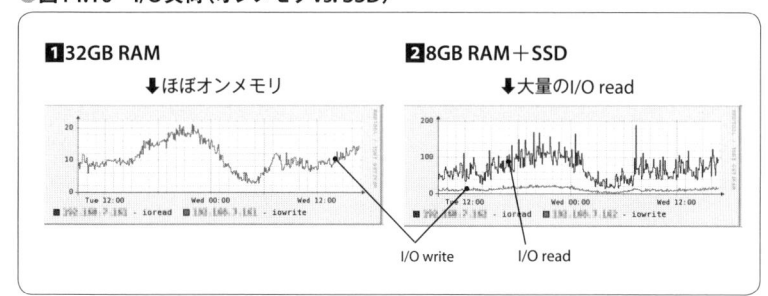

●図14.11　SQL数（オンメモリ vs. SSD）

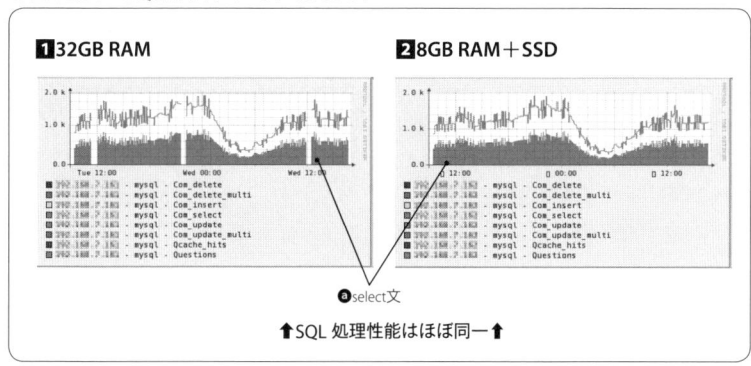

132GB RAM　　　　　　　　**2**8GB RAM＋SSD

ⓐselect文

↑SQL処理性能はほぼ同一↑

285

していて、大体10万円か11万円、12万円、今SSDどんどん安くなっているので、今作ると10万円くらいで作れます。

一番注目したいところが、図14.10のI/O負荷です。32GBのメモリを載せているとデータが全部メモリ上に載っているのでI/O readがまったく発生せず、更新のI/O writeだけが発生しているというグラフになっています。一方、SSDのほうはメモリが8GB、仮想OSには7GBしか割り当てていないので、データがメモリにほとんど乗らなくてI/O readが相当に発生しているという、わかりやすい差が出ています。

ここでSSDを使用しているサーバのCPU負荷を図14.9で見ると、図14.10のとおりI/O readがかなり発生しているにもかかわらず、I/O待ちはほとんど発生しておらず、I/O readはとても軽い負荷で捌かれているということがわかります。実際、ロードアベレージも両サーバとも同じ程度で処理できていて、32GBのメモリを積んだサーバ用ハードウェアと遜色ない負荷で済んでいます。

実際に処理しているSQLの数ですが、図14.11の❶がSELECTのSQL数で、大体毎秒500クエリほど処理しています。SSDのほうもほぼ同じくらいで処理できています。ハードコストを1/4くらいに下げつつ、性能的にはほとんど変わらないということがSSDのおかげで実現されているという結果です。

以上のSSDの例は、新しいハードウェアを投入すると、安価に性能が大幅に改善されたというわかりやすい例ですね。自前でインフラを構築しているからこそ、こういう取り組みを早期にできています。

---

memo

SSDのアクセス性能
- 良好なランダムアクセス性能
- メモリ>SSD>HDD RAID-0/10>HDD RAID-1
- ➡メモリほどではないが、十分に高速
- Intel SSD X-25E/M、はてなの本番環境で稼働中

Lesson 37　ハードウェアと効率向上――低コストを実現する要素技術

Column
SSDの寿命
消耗度合いの指標に注目！

　SSDは比較的新しいデバイスで高い性能が着目されていますが、運用している間に問題となる現象についてはHDDほど明らかになっているわけではありません。はてなで使用しているSSDはほぼすべてがIntel製となっており、もう1年以上の運用実績があり徐々にノウハウを溜めているところです。

　SSDを扱う上で一番気になるのは、いつどのように壊れるのか、ということです。HDDが時間とともに消耗して壊れるのは周知の事実なのですが、SSDも時間とともに消耗して壊れる、と考えるのが自然です。

　SSDの消耗度合いの指標となるのは、S.M.A.R.T.値のE9（Media Wearout Indicator）という項目です。この値はSSDの記録メディアであるフラッシュメモリの消費度合いを示しており、平均消去回数が増える従い正規化された値が100から1へ減少していきます。この値は、smartctlコマンドで取得できます（図G.1）。現在のsmartctlのバージョンでは名前がUnknown=Attributeとなっていますが、IDが233（16進数でE9）がMedia Wearout Indicatorに該当します。はてなでは各サーバのこの項目の値をグラフ化しながら、SSDの消耗を管理しようとしています。はてなで最も激しく書き込みのあるSSDでは、9ヵ月程度でこの値が0になってしまいました。つまり、書き込みに伴なるデータの消去回数がIntelが保証している回数を越えてしまっており、いつ壊れてもおかしくない状態になってしまっています。

　このように新しいデバイスを使い出す際はどのように故障するのか、さまざまなデータを収集しながら特性を把握することが必要となります。

●図G.1　smartcrlの実行結果（一部省略）

```
smartctl version 5.38 [x86_64-redhat-linux-gnu] Copyright (C) 2002-8 Bruce Allen

=== START OF READ SMART DATA SECTION ===
ID# ATTRIBUTE_NAME          FLAG    VALUE WORST THRESH TYPE     UPDATED WHEN_FAILED RAW_VALUE
  3 Spin_Up_Time            0x0020  100   100   000    Old_age  Offline     -       0
  4 Start_Stop_Count        0x0030  100   100   000    Old_age  Offline     -       0
  5 Reallocated_Sector_Ct   0x0032  100   100   000    Old_age  Always      -       3
  9 Power_On_Hours          0x0032  100   100   000    Old_age  Always      -       1909
 12 Power_Cycle_Count       0x0032  100   100   000    Old_age  Always      -       23
192 Power-Off_Retract_Count 0x0032  100   100   000    Old_age  Always      -       13
225 Load_Cycle_Count        0x0030  200   200   000    Old_age  Offline     -       74961
226 Load-in_Time            0x0032  100   100   000    Old_age  Always      -       869020620
228 Power-off_Retract_Count 0x0032  100   100   000    Old_age  Always      -       869020620
233 Unknown_Attribute       0x0032  098   098   000    Old_age  Always      -       0
```

第15回
Webサービスとネットワーク
ネットワークで見えてくるサービスの成長

講師 田中 慎司

1Gbps超え、500ホスト超え、太平洋越え
トラフィック、ホスト数、サービス展開

　いよいよ講義も本編最終回を迎えました。第15回は、ネットワークの話です。Webサービスのネットワークでトラフィックがそれほど大きくなければ、各サーバを何も考えずスイッチに接続してルータを1個用意すればOKです。はてなも2年前くらいの規模まではそれで問題ありませんでした。

　それ以上のことが必要となるポイントがいくつかあり、たとえば、トラフィックがGbitの単位、1Gbpsになるといろいろ問題が発生してきます。ルータのパフォーマンスの観点では、bpsというよりはパケット/秒のppsほうが大事です。はてなで使用しているPCルータでは、30万ppsを処理するようになると限界になってきて、ここが1つのポイントになります。

　ほかにもホスト数が500を超えている状態で1サブネットで構成しているといろいろと破たんし、パケットロスが多発するようになります。

　また、北米やヨーロッパなどの地域へグローバルなサービスを展開しようとすると、1ヵ所のデータセンターではどうしても太平洋越えのトラフィックや大西洋越えのトラフィックが発生してレイテンシも限界になってきますので、この点も対策が必要です。

　以下の講義では、それぞれの分岐点を見ていきます。そして、さらなる上限とは？ についても触れておくことにしましょう。

---

memo

Webサービスとネットワーク
- ネットワークの分岐点（➡Lesson 38）
    - 1Gbpsの限界
    - 500ホストの限界
    - グローバル化、CDN
- さらなる上限へ（➡Lesson 39）

Lesson 38
ネットワークの分岐点

サービスの成長とネットワークの分岐点

　Webサービスのネットワークについて見ていきましょう。小トラフィックなら、何も考えなくてかまいませんが、サービスが成長するにつれ、ネットワークの分岐点を知っておかなければならなくなります。第15回の冒頭で触れた分岐点をまとめると以下のとおりです。

- 1Gbps（ルータ性能の観点で本当は30万pps（300Kpps））超え
  ➡ PCルータの限界
- 500ホスト超え ➡ 1サブネットの限界
- グローバル超え ➡ 1データセンターの限界

　はてなは、ここ1、2年でこのようなネットワークの限界点にそろそろ到達しています。500ホストも超え、グローバルサービスも始まり、このような限界がどんどん出てきて新しい技術、新しい考え方を投入しなければいけないという時期になっています。

1Gbpsの限界 ── PCルータの限界

　1Gbpsの限界は正確には30万ppsの限界です。はてなで使用している標準的なハードウェアで最近のLinuxカーネルを使うと、大体30万パケット/秒というのが限界だったということが実測の結果判明しています。このときの平均パケット長が300バイトだと、大体1Gbpsになります。Gigabit Ethernetのレベルでも1Gbpsというのが限界ですし、カーネルの性能的にも30万パケット/秒が限界であることがわかりました。

　対策としてはPCルータを複数並べるか、いわゆる箱ものルータ、たとえばCisco製の高価なルータを買うという解があります。今のところ、はてなでは安価に済むPCルータを並べるという方向で頑張っている状態です。箱ものルータを買うと、大体1台百万円から数百万円ぐらいになりま

すので、それに比べると安価に抑えることができるPCルータで、いつまで粘れるかという挑戦をしようと頑張っているところです。

> **memo**
>
> **1Gbpsの限界**
> - PCルータの転送能力が限界
>   - 30万pps（300Kpps）＝1Gbps（平均パケット長300バイト）
> - 対策
>   - PCルータを並べる➡今のはてなはこちら
>   - 箱ものルータを買う

500ホストの限界 ——1サブネット、ARPテーブル周りでの限界

　500ホストの限界は具体的には、スイッチのARPテーブル（*Address Resolution Protocol table*）周りで限界が来るようです。

　ARPテーブルについて詳しくは参考書などを見ていただくとして、ここでは簡単に説明しておきましょう。Ethernetでの通信というのはMACアドレス（*Media Access Control address*）をベースにしています。ARPテーブルとは、IPアドレスとMACアドレスの対応関係表で、このテーブルをスイッチは持っています。IP通信をするときは、まずIPアドレスで通信先を指定すると、それに対応したMACアドレスを検索し、Ethernet層での通信をMACアドレスを使用して行います。受け取った側は、その内容をIP層まで上げて、別のサブネットに送るかとか、サブネット内で通信を閉じるかというように通信を実現しています。

　このIPアドレスとMACアドレスの対になっているARPテーブルがありますが、使用しているスイッチでは、そのテーブルのサイズが大体数百くらいであるということに最近気付きました。ARPテーブルのサイズ上限が900前後だったのですが、実際にARPテーブルの中身が800強まで膨らんでいて、突然ある特定のホストだけpingが飛ばなくなり、通信ができなくなりました。当初は原因がまったくわからなかったのですが、いろいろ調べてみると、このARPテーブルの限界が原因だったということがわかって、そういったこともあるんだということで1サブネットは500ホストが限界と

思っておくのがいいとわかりました。

また、サブネットの中にホストをたくさん置くと、ブロードキャストパケットが徐々に増えていきます。そのトラフィックが無視できないようになってきて、ブロードキャストパケットを受信するだけでも実はCPUを少し食っていくようになります。極端な例では、ホストがたくさん格納されているサブネットのスイッチにEhternetケーブルを差すだけでCPU負荷が少し上がるのが観測できます。1サブネットに数百ホスト並ぶとそういったものが観測でき、とくにブロードキャスト通信に依存した処理を多く走らせるとEthernetを差すだけでCPU負荷が数十％になったりもします。

したがって、1サブネット内のサーバ数はある程度の数で抑えたほうが賢明です。その分岐点が大体500ホストくらいということが経験則的にわかっているところです。

500ホストの限界
- 1サブネットに配置できるホスト数＝約500
  - スイッチのARPテーブル
  - ブロードキャストパケットのトラフィック ➡ パケットロスが発生

ネットワーク構造の階層化

これまで述べてきたような問題への対策としては、ネットワーク構造の階層化というのがベストプラクティスとして確立されていて、3層構造で構成することがセオリーです。

❶一番小さいのがAccess層（アクセスエリア）
❷次がDistribution層（ディストリビューションエリア）
❸一番上がCore層（コアエリア）、またはOSPF（*Open Shortest Path First*）エリア

このような3層構造で、一番小さいサブネットで100台、200台で抑えてディストリビューションを1,000台程度、コア全体では10,000台単位が扱えるという、そういった階層構造を設けることが一般的です。

第15回 Webサービスとネットワーク —— ネットワークで見えてくるサービスの成長

また、ディストリビューションエリア間のトラフィックを制御して、あまり増えないようにしたり、サブネット間の通信量を制御したり、そのあたりも気を使うようになることが、大体数百台以上になったときに、気をつけるべき部分です。

参考までに図15.1がネットワーク階層化の構成図です。詳しい説明は割愛しますが、このように階層化を行いそれぞれのスイッチやルータをしっかり二重化しておくことで、ネットワーク構造の冗長化を実現しています。

グローバル化

続いて、グローバルの話です。太平洋を越えるアクセスというのは相当なオーバーヘッドです。

はてなのデータセンターにうごメモの FLV (*Flash Video*) ファイル (最大

●図15.1 ネットワーク構造の階層化

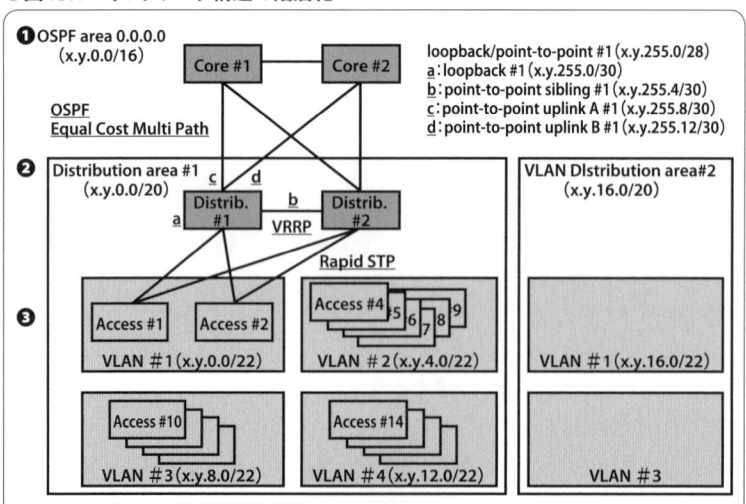

❶ OSPF area 0.0.0.0 (x.y.0.0/16)
  Core #1 — Core #2
  loopback/point-to-point #1 (x.y.255.0/28)
  a: loopback #1 (x.y.255.0/30)
  b: point-to-point sibling #1 (x.y.255.4/30)
  c: point-to-point uplink A #1 (x.y.255.8/30)
  d: point-to-point uplink B #1 (x.y.255.12/30)

  OSPF Equal Cost Multi Path

❷ Distribution area #1 (x.y.0.0/20)
  Distrib. #1 — Distrib. #2
  VRRP
  VLAN Distribution area #2 (x.y.16.0/20)

  Rapid STP

❸ Access #1 Access #2   Access #4 5 6 7 8 9   VLAN #1 (x.y.16.0/22)
  VLAN #1 (x.y.0.0/22)   VLAN #2 (x.y.4.0/22)
  Access #10   Access #14   VLAN #3
  VLAN #3 (x.y.8.0/22)   VLAN #4 (x.y.12.0/22)

OSPFエリア: iDC拠点ごとに。最大65534ホスト。
VLANディストリビューションエリア: iDC内の各ブロック(列)に対応。1440ホスト程度。
VLAN: 2-4ラック分に対応。1022ホストまで。

❶ Core(/OSPF)層: トラフィックの大きな流れを司る層
❷ Distribution層: トラフィックを各サブネットに配送する層
❸ Access層: サーバへのエンドポイントを提供する層

6MBか5MBくらいのサイズ)を、世界各所からHTTPで取得しようとすると大体20秒、30秒かかるようです。テストする際に30秒でタイムアウトしていたところ、タイムアウト率が5割を超えていて、30秒超えというのが珍しくない量になっています。したがって、今どきのインターネットでそこそこ容量も増えて高速になっていますが、それでも数MB単位のファイルを太平洋を越えて送るのは相当なオーバーヘッドです。うごメモのようなMBを超える容量のメディアを多数配信する用途では、1つのデータセンターから配信することは非現実的です。

　一方、CDNを使用すると状況は大きく変わります。第11回で取り上げたとおり、CDNにはAmazon Cloudfrontを使っています。CDNを使うと大体5秒、6秒で取得することができ、タイムアウトもほとんど発生せず良好なレスポンスタイムを維持できます。したがって、グローバルに対してサービスを行うというと、CDNを使うのがほぼ必須条件と言えるでしょう。

CDNの選択肢

　CDNとは何ぞやという話をしておきましょう。CDNは、Content Delivery Networkのことですね。CDN専門業者がいくつか選択肢があり、Akamai[注1]、Limelight Networks[注2]などがメジャーなプレイヤーで、はてなではAmazon Cloudfrontを使っています。

　CDNは世界各所にサーバを置き、そこにメディアをキャッシュさせ、ユーザが取りに行くときには一番近いサーバにアクセスしてメディアをダウンロードするということが基本的な動作原理です。

　Amazon Cloudfrontはサーバが地球上の各所にあって、その中から米国のユーザは一番近い米国のサーバに接続し、ヨーロッパのユーザはヨーロッパのサーバに接続し、アジアのユーザは香港か日本のサーバに接続します。このように最寄りのサーバに取得しに行って、レスポンスタイムを短縮するという技術です。

　Amazon Cloudfrontはサービス登場からまだ1年経ってませんが、はてな

注1　URL http://www.akamai.co.jp/enja/
注2　URL http://www.llnw.jp/

くらいの規模のサービスでは日本でははじめてに近い事例ではないかなと思っています。実際CDNを導入しようと思ったときにWeb系の他サービスを含めいろいろ聞いて回ったところ、Akamaiを使っているとこもあるしLimelight Networksを使っているところもありましたが、Amazon Cloudfrontを使っているというところは聞きませんでした。実際、値段的にも他のCDN事業者に比べると半分か1/3ぐらいのコストで済んでいるので、徐々に利用は増えていくのではないかと思っています。このあたりのしくみを考えるのは、グローバルサービスを提供するうえでの醍醐味ですね。

Amazon Cloudfront

　Amazon Cloudfrontは、オリジナルのデータを日本のデータセンターに置いています。そして、参照頻度の高いファイルをAmazon S3（*Amazon Simple Storage Service*）[注3]にアップロードし、ダウンロードはAmazon CloudFrontで配信するという構成になっています。具体的にどのような動きをするかというと、

- うごメモに対してメディアを投げるとフォーマットの変換を行う
- その変換したメディアファイルをS3にも同時にアップロードする
- うごメモのHTMLを表示するときにAmazon CloudfrontのURLで指定する

という流れで、Cloudfront経由で配信するという構成になっています。

　実際Flipnote Hatenaで表示されているメディアファイルのURLを見ると、cloudfront.netドメインになっています。つまり、Cloudfront経由で配信されるということですね。これを使うことで日本から配信してたら30秒くらいかかるメディアのダウンロードが大体数秒で配信されて、欧米のユーザも満足していただけるのではないかと思います。Cloudfrontの限界がどこにあるかなどはまだ見極めが必要で、これから実際に使用していく中で、徐々にわかってくるでしょう。

注3　**URL** http://aws.amazon.com/s3/

Lesson 39
さらなる上限へ

10Gbps超えの世界

　現時点で、はてながぶつかっている限界は大体以上です。しかし、ここからさらに上の限界というのがあって、次は10Gbps超えの世界があります。

　その世界では、AS番号（*Autonomous System number*）というのを取得して、IX（*Internet exchange*）に接続してトラフィックを交換したり、BGP（*Boarder Gateway Protocol*）というインターネットのルーティング制御をするプロトコルを使用したりします。こういった世界になると、さらにダイナミックなことになり、ここで誤った制御をしてしまうと、ほかのサイトにも迷惑をかけてしまって怒られることになってしまいます。一部の国で特定のサイトが見れなくなったということが時々あります。これは、ある組織がBGPによって間違ったルーティング情報を流してしまい、そのサイトのトラフィック制御がうまくいかなくなって結果的にその地域で見れなくなった、というのが事の真相であることがあります。

　そのようなインターネット全体に関わるようなトラフィックの制御に踏み込んでいかないと、10Gbpsというのは、なかなか効率的には捌けないという領域になってきます。インフラの観点からこのあたりを超えてくるのが楽しみで、今後のサービス成長を見守っています。

　AS番号などBGPでトラフィックを制御するための基本的な番号ですが、キャリアやISPだけではなくニコニコ動画のドワンゴやmixiのようなコンテンツプロバイダも取得しているようです。それくらいの規模になるとAS番号を取得して、BGPを使用してトラフィックの全体のコストを下げていこうという手段を採用していくようです。Yahoo! JAPANももちろん取得していて、直接IX接続をしてトラフィックコストを抑えているようです。このあたりも、大規模サービス独特の世界でおもしろいですね。

> **memo**
>
> **10Gbps超えの世界**
> - AS番号取得
> - IX接続によるトラフィック交換
> - BGPによるルーティング制御

はてなのインフラ —— 第11回～第15回のまとめ

　第11回～第15回にわたって、はてなのインフラの話をしました。はてなをはじめ、Webサービスのインフラの特徴をまとめると、

- 低コスト、高いスケーラビリティで、
- ほどほどの、だが、十分に高い信頼性

がキーになっています。

　各種技術としては、以下の4つを取り上げました。

- スケーラビリティ
- 冗長化
- 効率向上
- ネットワーク

　インフラはプログラムのコードとは少し離れた世界ですが、安定したインフラがあってこそ、安定したサービスが実現できます。そのため、インフラの知識を持ったうえでアプリケーションコードを書くとより品質の高いサービスができるのではと思い、カリキュラムに組み込みました。

　では全体を通して何か質問はありますか？

学生：サーバ管理ツールは自前で全部作ったのでしょうか？

　自前で全部作っています。そのうちオープンソースにしようかな、と考えています。実はオープンソース化と言い始めてから1年以上経っていて、まだできていないのが現状ですが、将来的にぜひしたいと思っています。

学生：最後にあった10Gbps超えは、はてなではいつごろになりそうですか？

　これから3～4年ぐらいでいける可能性はあると考えています。10Gbpsという数字は、メディアを配信しているかどうかが大きく影響しています。日本のインターネット全体の容量が数百GBとか、それくらいの世界の中で、ニコニコ動画のような動画系サービスのトラフィックが大きな割合を占めるようになっているそうです。はてなも、うごメモのような動画を扱うサービスがどんどん増えていくとだいぶ近づくことになると思います。うごメモが米国とヨーロッパで大流行して…などとなるとけっこう近いかという話も見えてきますが、さすがに年単位ではかかると思っていて、3年か4年かかるのでは、というところです。

＊　＊　＊

　以上で、15回にわたった講義は終わりとなります。おつかれさまでした！

特別編
いまどきのWebサービス構築に求められる実践技術
大規模サービスに対応するために

書き下ろし　田中 慎司

成長するサービス、増え続けるデータ
ジョブキュー、ストレージ、キャッシュシステム、計算クラスタ

　特別編では、インターンの講義で取り上げられなかったWebサービス構築のための実践的な技術を紹介します。とくに大規模サービス、大規模データ処理と関連の深い技術として、ジョブキューシステム、ストレージの選択（RDBMSかkey-valueストアか）、キャッシュシステム、計算クラスタの4つを取り上げることにしました。

　Special Lesson 1で取り上げるジョブキューシステムは、リクエストの非同期処理に使っています。成長を続けるWebサービスで課題となる、増え続ける一方のデータをどう追加/更新するかという課題に対する対策です。Special Lesson 2は、増大するデータを置くストレージの選択についてです。RDBMS、分散key-valueストア、分散ファイルシステムの基礎知識と、選択の指針を示します。Special Lesson 3はキャッシュシステムです。Webアプリケーションの負荷が増大してきたときに、低コストでできる対策としてしっかり押さえておきましょう。最後、Special Lesson 4は、MapReduce、Hadoopに代表される計算クラスタの概要を説明します。このシンプルな並列処理のしくみは大規模データの分野において応用範囲が広い技術であるという点は押さえておきたいところです。

　さっそく、解説へと進みましょう。

> **memo**
>
> **いまどきのWebサービスに求められる実践技術**
> - ジョブキューシステム　——TheSchwartz、Gearman（➡ Special Lesson 1）
> - ストレージの選択　——RDBMSかkey-valueストアか（➡ Special Lesson 2）
> - キャッシュシステム　——Squid、Varnish（➡ Special Lesson 3）
> - 計算クラスタ　——Hadoop（➡ Special Lesson 4）

Lesson 1
ジョブキューシステム
TheSchwartz、Gearman

Webサービスとリクエスト

　Webサービスでは、リクエストは基本的に同期的に実行されます。つまり、リクエストに起因するすべての処理が終わってからレスポンスが返却されます。そのため、成長を続けるWebサービスでは、データが徐々に蓄積され、データの追加処理、更新処理が重くなってきます。良好だったパフォーマンスも時間とともに悪化して、サービスのユーザ体験に影響するようになることがあります。そのような場合に、ジョブキューシステムを使用することで、後回しにできる処理を非同期に実行することができ、ユーザ体験を改善することができます。

　たとえば、はてなブックマークでは、ユーザがあるURLをブックマークした際の処理をジョブキューシステムで処理しています。それにより、URLの概要の取得とキーワード抽出、カテゴリ判定などの後回しにできる処理を非同期に実行しています。もし、これらの処理を同期的に実行していたらブックマークするたびに数秒から数十秒待たされることになるでしょう。

ジョブキューシステム入門

　Webアプリケーションの一部の処理を最も簡単に非同期化する方法は、非同期化したい処理を独立したスクリプトにし、そのスクリプトをアプリケーションの内部から呼び出す方法です。こうすることで、極めて簡単に処理を非同期化することができます。ただし、この方法ではスクリプト起動と初期化のオーバーヘッドが大きく、パフォーマンスが良くはありません。また、一時的に大量の非同期処理を実行させようとすると、その数だけのプロセスが起動しようとするため、これもパフォーマンス上のデメリットになります。そのため、この方法はプロトタイプか、せいぜい極めて小規模のアプリケーションに留めておくのが良いでしょう。

　ある程度の量の非同期処理を安定してさせるには、ジョブキューとワー

カーがセットになったジョブキューシステムを使用することが一般的です。ジョブキューシステムでは、ジョブキューに実行させたい処理（ジョブ）を登録し、ワーカーがキューからジョブを取り出して実際に処理します。ジョブキューによって、一時的に大量の処理が登録された時の負荷の変動を吸収することができます。ワーカーは、常時起動されており、処理実行時の初期化オーバーヘッドをほぼなくすことができます。

ジョブキューシステムの基本的な処理の流れは以下のようになります（図A.1）。

- クライアント（Webアプリケーション）
    ジョブを投入する。ジョブを投入した後は、処理を続行することができる
- ジョブキュー
    ジョブを蓄える
- ワーカー
    ジョブキューを参照し、未実行のジョブを取り出してジョブを実行する

はてなでのジョブキューシステム

はてなでは、ジョブキューシステムとして、Perlで実装された

●図A.1　ジョブキューシステムの基本的な処理の流れ

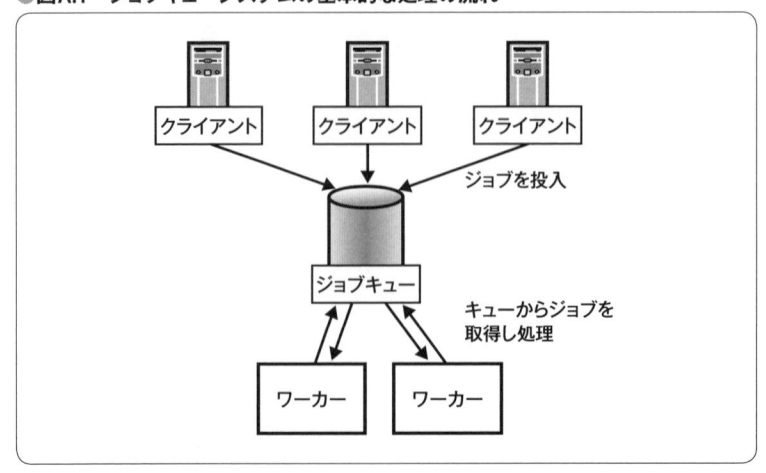

TheSchwartz[注1]とGearman[注2]を使用しています。

TheSchwartz

TheSchwartzは、ジョブキューにMySQLのようなRDBMSを使用するジョブキューシステムです。MySQLでジョブキューを管理することで、極めて高い信頼性と安定性を確保しています。非同期処理では、確実に処理されることが重要なことが多々あるため、この高い信頼性は大きなメリットとなります。もっとも、そのぶん、多少の速度は犠牲となっているため、TheSchwartzで扱うジョブの粒度はある程度大きくしたほうがいいでしょう。

Gearman

Gearmanは、TheSchwartzより軽量なジョブキューシステムです。ジョブキューをRDBMSではなく独自デーモンを使用しジョブの情報をオンメモリで格納することで、性能を確保しています。その分、信頼性が犠牲となっていますので、確実な処理が必要な用途には不向きです。

また、Gearmanはクライアントからジョブを投入する際に、以下の3つのパターンを取ることができます。

- 同期的に順番に処理
- 同期的に並列に処理
- 非同期的にバックグランドで処理

TheSchwartzは非同期にしか使えなかったことに比べると、Gearmanを使用することでより柔軟な処理ができるようになります。とくに同期的に並列で処理させることで、相互に依存しない処理を並行して処理し、全体の処理時間を大きく圧縮できる可能性を引出すことができます。

WorkerManagerによるワーカーの管理

TheSchwartzやGearman単体で、シンプルなジョブキューシステムとしては十分な機能を備えています。しかし、ワーカープロセスを細かく制御

注1　http://search.cpan.org/~bradfitz/TheSchwartz-1.10/
注2　http://www.danga.com/gearman/

しようとすると、TheSchwartz、Gearman単体ではサポートしていません。はてなでは自前で開発したWorkerManager[注3]をTheSchwartzとGearmanのワーカープロセスを管理するために使用しています。

WorkerManagerは、以下のような機能を備えています。

- TheScwartzとGearmanをラッピングし、できるだけ少ない変更で両方に対応させる
- 設定ファイルによるワーカークラスの定義。設定ファイルを修正するだけで、ワーカーとして使用するクラスを変更できる
- ワーカープロセスのライフサイクル管理。プロセス管理・デーモン化を行う
- ワーカープロセスのプロセス数の管理。プロセス数を管理し、並行処理可能なジョブ数を制御する
- ログ出力。ジョブを処理したタイムスタンプなどをログに保存する

ワーカープロセスのライフサイクル管理では、Apacheのpreforkモデルを参考に、親プロセスから指定された数の子プロセスを生成するようにしています。また、個々の子プロセスごとに処理するジョブ数を指定させておくことができます。ワーカープロセスのメモリが徐々に増大した場合に、一定の回数で子プロセスを再生成することで、メモリの浪費をある程度抑えることができるようになります。

ログからの分析

WorkerManagerでは、ワーカーがジョブを処理した際のタイムスタンプを記録します。また、TheSchewartzの場合は、ジョブの処理時間（process）と、ジョブが投入されてから実際に処理が行われるまでの遅延時間（delay）を記録します。処理時間と遅延時間を観測することで、投入されるジョブの種類と量に対してワーカーの処理能力が十分かどうかを確認することができます。とくに遅延時間が伸びてきた時には、いかに非同期処理といえども、ユーザ体験上問題となることもあります。その場合には、ワーカーのチューニングと増強を考えるタイミングとなるでしょう。

注3　URL http://github.com/stanaka/WorkerManager

Lesson 2
ストレージの選択
RDBMSかkey-valueストアか

増大するデータをどう保存するか

　Webアプリケーションにおいて、増大するデータをどのように保存するか、という問題は永遠の課題です。数十GB、数百GB、TBを超えるデータを扱うストレージは、わずかな構成変更やアクセスパターンの変化で、予想以上の応答速度が劣化することがあります。そのため、データ量やスキーマ、アクセスパターンに合わせたストレージ実装を選択することは極めて重要です。

Webアプリケーションとストレージ

　ここで、ストレージとは、アプリケーションのデータを永続的に、もしくは、一時的に保存するための機能、という意味で使っています。一口にアプリケーションで扱うデータと言っても、アップロードされたデジタルカメラの写真データや、ブログの本文のように、本質的に失うことができないオリジナルデータから、オリジナルデータを加工することで生成される、アクセスランキングや、検索用インデックスデータなど、再生成可能な加工データ、キャッシュのように、失われても、パフォーマンス上の問題以外は発生しないデータまでさまざまな特性があります。とくにオリジナルデータは最重要で、サービスの根本的な信頼性に関わってきますので、相応のコストをかけて、最上級の信頼性を確保したいものです。一方、キャッシュのようなデータは、信頼性はそれほど重要視されず、パフォーマンスを高めたり、コストを抑えたりすることが要求されます。

　また、このようなデータ特性だけではなく、データのサイズや更新頻度、成長速度というあたりも重要となります。表A.1に、アプリケーションで必要となるデータの例を示しています。

適切なストレージ選択の難しさ

　ストレージの設計とその実装は、過去にさまざまなものが提案されてお

●表A.1　アプリケーションで必要となるデータの例

	必要な信頼性	サイズ	更新頻度	種類
ブログ本文	高	小	低	オリジナルデータ
デジカメの写真	高	大	低	オリジナルデータ
検索用インデックス	中	中	高	加工データ
HTML整形後の本文	低	小	低	キャッシュ

り、オープンソースの実装も多数存在します。格納したいデータの特性に合わせたストレージを選択することが、コストとパフォーマンスと安定性のバランスを高い次元で達成するための鍵となります。ストレージの選択を間違えたまま、サービスを開始してしまうと、後々その間違いに気付いても、ストレージの変更は一筋縄には行きません。とくに開始後に順調に人気が出て、よく利用されるようになったサービスの場合、保存されるデータ量も大きくなり、サービス停止の影響も大きくなり、ますます難しくなります。

　テラバイト規模のデータを、サービスに影響なく、別のストレージに載せ変える、というのは、細心の注意が必要となり、また時間もかかる作業となってしまいます。過去に、はてなフォトライフのストレージをDRBD[注4]上のファイルシステムから、よりスケーラビリティの高いMogileFSに移行しました。このときの作業は、準備を合わせて数週間の時間がかかり、なかなか大変な作業でした。もちろん、サービスの成長を予測することは難しく、技術も進化していきますので、ストレージ設計をまったく更新せずに済ますことも難しいのですが、できるだけ特性に合ったストレージを選ぶことで、一つのストレージを末永く使用したいものです。

ストレージ選択の前提となる条件

　まず、ストレージを選択する際には、アプリケーションからのアクセスパターンを知ることが重要です。アクセスパターンとして、以下の6つの指標が選択の重要な判断ポイントとなります。

注4　URL http://www.drbd.org/

- 平均サイズ
- 最大サイズ
- 新規追加頻度
- 更新頻度
- 削除頻度
- 参照頻度

　また、サービスに求められる信頼性、許容できる障害レベル、使用できるハードウェアや、それにかけられる予算といったあたりも大事なポイントです。ストレージに関するハードウェアとしては、近年SSDが急速に勃興してきており、選択の際の判断基準が徐々に変化してきています。

ストレージの種類

　現在、使用可能なストレージを、大きくカテゴリに分類すると、以下のようになります。実装はオープンソースのものから選択しています。

- RDBMS：MySQL、PostgreSQLなど
- 分散key-valueストア：memcached、TokyoTyrantなど
- 分散ファイルシステム：MogileFS、GlusterFS、Lustre
- その他のストレージ：NFS系分散ファイルシステム、DRBD、HDFS

　それぞれのカテゴリについて、オープンソースの実装とその特性について押さえていきましょう。

RDBMS

　RDBMS（*Relational Database Management System*）とは、表形式でデータを保存し、多くはSQL言語によりデータ操作を行うシステムです。さまざまなデータを保存することや、強力な問い合わせをすることができ、最も汎用性の高いストレージです。

　RDBMSのオープンソース実装は、MySQLやPostgreSQLなどがあり、い

ずれも実運用環境で広く使われています。はてなでも、MySQLを汎用ストレージとして、各所に使用しています。RDBMSの実装は、それぞれ癖がありますが、近年では機能的・性能的には拮抗していますので、これまでに蓄積されたノウハウなどを基準に選択すればよいと思います。ここでは、MySQLについて、もう少し掘り下げてみます。

MySQL

　MySQLのアーキテクチャは図A.2のようになっており、SQLを解釈し実行する機能ブロックと、実際にデータを保管する機能ブロックが分離していることが特徴的です。後者の機能ブロックは、ストレージエンジンと呼ばれ、さまざまな種類のものが開発・実装されています。そのため、標準で提供されているものだけではなく、第三者によって実装されたストレージエンジンも比較的簡単に利用することができます。

　主要なストレージエンジンは、MyISAMとInnoDBがあり、現在開発中のものにMariaがあります。

MyISAM

　MyISAMは現在の最新版であるMySQL 5.1の標準ストレージエンジンとなっています。MyISAMは、シンプルな構造をしたストレージエンジンで、1テーブルが実際のファイルシステム上で3つのファイル(定義・インデックス・データ)として表現されます。過去にupdateもdeleteもしたことがな

●図A.2　MySQLのアーキテクチャ

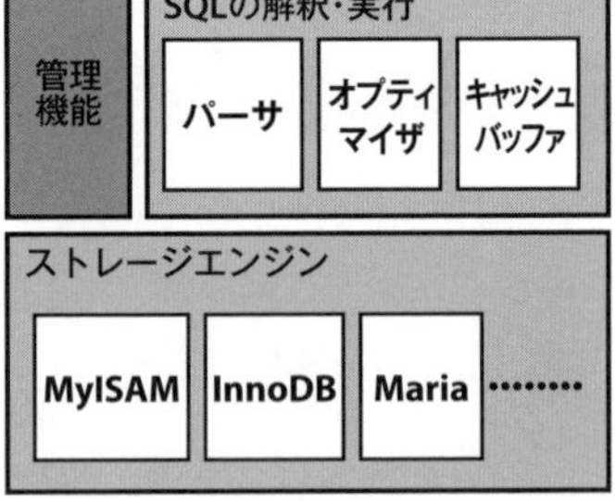

いテーブルに対するinsert操作（追記処理）が高速となっています。また、起動・停止も高速であったり、テーブルの移動や名前変更がファイルシステム操作で直接できるなど、DBの運用は容易です。

一方、DBプロセスが異常終了すると、テーブルが破損する可能性が高かったり、トランザクション機能もなく、update、delete、insert（追記以外）がテーブルロックとなっていたりするため、更新が多い用途には性能的に不利であるなど、いくつかデメリットも存在します。

InnoDB

InnoDBは、MyISAMとは対照的なストレージエンジンで、ストレージエンジン全体で事前に定義した少数のファイルにデータを保存する、トランザクションに対応する、異常終了した時のリカバリ機能がある、データ更新が行ロックになっているなどのMyISAMにはないメリットがあります。

ただし、起動・停止がデータ量によっては数分単位でかかる、テーブル操作はすべてDB経由で行わないといけない、などのデメリットもあります。

Mariaなど

MariaはMyISAMの後継として開発されているストレージエンジンで、現在ベータ版が公開されています。MariaはMyISAMに対して、トランザクション機能と異常終了時のリカバリ機能を加えたもので、MyISAMの弱点が大きく補われています。

ほかにもFalcon、NDB、Heapなど多数のストレージエンジンがあり、さまざまな特徴があります。

MyISAM vs. InnoDB

表A.2で主要なストレージエンジンであるMyISAMとInnoDBの比較をしてみます。はてなでは、アプリケーションの機能や特性を考慮した上でより適切なストレージエンジンを選択するようにしています。

はてなでは、基本的にはInnoDBを選択し、追記しかしないような場合はMyISAMを使用する、という使い分けをしています。ただし、もちろん絶対的な基準はなく、ケースバイケースで選択することが多いです。しか

●表A.2　MyISAM vs. InnoDB

アクセスパターン	適したストレージエンジン
追記しかしない	MyISAM
更新頻度が高い	InnoDB
トランザクションが必要	InnoDB
SELECT COUNT(*) を使用	MyISAM

し、一つ確実に言えることは、一つのサーバの上で両者を混在するべきではない、ということです。これらは、それぞれ異なる振る舞い、メモリの使い方をしますので、混在環境では効率的なCPUやメモリの使用が難しくなります。

分散key-valueストア

　key-valueストアは、keyとvalueのペアを保存するためのシンプルなストレージであり、分散key-valueストアは、このkey-valueストアをネットワーク対応させることで、多数のサーバにスケールさせる機能を持ったものです。key-valueストアは、RDBMSに比べて機能的には劣りますが、パフォーマンスが1桁～2桁上となるのが特徴です。

　key-valueストアで、最も有名な実装はmemcachedです。memcachedはファイルシステムを使用せず、オンメモリで動作するため、極めて高速に動作し、世界中で広く使われ、十分な稼働実績もあります。オンメモリで動作するため、再起動するとデータがすべて消えてしまいます。また、最近、注目を浴びているのがTokyoTyrantです。TokyoTyrantは、ディスク上にDBファイルを持つkey-valueストアの実装で、再起動した後もデータが保存されていることが特徴となっています。代表的なkey-valueストアの実装として、memcachedとTokyoTyrantを紹介します。key-valueストアの実装には、この2つ以外にも、意欲的な実装が多数あり、それぞれに技術的なメリット・デメリットがあります。よりアクセスパターンにフィットする実装を探してみるのもいいでしょう。

memcached

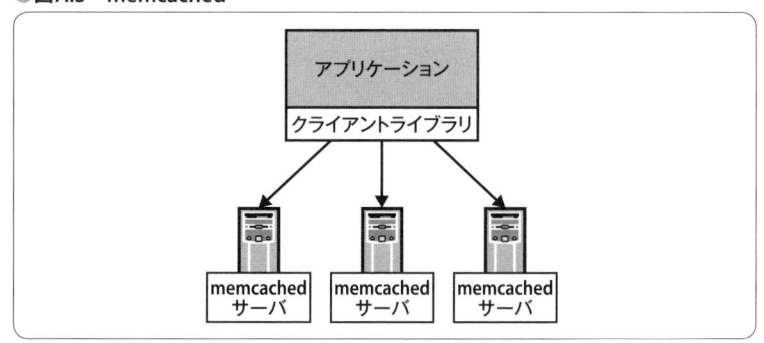

memcachedは、シンプルな実装の分散key-valueストアで、分散アルゴリズムをクライアントライブラリに実装していることが特徴的です（図A.3）。分散アルゴリズムは、キーのハッシュ値をサーバ台数で割った剰余を使用する単純なものから、Consistent Hashingのような比較的複雑なものまで存在します。使用する側としては、多数のサーバのうち、1台落ちても安全で、サーバの増減の影響を比較的受けにくい実装が望ましいです。はてなでは、現在は、Perlのクライアントライブラリとして、基本的にCache::Memcached::Fastを使用しています。

memcacedは、先に述べたように、オンメモリで動作していますので、極めて高速なのですが、プロセスの再起動でデータがすべて消えてしまいます。そのため、オリジナルデータの保存は、もちろん不適ですし、再生成に時間のかかる加工データの格納にも適さないことがあります。memcachedの適性が一番うまく働くデータは、キャッシュデータです。典型的な例としては、RDBMSから読み出したデータを一時的に保存しておき、再度参照する際は、まずmemcachedを参照し、ヒットしない場合のみ、RDBMSを参照する、という方法があります。RDBMS以外にも、外部リソースに問い合わせた結果をキャッシュするなど、さまざまなキャッシュ用のストレージとして活用できます。

キャッシュに限定する場合は、サーバには、メモリだけ潤沢に載せておけば十分で、CPU性能やIO性能は、それほど要求されません。そのため、

●図A.3　memcached

安価なハードウェアを並べることで大量のキャッシュプールを構築し、高価なハードウェアを要求するRDBMSの台数を減らす、という構成が可能となります。

TokyoTyrant

TokyoTyrantは、ローカルで動作するkey-valueストアであるTokyoCabinetをネットワーク対応させた実装です。TokyoCabinetは、ディスクにデータを書き出すことでデータを永続化させることができ、その拡張であるTokyoTyrantも、その特徴を引き継いでいます。

その他、データの冗長性を高めるためのレプリケーション機能を実装していたり、さまざまな形式でデータを扱うためのAPIが用意されているなど、意欲的な機能を備えています。性能面では、memcachedと比較するとディスクアクセスが発生する分、劣化していますが、それでもRDBMSと比較すると相当に高速となっています。

分散ファイルシステム

分散ファイルシステムも、もちろんストレージの有力候補となります。分散ファイルシステムは、ファイルシステムの特性上、通常は、ある程度以上のサイズのデータを保存するのに適しています。NFSのようにそれが考慮されている実装を除いて、細かいデータが大量にある用途には向かないことが多いです。

分散ファイルシステムはさまざまな実装があり、はてなで実際に使用している分散ファイルシステムを解説してみます。

MogileFS

本編でも取り上げましたが、分散ファイルシステムの括りでおさらいしておきましょう。MogileFSは、比較的小さい大量のファイルを扱うことを目的として、Perlで実装された分散ファイルシステムです。アーキテクチャは、図A.4のように、メタデータを収容するRDBMS、ストレージサーバ、その間をつなぐ配信サーバから構成されます。MogileFSは、大量の数

KB〜数十MB程度の画像ファイルを効率的に格納し、取得することを目的としたシステムとなっています。基本的にほとんどのデータは追加された後は更新されず、参照されるのみ、となるような用途に向いています。つまり、画像のアップロードを受け付けるようなWebアプリケーションに向いています。

ストレージサーバ上では、一つ一つのファイルは実ファイルシステム上でも1ファイルとして保存されます。通常、一つのファイルは三重程度に冗長化され、一部のストレージサーバが故障してデータが失われても、システム全体としては、正常に動作し続けることができるように設計されています。

ファイルの格納場所とファイルを特定するためのキーとの対応関係は、メタデータとして、RDBMSに保存されます。ファイルを取得する際は通常のファイルシステムのようにマウントするのではなく、WebDAVプロトコルで取得することになります。そのため、MogileFSを使用する場合は、アプリケーション側での作り込みが必要となっています。

MogileFSは、システムとしては複雑で導入するハードルはなかなか高いですが、はてなフォトライフやうごメモはてなのようなメディア主体のサービスにおいて、数十TBの領域が必要とされるメディアファイルのストレージとして十分対応できるスケーラビリティを備えています。

●図A.4　MogileFS

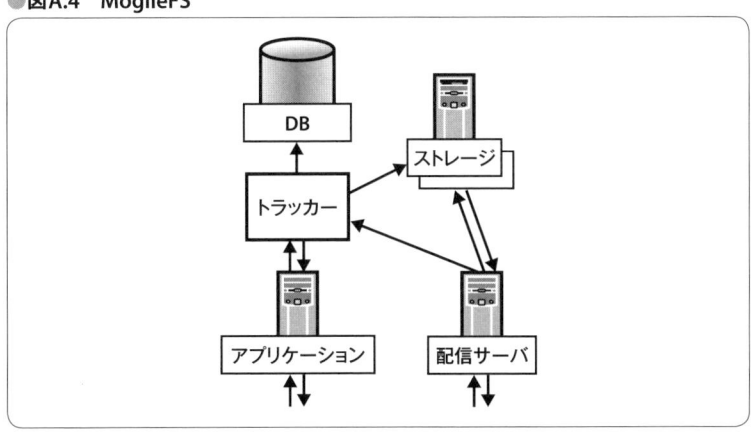

その他のストレージ

これまでに紹介したもの以外にも、さまざまなストレージが存在します。ここでは、はてなで使用した実績のあるNFS、WebDAV、DRBD、HDFSの4つについて紹介します。

NFS系分散ファイルシステム

古くからある分散ファイルシステムの実装としては、NFSがあります。NFSは、あるサーバのファイルシステムを他のサーバからマウントして、そのサーバのローカルのファイルシステムと同様に操作できるようにする技術です。ほとんどのUNIXシステムで実装されており、簡単に使用できるのが特徴です。一方、カーネルレベルで実装されていることが多く、サーバ側に障害が発生するとクライアントの動作も引きずられて停止してしまう、ということも発生します。

NFSの改良版としては、GlusterFS[注5]やLustre[注6]などの実装があります。これらの実装は科学技術計算用向けに作られていることが多く、比較的大きなファイルを扱う場合に良好なパフォーマンスを示すようです。GlusterFSは一度試したことがあるのですが、ファイルサイズや更新時間を取得するためのstatsシステムコールの呼び出しが通常のファイルシステムに比べて非常に遅く、比較的小さい大量のファイルの処理には不向きなようでした。

一方、ある程度のサイズのあるデータの場合、NFSを利用するなどして、ファイルシステム上に直接データを保存するというのは比較的現実的です。単純にファイルシステム上にデータを配置すると、そのデータを冗長化するのはなかなか難しいのですが、DRBDのような技術とうまく組み合わせることでシンプルでスケールするシステムを組める可能性があり検討に値します。

WebDAVサーバ

先に述べたように、NFSのプロトコルはカーネルレイヤで実装されていますので、ちょっとした不安定さがすぐに障害につながることがあります。

注5　URL http://www.gluster.org/
注6　URL http://www.lustre.org/

そのような場合は、WebDAVプロトコルをサポートしたストレージを使用することもできます。WebDAVはHTTPをベースとしたプロトコルで、アプリケーションレイヤで実装されることが多く、より安定したシステムを構築することができます。冗長化に関しては、NFSと同等な困難さが付き纏いますので、プロセス間でデータを受け渡すような一時的にしか必要のないデータの置き場所には適しています。

WebDAVによるストレージも一般的には、マウントできませんので、ファイル操作にはアプリケーション側での若干の作り込みが必要となります。

DRBD

DRBD（*Distributed Replicated Block Device*）は、ネットワークレイヤでのRAIDといえる技術です。DRBDはその名前のとおり、ブロックデバイスレベルで分散・冗長化させることのできる技術で、2台のストレージサーバのブロックデバイスで同期を実現します。ブロックデバイスレベルでの分散冗長化はRAID-1をネットワーク上で実現したものとなっており、片方のブロックデバイスレベルでの完全なコピーをもう片方で保持しています。もし片側のサーバで障害が発生した場合は、障害原因を取り除いた後に正常なデータを再同期することで元通りに復元できます。このあたりの挙動はRAID-1とほぼ同一となっています。

また、DRBD上の動作するシステムはRAIDと同様にファイルシステムより上位からは冗長化されていることを意識する必要がなく、通常のHDD上でのブロックデバイスと同様に扱うことができます。

HDFS

HDFS（*Hadoop Distributed File System*）はその名前が示すとおり、後で解説するHadoop用に設計された分散ファイルシステムです。HDFSでは、ファイルを64MBごとに分割して格納し、数百MB～数十GBの巨大なデータを格納することを目的としています。基本的なアクセスは、Java API経由となっており、MapReduce向けという特性から、一つ一つの操作のレスポンスは早くないため、リアルタイム性が必要とされる用途には向きません。MapReduceのように巨大なファイルを格納しておいて、一気に処理すると

いう用途に適しています。

ストレージの選択戦略

このように一口にストレージといっても多種多様なものがあり、アプリケーションの特性に合わせて適切なものを選ぶのはなかなか困難です。そこで、図A.5にストレージの選択フローチャートを書いてみました。これに従えば、適切なストレージを選択することができるはずです。

もちろん、選択した後はそのストレージを適切なハードウェア上に構築し、適切に設定・チューニングする必要があります。また、格納されているデータ量の増加やアクセスパターンの変化とともに、設定を変更したり、ハードウェアを増強したり、もしかすると、別の方式のストレージに移る必要が出てくるかもしれません。一度うまく動いただけで満足せず、常にパフォーマンスを監視し続けることで、ようやく安定してスケールするストレージを手に入れることができます。

●図A.5　ストレージの選択フローチャート

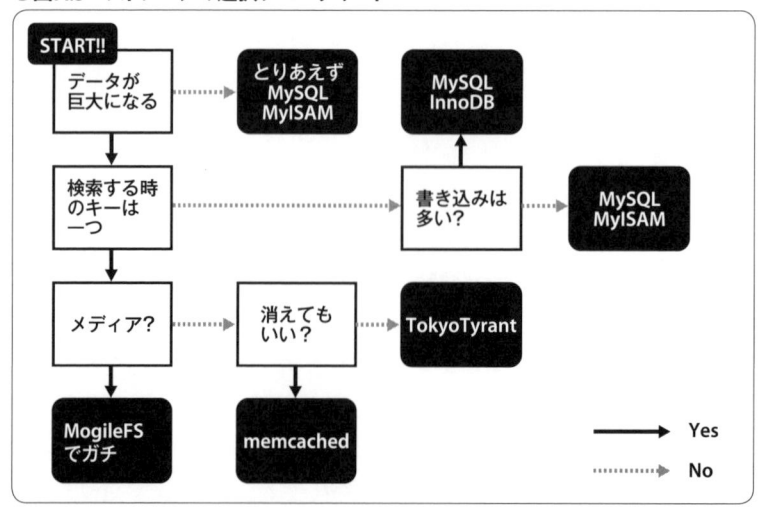

Lesson 3
キャッシュシステム
Squid、Varnish

Webアプリケーションの負荷とプロキシ/キャッシュシステム

　Webアプリケーションの負荷が徐々に増大し、システム容量が不足してきた時は、APサーバやDBサーバを増設することでも対応できますが、HTTPレベルのキャッシュを行うHTTPアクセラレータを使用することで、低コストで効果の高い対策ができることもあります。HTTPアクセスを高速化するHTTPアクセラレータは、大きくフォワードプロキシとリバースプロキシの二種類があります（図A.6）。フォワードプロキシは、クライアントが外部のサーバにアクセスする際に挟むプロキシです。一方、リバースプロキシは、逆に、外部のクライアントが内部のサーバにアクセスする際に挟まれるプロキシです。

　これらのプロキシでは、リクエストに対するレスポンスをキャッシュしておくことで、次に同じリクエストが届いた際にキャッシュしておいたレ

●図A.6　HTTPアクセラレータ

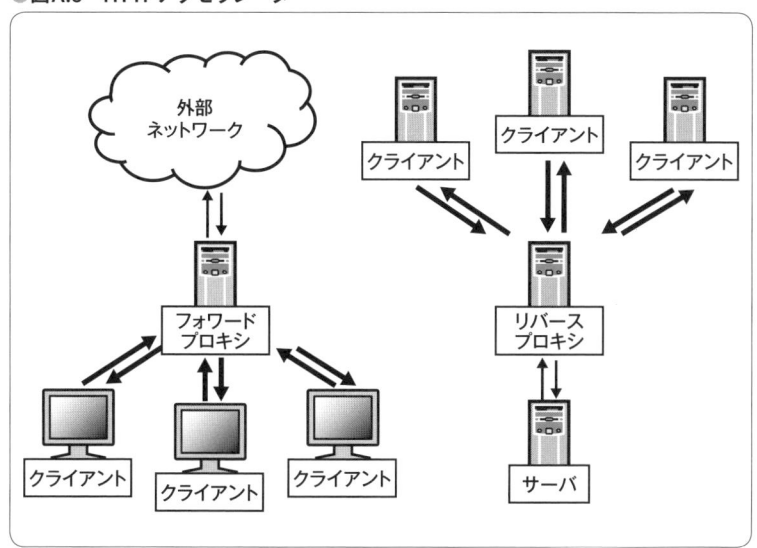

スポンスを返却することができます。これにより、帯域やサーバリソースを消費せずに高速にリクエストを処理することができます。ある程度の規模に達したWebアプリケーションでは、リバースプロキシでのキャッシュサーバを効果的に利用することで、リソースの消費を抑えつつ、大量のリクエストを処理することができるようになります。とくに更新頻度の低い動的なページが多い場合に有効です。

リバースプロキシキャッシュサーバ

　リバースプロキシキャッシュサーバの実装として、Squid[注7]が最も有名です。Squidは、1990年代にフォワードプロキシとして開発されましたが、Webアプリケーションの世界では、リバースプロキシとして多くのサービスで使用されています。とくにバージョン2系のSquidは十分に枯れた実装で安定して高速に動作します。ただし、設計が古くなってきており、最近のマルチコアアーキテクチャではサーバリソースを使い切れなくなりつつあります。Squidを置き換えるための実装は、nginx[注8]やpound[注9]、Varnish[注10]などが開発され、それぞれ性能は機能を競い合っています。はてなでは、SquidとVarnishの2つを使用しています。

　Squidは、HTTP、HTTPS、FTP用の多機能プロキシです。極めて強力なキャッシュ機能を備えていることを最大の特徴としており、HTTP向けの汎用キャッシュサーバとして利用できます。そのほかにも、アクセスコントロールや、認証機構も備えており、柔軟で高負荷に耐えられるシステムを実現するために必須のツールといえます。

　一方のVarnishは、FreeBSDの開発者であるPoul Henning-Kamp氏によって開発されている高性能HTTPアクセラレータです。Varnishは、柔軟な設定言語を持ち、モダンな設計を採用し、基本的にオンメモリで動作することで、Squidより高速に動作することが特徴です。

注7　URL http://www.squid-cache.org/
注8　URL http://nginx.org/
注9　URL http://www.apsis.ch/pound/
注10　URL http://varnish.projects.linpro.no/

Squid —— 基本的な構成

　前提として、リバースプロキシとAPサーバの2台による構成を考えてみます。この構成でキャッシュサーバを導入する場合、リバースプロキシとAPサーバの間に配置します（図A.7）。これにより、リバースプロキシからAPサーバへ転送されていたリクエストの一部をキャッシュサーバで処理することができるようになり、システム全体の性能を向上させることができます。

　キャッシュサーバを組み込むことによるメリットとして、安定的にリクエストが発生している平常時の効果と、一部のコンテンツに異常にリクエストが発生するアクセス集中時の効果の二つがあります。平常時は、一定割合のリクエストをキャッシュで返却することを期待します。これにより、APサーバへ送られるリクエスト数を減らすことができ、APサーバの台数の増加を抑えたり、削減したりすることができます。たとえば、毎分100リクエストが発生する場合、50%のリクエストに対してキャッシュサーバから応答を返却できれば、APサーバへのリクエストを半減させることができます。通常、APサーバよりキャッシュサーバのほうが1リクエストあたりに必要とするサーバリソースは少なくて済みますので、システム全体で消費されるリソースを節約することができます。

　一方、アクセス集中時には、膨大なリクエストによってシステム全体のキャパシティを超えてしまうことを防ぐ効果を期待します。そのために、キャッシュサーバにおいてアクセスが集中したコンテンツをキャッシュします。アクセスが集中する多くの場合はそれらのアクセスは特定のコンテンツに集中していますので、効果的にキャッシュすることが可能です。キ

●図A.7　キャッシュサーバの導入

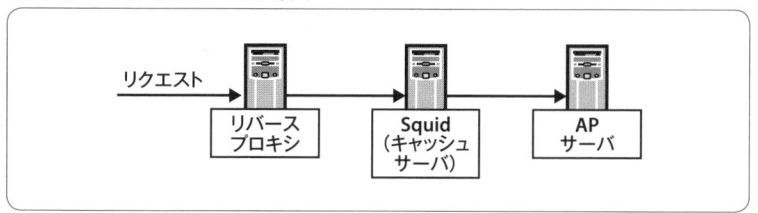

ャッシュサーバが、キャッシュされたものを返却することで、アクセスが集中したコンテンツや、それ以外のコンテンツへのアクセスも通常どおり返却することができるようになります。

複数台で分散する

　Squidサーバを2台並べることで、冗長性を持たせることができます。2台構成を組む際に、1台をスタンバイで残しておいたり、それぞれが独立したキャッシュサーバとして動作させるなど、いくつかの設定が可能です。中でも、2台のサーバが連携して動作するように設定することで、最も効率良く動作させることができます。

　2台のSquidを連携させるには、ICP（*Inter-Cache Protocol*）を使用することが基本となります。ICPは、Internet-Draftとして定義されているプロトコルの一種であり、キャッシュを制御するためのプロトコルです。

　ICPを使用すると、片方のキャッシュサーバが受信したリクエストに対する応答がキャッシュされていない場合、相方となるキャッシュサーバがコンテンツを保持していないか問い合わせることができます。どのキャッシュサーバも保持していない場合のみ、親サーバとなるAPサーバに問い合わせることになります。

二段構成のキャッシュサーバ —— CARPでスケールさせる

　画像ファイルなどサイズの大きいファイルをキャッシュするようになりキャッシュサーバへの負荷が高くなると、1台や2台程度では完全に容量が不足することがあります。その場合に、キャッシュサーバを二段構成にすることで、よりスケーラビリティの高いキャッシュサーバ群を組むことができます。

　図A.8に二段構成によるキャッシュサーバの構成図を示します。上段のSquidプロキシは、リクエストを受付け、自身ではキャッシュを保持せずに、下段のSquidキャッシュサーバにリクエストを転送します。そのときに、CARP（*Cache Array Routing Protocol*）と呼ばれるプロトコルに従って、URLをキーに適切なSquidキャッシュサーバに転送します。URLをキーにして下段のキャッシュサーバから選択することで、特定のURLに対しては特定

のキャッシュサーバのみが使用されるようになります。そのため、キャッシュサーバの台数が増えた場合でも、効率的なキャッシュを行うことができます。また、キャッシュ対象のURL数が増加したとしても、下段のキャッシュサーバの台数さえ増やせば、スムーズにスケールさせることができます。

さらに、SquidによるCARP実装では、下段となるキャッシュサーバの死活監視も行っており、一部が反応しなくなった場合も他の生きているサーバに処理が振られるようになり、一時的にキャッシュヒット率は低下することになっても、全体としては正常に動作し続けることができます。

COSSサイズの決定方法

ヒット率を高めるためには、十分なキャッシュ容量を用意することが必要となります。ただし、キャッシュ容量は大きければいいというものではなく、過不足のない状態が最適となります。

キャッシュ容量が大き過ぎると、以下のようなデメリットがあります。

- 初期起動時などのCOSS[注11]ファイルの作成に時間がかかる
- サーバ再起動などによりメモリがクリアされた後で、ディスク上のファイルがメモリに載り、Squidのパフォーマンスが安定するまでに時間がかかる
- ディスク容量を圧迫する

●図A.8　二段構成によるキャッシュサーバの構成

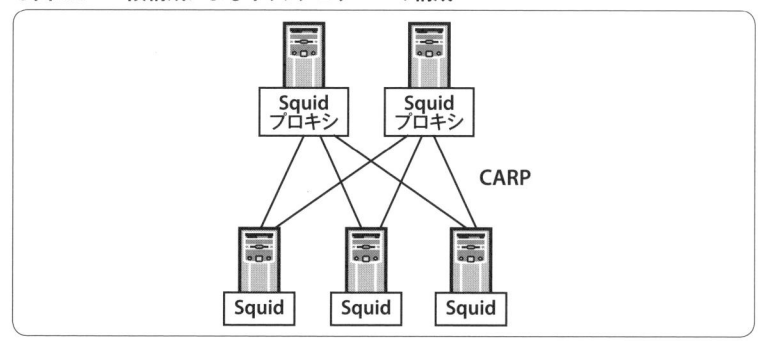

注11　Cyclic Object storage system。SquidのキャッシュストレージI/Oのしくみの一つ。パフォーマンスが高いのが特長。

逆に小さ過ぎると、そもそも必要なオブジェクトが保存されずキャッシュヒット率が低下してしまいます。

最適な容量は、1秒あたりに保存されるオブジェクト数×オブジェクトの平均サイズ×オブジェクトの平均有効時間(秒)で計算されるサイズとなります。この値に将来的な成長を折り込んだ余裕を持たせるぐらいがいいでしょう。

ただし厳密な計算と検証は、なかなか難しいので、はてなでは経験則から、テキスト主体の場合、数GB程度、メディア主体の場合は数十～百数十GBのCOSSファイルを指定しています。

投入時の注意

Squidの効率を上げれば上げるほど、必然的にSquidに障害が発生した時の影響が大きくなります。よくあるパターンとしては、2台で負荷分散していたが、1台が故障して、残りの1台では負荷に耐えられなかった、というものがあります。これは1台故障しても問題ない程度のサーバを用意することが定石です。

ただし、十分なサーバが用意できており、障害発生時にもサービスに影響がなかったとしても、まだ油断はできません。修理されたサーバや新しいサーバをロードバランサに加える時に無造作に追加すると、性能が一気に落ちてしまうことがあります。

これは、再起動されたり新しかったりするSquidサーバは、リクエストを捌くための十分な準備ができていないためです。メモリ上にオブジェクトはまったく保存されておらず、ファイル上に保存されたオブジェクトにアクセスするためにもファイルキャッシュが効いていない状態でアクセスする必要があります。

このような事態を避けるために、理想的には、事前に、普段流れているリクエストを流してウォームアップを済ませておくべきです。もし、そこまで入念な準備をする余裕がない場合でも、ロードバランサに追加する際にトラフィックの比率を調整して、通常運用時に比べて少ないトラフィックから流し始めるのがよいでしょう。

このウォームアップには、割り当てられたメモリサイズやストレージサ

イズ、本番投入後に流されるトラフィック量によって大きく変化しますが、数時間程度かかることも珍しくありません。

Varnish

Varnishは、リバースプロキシとしてのキャッシュサーバに特化した実装となっており、モダンなアーキテクチャを採用することで、Squidより高い性能を確保することができます。

Varnishの構成は図A.9のようになっています。Varnishは、高速化を極限まで追求した設計がなされており、Squidのような馴染みのあるツールとは異なり、いくつか癖があります。とくに以下の3点は気をつけたほうがいいでしょう。

- オブジェクトは、(デフォルトでは)mmap[注12]によるディスク上のファイルに保存される。また、プロセスの再起動でキャッシュはすべて失われる
- 基本的な設定(Listenするポート番号など)はコマンドラインオプションで与え、プロキシとしてのルールは設定ファイル(VCL)に記述する
- 単体ではログをファイルに書き出す機能を備えておらず、共有メモリ上に書き出す

最初のポイントである、再起動でキャッシュがすべて失われる、というのはとくに気をつけるべきポイントです。Squidでは、ファイルに保存されたオブジェクトは失なわれないため、SquidサーバのI/O負荷は高くなりますが、キャッシュヒット率自体はそれほど低下せずに済みます。しかし、Varnishの場合は、キャッシュした内容がすべて失われてしまいますので、再起動直後はキャッシュヒット率が0になり、すべてのリクエストがVarnishの奥に配置されたアプリケーションサーバに転送されます。そのため、システムの他の箇所に思わぬ影響を与える可能性が出てくるため、Squid以上に注意深く再起動・投入をすることが大事です。このような悪影響をできるだけ回避するためにはVarnishは最低3台以上で運用し、1台の再起動が全体のキャッシュヒット率にそれほど大きな影響を与えないようにする

注12 mmapは、ファイルやデバイスをメモリにマッピングするシステムコールです。これにより、ファイルやデバイスの読み書きがメモリ操作を通して行えます。

ことが有効でしょう。VCL（*Varnish Configuration Language*）は極めて柔軟で強力な設定言語で、内部にCのコードを記述することも可能となっています。設定は、読み込み時にコンパイルされ、内部に組み込まれます。また、設定は動的に変更可能でキャッシュした内容を消すことなく、微調整とチューニングを行うことができます。

　Varnishは、varnishdというコマンドによって起動されます。また、補助コマンドとしていくつかのツールが附属しています。なかでも、最も重要なものは、アクセスログを記録するvarnishncsaです。前述のとおり、varnishd自体はログをファイルに出力する機能を備えておらず、共有メモリ上に書き込むことしかしません。そのため、実際にファイル上にログを出力するには別コマンドのvarnishncsaが必要となります。

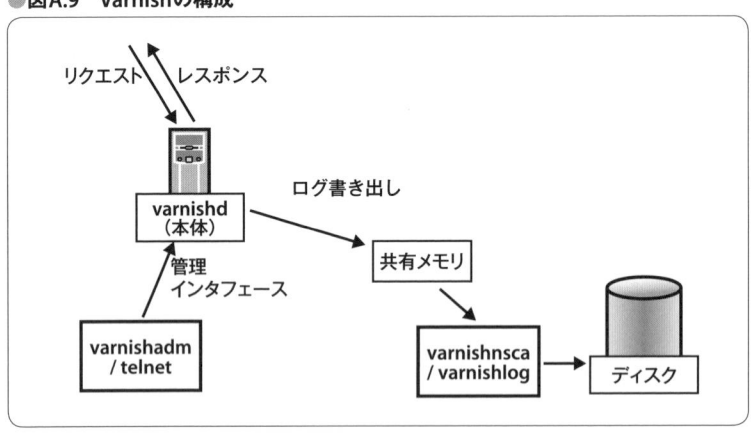

●図A.9　Varnishの構成

Lesson 4
計算クラスタ
Hadoop

大量ログデータの並列処理

大規模なWebサービスを運営していると、ログデータも大量に溜まっていきます。大量に溜まったログデータの処理は、それを一通り読み込むだけでも大変で、さらに統計処理や解析をしようと思うと極めて大量の計算リソースを必要とします。たとえば、はてなダイアリーのアクセスログは、1日で4GBほどのサイズになり、1ヵ月分のログを処理しようと思うと計120GBのログを処理する必要があります。仮に月間のユニークユーザを計算しようとすると、このログを一度に処理することになり、HDDからの読み出し性能を平均50Mbpsとすると、読み出すだけでも5時間以上かかることになります。このような処理を高速で行うために、並列処理が可能な計算クラスタが必要となります。

MapReduceの計算モデル

はてなでは、計算クラスタとしてHadoopというMapReduceのオープンソース実装を使用しています。MapReduceとは、Googleが2004年に発表した計算モデルです。MapReduceは、巨大なデータを高速に並列して処理することを目的としており、その計算システムは、多数の計算ノードから構成されたクラスタと大量のデータを分散して格納するための分散ファイルシステムから構成されます。

MapReduceの計算モデルは、キーと値のペアのリストを入力データとし、最終的に値のリストを出力します。計算は、基本的にMapステップとReduceステップの2つから構成されます(図A.10)。

Mapステップでは、まず、マスタノードにおいて入力データを細かく分割し、各ノードに分散します。各ノードでは、分割された入力データを計算し、計算結果をキーと値のペアから構成される中間データとして出力します。Mapステップの処理は、次のように表せます。

```
(k1, v1) ➡ list(k2, v2)
```

　Reduceステップでは、まずMapステップでの出力データをキー (k2) ごとにまとめ、キー (k2) とキーに対応した値のリスト (list(v2)) に再構成します。次に一つ一つのキーを各ノードに分散します。この過程をShuffleフェーズとも呼びます。その後、各ノードにおいて、キー (k2) とキーに対応した値のリスト (list(v2)) を入力データとし、値のリスト (list(v3)) を最終的な出力データとする処理を行います。Reduceステップの処理は、以下のように表せます。

```
(k2, list(v2)) ➡ (k2, list(v3))
```

　最終的に各ノードから値のリスト (list(v3)) を集約し、計算が終了します。
　このMapReduceの計算モデルでは、MapとReduceという2つの処理を行う関数を用意するだけで大量のデータを高速に処理することができるようになります。一見すると、単純な処理しかできないように思えるかもしれませんが、ログ解析、検索エンジンのインデックス作成など、応用範囲は広範に広がっています。
　また、MapReduceの計算モデルの実行では、大量の入力データの読み出

●図A.10　MapReduceの計算モデル

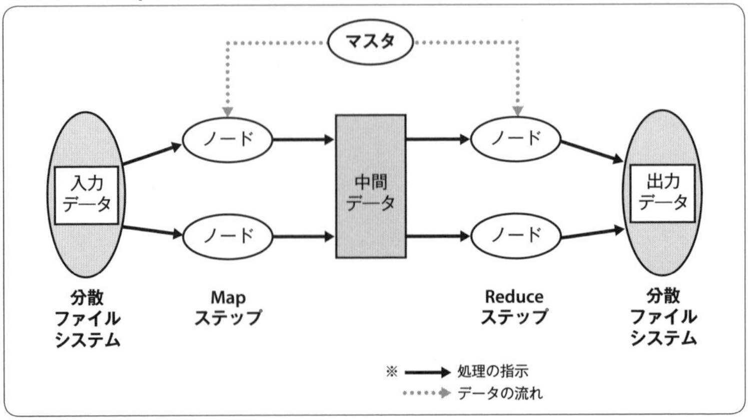

しが性能のボトルネックとなることが多くなります。そのため、MapReduceは、分散ファイルシステムと併用することが重要です。分散ファイルシステムでは、数GB単位の巨大なファイルを数十MBのサイズに分割し、多数のノードにあらかじめデータを分散配置しておきます。そして、実際に処理を実行する際に、できるだけデータがローカルに存在するノードで処理を実行するようにします。これにより、高速にデータを読み出し、DVD 1枚分のデータに対するgrepを2秒で終わらせる、という性能を達成することができています。

Hadoop

はてなで使用しているHadoopは、Apacheプロジェクトの一つで、MapReduceのオープンソース実装の一つです。図A.11は、Hadoop上でログ解析のジョブを実行中のスクリーンショットです。図A.11のジョブでは、47GBのデータ（HDFS_BYTES_READ）が4,303個のMapのタスク（mapのNum Tasks）に分割されて実行され、1つのReduceタスクに集約されて処理されています。

MapReduceと対になる分散ファイルシステムは、GoogleではGFS（*Google File System*）として実装されており、Hadoopでは、そのオープンソース実装であるHDFSとして実装されています。HadoopはJavaで実装されており、Yahoo! Inc、Facebookをはじめとして、大量データを持つ企業で広く使われています。また、MapReduceによる計算を簡単に実装するためにHive、Pigのようなツールも活発に開発されています。

特別編　いまどきのWebサービス構築に求められる実践技術 ── 大規模サービスに対応するために

●図A.11　Hadoop（ログ解析のジョブを実行中）

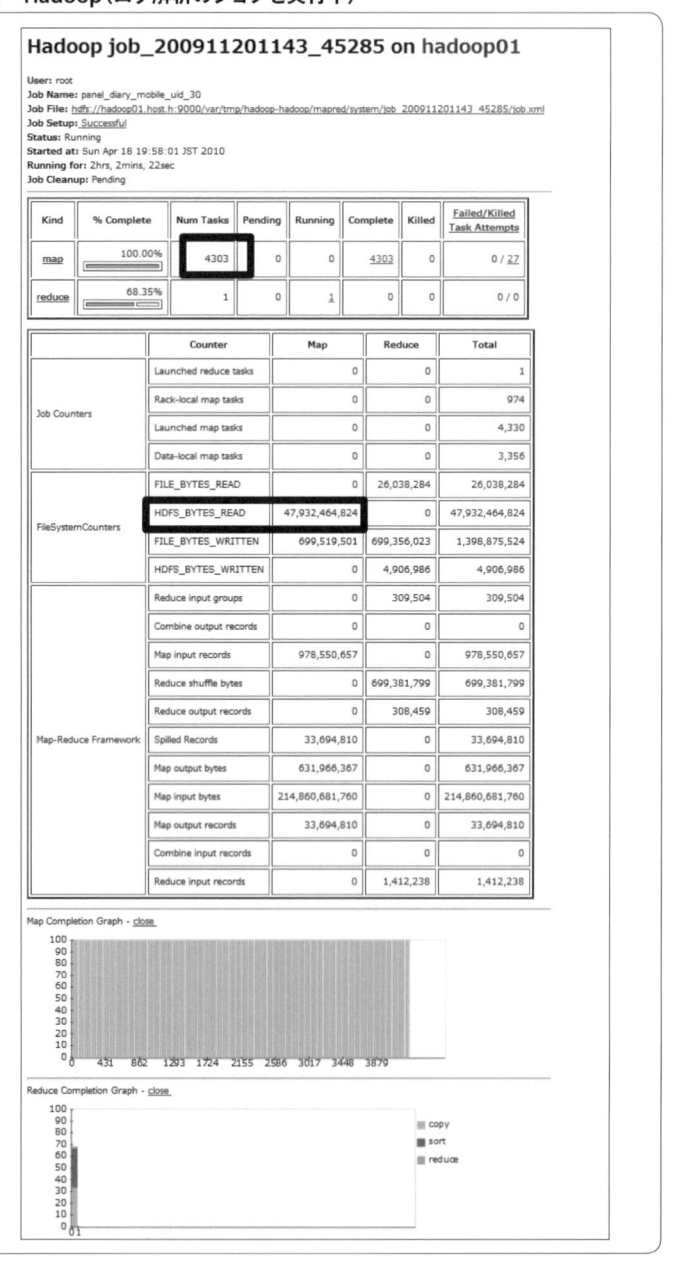

索引

記号／数字

γ符号 .... 122、141
δ符号 .... 122、141
1Gbps 289
1サブネット 290
10Gbps 295
2-gram 205
2ちゃんねる 8
3層構造 .... 68、240、291
30万pps 289
4台1セット 106
403 268
500ホスト 290

A／B／C

ACオートマトン 179
AC法 .... 160、178、194、219
Access層 291
Active/Standby構成 255
ADSL回線 14
Aho-Corasick法➡AC法
Akamai .... 10、293
Alexa 8
Amazon 85
　〜のWeb API 265
Amazon Cloudfront .... 236、293
Amazon EC2 .... 235、237
Amazon S3 294
Amazon Web Services .... 235、236
AND検索 221
Apache .... 15、22、81、82、273、302
APサーバ .... 38、40、68、240、244
API 79
ARPテーブル 290
Array::Gap 225
AS番号 295
ATOK 188
Azure➡Microsoft Windows Azure
B木 86
B+木 .... 86、88、150
BGP 295
bi-gram 205
Block Sorting 196
BM法 .... 194、215
bot➡ボット
bps 288
BTS 23
C++ .... 21、110、170、187
Cache::Memcached::Fast 309
CARP 318
Cassandra 229
CDN .... 10、236、293
CentOS .... 42、271
Chasen 201
Cisco 289
coLinux 22
Common Prefix Search .... 112、116
Complement Naive Bayes .... 113、167
Compressed Suffix Array 196
Consistent Hashing 309
continuationビット 123
Core層 291
COSS 319
CPAN .... 22、154、162、263
CPU .... 12、30、31、33、145、274

CPU ID 49
CPUコア 247
CPU使用率 .... 34、47
　〜を見る 64
CPUバウンド .... 41、47
CPU負荷 .... 16、34、38、41、47、285
　〜のスケーリング 40
CPUリソース 273
create table 84
cron 109
CSV 119
CVS 23

D／E／F

DateTime 263
DB .... 3、24、38、187、244
　〜のスケールアウト戦略 82
DBサーバ .... 38、68、240、247、273
DBIx::MoCo .... 22、96、103
deflate圧縮通信 155
Devel::NYTProf 135
DF 174
Dictionary .... 198、216、225
Digg効果 264
Distribution層 291
DNS 277
Dom0 272
DomU 272
Double Array Trie .... 112、116
DRBD .... 304、312、313
DVD 325
E9 287
ECC 283
Elastic Load Balancing 236
Emacs 22
Ethernet 290
eval 157
explain 92
ext3 56
F5アタック 268
Facebook .... 8、229、237、325
Failure Links 178
Falcon 307
false-positive .... 217、222
FC2 8
Flash 260
Flipnote Hatena .... 98、259、294
FLV 292
FM-index 196
FreeBSD 316
FTP 316
Full Inverted Index 211

G／H／I／J／K

gdb 263
Gearman 301
Gears of War 203
GFS 325
Gigabit Ethernet 289
git 23
GitHub 23
GlusterFS 312
Google .... 8、26、166、172、237、325
Google App Engine 235
Google日本語入力 .... 146、161
GREE 8
grep .... 192、193
grep型 .... 193、194
gzip 155

Hadoop	247、298、313、323
HDFS	313
hdparm	32
head	138
Heap	307
Hive	325
HTTP	293、313、316
HTTPアクセラレータ	315
HTTPリクエスト	38、78
HTTPS	316
Hyper Estraier	192、212
iノード	58
ICP	318
INNER JOIN	102
InnoDB	307
int	131
integerプラグマ	125
Intel AMT	282
Intelアーキテクチャ	48
Interpolate符号	122
intersection	205
int型	122
Inverted File Index	212
I/O	28、33、41、274
〜の高速化	118
I/O性能	238、259、282
I/Oバウンド	43
I/O待ち	41、72、73
I/O負荷	16、38、41、47、155、285、321
〜のスケーリング	40、46
I/O分散	82
I/O待ち率	34、47
I/Oリソース	273
IPアドレス	255、290
IPMI	272、282
IRC	19
IS法	153
ISP	295
IX	295
Jaro-Winkler	173
Java	196、325
Java API	313
JavaScript	21、153、265、268
JOIN	100、103、111、115
JPEG	260
JSON	110、188
JUMAN	201
KAKASI	201
kbbuffers	66
kbcached	59、66、71
kbmemfree	66、71
kbmemuserd	66
kbswpfree	66
kbswpued	66
keepalived	16
key-valueストア	97、187、212、308
k-gram	204
KILL	268
KMP法	194、215
KVS ➡ key-valueストア	

L / M / N

LAMP	82
Lemmatizer	204
Levenshtein	173
Limelight Networks	293
Linux	15、22、41、56、71、82
Linuxカーネル	48、247、251、289
logオーダー	44
LOUDS	146
LRU	58
Lucene	192
Lustre	312
Lux	212
Lux IO	212
LVM	271
LVS	16、81、96、247、251
LZ法	67
MACアドレス	290
Mac OS X	22
Mapステップ	323
MapReduce	298、313、323
Maria	307
MeCab	161、201、219、225
Media Wearout Indicator	287
memcached	22、229、240、247、309
memused	66
Microsoft	239
Microsoft Windows Azure	235
mixi	8、97、295
mmap	321
mod_dosdetector	268
mod_rewrite	15
MogileFS	257、260、304、310
monit	273
Movable Type	257
MVCフレームワーク	22
My::AhoCorasick	182
MyISAM	306
MySQL	4、15、21、22、72、73、81、82、83、187、193、229、254、260、305
〜の癖	91
MySQL Proxy	96
Namazu	192、201
NDB	307
NFA	112、158
NFS	260、310
NFS系分散ファイルシステム	312
nginx	316
n-gram	200、204
n-gramインデックス	174
n-gram分割	206
NoSQL	82

O / P / Q / R

O(log n)	45、87、143、146
O(mn)	194
O(n)	45、89、143、146
O(n log n)	147、150
oprofile	34
OR検索	221
O/Rマッパ	22、96
OS	22、24、50、54、59、62、80、239
〜の動作原理	81
OSのキャッシュ	3、4、45、51、81、83
OSPFエリア	291
pack( )関数	131
PageRank	191、214
Parallels	271
parent	277
PCルータ	279、289
Pentium III	14
Perl	21、82、125、158、257、309
PHP	21
Pig	325
ping	290
PostgreSQL	21、193、305
Postings	185、198、211、216

索引

Postings List .... 212、225
pound 316
pps 288
preforkモデル 302
ps 34
PV 243
Python 21
QBDM 212
Radix Tree 59
RAID .... 283、313
RAID-0 282
RAID-1 313
RAID-10 282
R&D 171
RDBMS .... 3、4、77、83、97、111、115、
150、298、305
read 244
Reduceステップ 324
Regexp::List 162
Ridge 22
RPC 109
RSSリーダー 233
Ruby 21

S／T／U

sadc 63
sar .... 34、47、59、63
～ -f 63
～ -P .... 48、72
～ -q 65
～ -r .... 59、61、65、71、73
～ -u 64
～ -W 66
Sedue .... 193、196
Senna 193
show index 91
Shunsaku .... 192、193
Six Apart 257
sleep 268
smartctl 287
S.M.A.R.T.値 287
Sphere Online Judge 181
SPOF 252
SQL .... 92、103、268
SQL数 285
SQL負荷対策 267
SQLite 153
Squid .... 240、264、316、317
SSD .... 32、238、282、284、287、305
Standby 255
statsシステムコール 312
Stemming 204
Storable 225
strace 34
Subversion 23
Suffix Array .... 152、195、196
Suffix Tree 195
Suffix型 .... 193、195
sysstat（パッケージ） .... 59、63
term .... 196、198
Term::ReadLine 225
Text::MeCab 225
TF/IDF 214
TheSchwartz 301
Thrift .... 111、170、187
TokyoCabinet 310
Tokyo Tyrant 98
TokyoTyrant 310
top .... 33、34、42

TopCorder 181
Trie .... 111、112、116、158、171、
177、182、195、196
tri-gram 205
Tritton 193
Twitter .... 8、229、232
UNIX .... 53、194、220、312
unpack( )関数 132
unsigned char 131
unsigned character 132
unsigned long .... 131、134
uptime 33
URL 78
User-Agent 78
Using filesort 93
Using temporary 93
Using where 93
UU .... 6、240

V／W／X／Y／Z

Varnish .... 316、321
VB Code .... 118、120、212、219、225
VCL .... 321、322
VFS 56
Vim 22
VIP 255
Virtual PC 271
vmstat .... 34、59、72
VMware .... 22、271
VRRP 255
Web 40
Web API .... 79、110、188、265
Webアプリケーション 38
Webサーバ 273
Webサービス .... 2、10、26、82、231
～とリクエスト 299
～のインフラ 233
～のネットワーク 289
WebDAV .... 311、313
where ... in 103
Wiki .... 19、156
Wikipedia 201
Windows .... 22、41、56
WorkerManager 302
write 244
x86 .... 48、51
Xen .... 65、271
xfs 56
XMLデータ 263
Yahoo! .... 26、325
Yahoo! JAPAN .... 8、295
Yahoo!アタック 264
Yahoo!トピックス 264
YouTube 8
zipアーカイバ 155

ア行

アイドル状態 .... 64、65
アクセス .... 6、240
アクセスエリア 291
アクセスパターン .... 74、264、303、304、308、314
アクセスログ 323
足あと 97
あしか 23
圧縮 .... 25、45、118、154
データの～ 67
圧縮アルゴリズム 154
アドレス 52
アプリケーションサーバ➡APサーバ

329

アルゴリズム	31、44、116、142、144	キャッシュデータ	309
アルゴリズムコンテスト	181	キャッシュテーブル	74
アンカータグ	156	キャッシュヒット率	319
安定化対策	267	キャッシュミス	12、73
安定性	261	キャッシュメモリ	12
一時テーブル	93	キャリア	295
インクリメンタル検索	152	共通接頭辞	159
インターンシップ	3	共通接頭辞検索 ➡ Common Prefix Search	
インデキシング	190	共有ライブラリ	53
インデックス	26、83、86、94、150、184、197	局所化	275
インデックスサーバ	109	局所性	50、74、77、82
インテル	280	キーワードリンク	112、156、171
インフラ	5	クアッドコア	48
インフラ部	18	クイックソート	151
うごメモ	98、259、260、265、292、294、311	空間計算量	148
エディタ	22	クエリ	26、240
エンコード(動画)	43	更新系〜	97
エンタープライズ	231	参照系の〜	97
円盤	29、30	区切り	134
応用数学	167	クラウド	235
オーダー表記	142、146	クラウドコンピューティング	235
オートマトン	112、158、160、194	グラフ化	245
オーバーヘッド	31、90、103、118、271、279、292	グローバル	292
オープンソース	5、15、16、154、296、304、305、323	グループウェア	19
オフセット	58	クローラ	40
オンメモリ	308	クロール	190
		計算クラスタ	298、323
カ行		計算量	28、87、112、143、147、150
カーネル	42、54、55、59、62、66、72、247、289、312	形態素	201、225
改行区切り	134	形態素解析	161、200、201、225
外部ソート	93	ゲストOS	272、273
価格	9、37、67、106、281	原型	204
科学技術計算	312	検索	45、111、190
科学計算	41	検索エンジン	45、184、216
書き込み	39、244	検索クエリ	172、187
学習データ	170	検索サーバ	110
隔離	271	検索漏れ	203
確率分布	128	コアエリア	291
カスタマイズエンジン	247	コア数	280
仮想CPU	65	高可用性	271
仮想IPアドレス	255	更新系クエリ	97
仮想アドレス	54	更新頻度	305
仮想化	16、65、240、271	効率向上	270
仮想ディスク	271	語幹	204
仮想ファイルシステム ➡ VFS		故障率	104、106
仮想メモリ	51、54、81	コストパフォーマンス	271
カテゴライズ	241	コーディング規約	11、22
カテゴリ	113、217	コードレビュー	20
稼働監視	16	コマンドラインオプション	221
稼働率	252	コメント	263
過負荷	273	コモディティ	9、67、106
過負荷のアラート	272	ゴロム符号	122、141
可変長バイト符号 ➡ VB Code		コンテンツプロバイダ	295
カラム	84		
関連文書	241	**サ行**	
機械学習	113、164、171、202	再起動	273
幾何分布	128	再現率	207
木構造	149	最大サイズ	305
記事推薦 ➡ 推薦		最適化	58、80、81、91
機能追加	262	索引 ➡ インデックス	
キャッシュ	3、35、60	削除頻度	305
キャッシュ(CPU)	150、151	さくらインターネット	16
キャッシュ(OS)	24、51、74	サーチャ	241
キャッシュ(コンテンツ)	10	サーバ	6、37、240、243
キャッシュ(メモリ)	35	サーバ管理ツール	19、245、276、296
キャッシュサーバ	240、247、264、273、317	サーバ台数	104、106、240
キャッシュシステム	298、315	サービス開発部	18
		サブネット	290
		参照系のクエリ	97

330

索引

参照頻度 305
時間計算量 148
閾値 19
シーク .... 32、90
シーク回数 44
資源効率 261
自作サーバ 259
辞書 .... 146、157、160、172、185、225
システムモード .... 47、64
自然言語処理 .... 111、112
実行可能状態 42
実行権限（CPU） 43
自動DoS判定 268
自動クエリ除去 268
自動再起動 268
島 78
出現位置 .... 211、226
準仮想化 272
障害 .... 261、305
障害発生時間帯 63
冗長化 .... 16、97、104、253、311
冗長性 .... 10、252、261、318
情報検索技術 45
情報システム 231
剰余 309
省力運用 10
ジョブ 300
ジョブキュー 299
ジョブキューシステム .... 298、299
地雷 263
シリアライズ/デシリアライズライブラリ 225
自律制御 267
新規追加頻度 305
シンタックス 21
信頼性 .... 232、305
人力検索はてな 13
推薦 166
推測するな、計測せよ 33
垂直統合モデル 239
スイッチ 290
水平分散モデル 239
スキーマ .... 16、84、303
スケーラビリティ .... 5、9、37、38、70、235、
                                       242、251、271、304、311
　レイヤごとの〜 244
スケジューリング 64
スケールアウト .... 9、37、38
スケールアウト戦略 .... 82、229
スケールアップ .... 9、37
スコアリング .... 114、191、213、218
ステージング環境 20
ストア 12
ストレージ .... 273、303、298
　〜の選択フローチャート 314
ストレージサーバ .... 257、259
ストレージシステム 260
ストレージノード 257
スニペット .... 188、211、217、223、226
スーパーマリオ 265
スパムフィルタ .... 145、164、169
スラッシュドット効果 264
スループット .... 34、66、73、155
スレーブ .... 95、104、254
スワップ .... 34、47、52、66、263、268
　〜発生状況を見る 66
スワップ領域 66
正解データ .... 169、172
正規化 85
正規表現 .... 112、156、158、162、195

整数int型 84
整数の符号化手法 122
整数列の圧縮方法 120
成長度合い 232
性能評価 80
積集合 205
線形探索 .... 44、143、146、153
全文検索 .... 108、184
全文検索エンジン .... 4、114
速度差 .... 28、39、51
ソーシャルブックマーク .... 26、232
ソート .... 93、111、145

タ行

ダイアリー全文検索 188
大規模Webサービス 2
大規模サービス .... 8、298
大規模データ .... 12、28、189、298
　〜を扱うコツ 44
大規模なデータ 50
対数の底 87
タイマ割り込み 42
タイムアウト率 293
タイムスタンプ 302
多言語間RPCフレームワーク ..... 111、170
タスク 41
タブ区切り 134
多分木 86
単一故障点 ➡ SPOF
単一ホスト 33
探索 .... 31、32、89、145
探索木 ➡ ツリー
探索語 194
遅延 42
抽象化 272
チューニング .... 35、248
チューニングポリシー 249
超大規模サービス 8
ツリー 86
定数項 150
ディスク .... 11、28、29、50、54、60
ディスクI/O .... 39、43、56、64、65、119
ディスクアクセス .... 51、72、310
ディスク容量 319
ディスクリード 71
ディスクレスサーバ 282
ディストリビューションエリア 291
適合率 207
テキスト .... 7、25、194
テキスト分類器 113
デザインパターン 145
テスト 20
テストファースト 180
データ圧縮 .... 4、118、155
データ型 .... 84、118
データ規模 .... 25、80、82
データ構造 .... 59、110、111、112、
                                       116、142、145、149
データサイズ .... 118、219
データセンター .... 6、16、292
データソース 244
データベース ➡ DB
データマイニング .... 108、171
データ量 .... 11、72、83、143、152、
                                       261、303、314
　〜の増加 264
デバイスドライバ .... 56、57
デバッガ 263
デバッグ 27

331

テーブル	75、84、100
テーブル分割	97、99
デプロイ	234
転送	31
転送速度	31
転送能力	290
転置	197
転置インデックス	115、185、198、216、223
転置インデックス型	193、196
転置ファイル	109、197
テンプレート	131
同期	255
東京都問題	206
統計処理	111
動的計画法	173
登録ユーザ	6、240
ドメイン	294
ドメインロジック	145
トライ木 ➡ Trie	
トライグラム	205
トラッカー	257
トラッキング	18
トラフィック	231、295
トラフィック量	6、240
トランザクション	233
トランジスタの集積度	280
トレードオフ	261

ナ行

ナイーブベイズ	164、167
内部リンク	79
ナノ秒	31
ニコニコ動画	8、232、295、297
二分探索	45、143、147
二分木	87
入出力 ➡ I/O	
人気エントリー	74、79
ニンテンドー	98、260、264
ネットワーク	238、279、288
ノード	87、159

ハ行

葉	88
バイグラム	205
バイナリ	118、134
バイナリサーチ ➡ 二分探索	
バイナリツリー ➡ 二分木	
バイナリ符号	122
ハイパーバイザー	272
配列	149
パケットロス	291
バージョン管理システム	11、20、23
パージング	221
バス	31
パターン認識	171
パターンマッチ	158、160
バックエンドサーバ	247
ハッシュ	145、146、182、212、225
ハッシュ法	145
バッチサーバ	247
バッチ処理	109
バッファ	66、247、262、267
バッファキャッシュ	51
パーティショニング	75、99、103、251
時間軸での~	229
~のトレードオフ	107
パーティション	271
はてな	2
初期システム	14

~のインフラ	296
~のサービス規模	6、240
はてなアンテナ	14
はてなキーワード	112、156、173、185、201
はてなキーワードリンク	177
はてなグループ	19
はてなスター	264、268
はてなダイアリー	2、14、76、97、103、156、160、185、260、323
はてなフォトライフ	260、304、311
はてなブックマーク	2、25、74、78、79、84、100、103、113、121、172、216、246
~Firefox拡張	152
~のカテゴリ	113
~の関連エントリー	165
~の記事カテゴライズ	164
~のシステム構成図	240
ハードウェア	37、280、283、305、314
ハードウェアRAID	282
幅優先探索	161、178、182
パフォーマンス	35、56、146、247、299、308
ハフマン符号	127
ピーク性能	243
ヒット	17
非同期処理	298、299
ヒューリスティクス	175
ファイルキャッシュ	51、57
ファイルサーバ	244
ファイルシステム	56、81、273、308、312
ファシリテート	11
フィルタリング	206
フェイルオーバ	253、255
フェイルバック	253
フェッチ	12
フォワードプロキシ	315
負荷	42、247
~の調整	272
負荷試験	80
負荷分散	9、33、37、81
複数サーバ	68
複製	275
含むブログ	186
富士山	149
ブックマーク	6
ブックマークレット	268
物理アドレス	52
物理メモリ	65、66、83
浮動小数点	125
フラグ	123
フラッシュ	73
プリファードインフラストラクチャー	166、193
フレームワーク	11、21
プロキシ	38、68、240、247、315
ブログ	6、19、232
プロセス	43、47、53、54、57、247、273、299、313
~の数	65
~サイズ	65
プロダクション	20
プロダクション環境	73
ブロック	57、87
ブロックデバイス	313
ブロードキャストパケット	291
プロトタイピング	171
プロトタイプ	299
プロファイリング	34、135、151
プロフィール画像	260
分割	72
「島」に~	78

索引

データの途中での~ 76
テーブル単位での~ 75
~の粒度 77
分散 .... 38、74、82、95
分散key-valueストア .... 298、308
分散アルゴリズム 309
分散ストレージサーバ 257
分散ファイルシステム .... 259、298、310
文書ID 187
平均サイズ 305
平衡木 86
ベイジアンフィルタ .... 145、164、167
ベイズの定理 167
ページ .... 54、58、59、71
ページキャッシュ .... 51、55、57、71、73、79
ページング機構 51
ベクトル空間モデル 115
ヘッド .... 30、87
ヘルスチェック 266
編集距離 172
ベンチマーク 151
ポーリング 95
補間符号➡Interpolate符号
ホストOS 272
ホスト制御 275
補正エンジン 173
ボット 78
ボット向け .... 240、268
ボット用 248
ボトルネック .... 33、43、47
~のコントロール 238

マ行

マイグレーション 275
マイクロ秒 29
マイブックマーク検索 187
マザーボード .... 282、283
マジックナンバー 124
マスタ .... 95、104
~の冗長化 254
マルチCPU 48
マルチコア 48
マルチスレッド 81
マルチタスク 41
マルチプロセス 81
マルチマスタ .... 254、255
ミドルウェア .... 4、21、24、81
ミリ秒 30
ムーアの法則 280
無限ループ 263
メタ情報 258
メタデータ 260
メタルギア 203
メディアファイル .... 236、257、260、311
メニーコア 284
メモリ .... 11、21、28、29、34、40、50、60、145、261
~増設 .... 72、82
~消費 273
~の使用率 47
~の利用状況を見る 65
~容量 273
メモリリーク .... 261、262、263、267、268
モールス信号 127
もしかして(機能) .... 166、172
文字列 .... 84、159
戻り道➡Failure Links
モバゲータウン 8

ヤ行

ユーザ空間 .... 71、247
ユーザ数 26
ユーザ向け 240
ユーザモード .... 47、64
ユーザ用 248
ユニークユーザ➡UU
用途特化型インデクシング 111
読み込み 244

ラ行

ライブラリ 11
楽天 8
ランキュー 65
リカバリ 105
リクエスト .... 38、73、76、244、299
~の属性 240
~の非同期処理 298
~の振り分け 81
リクエストパターン 78
リソース .... 272、273、275、282
~の使用率 271
リニアアドレス 52
リニアサーチ➡線形探索
リバースプロキシ .... 315➡プロキシ
リーフ 88
リファラ 97
リモート管理機能 272
リロード 268
リンク元 97
類似文書系探索 108
ルータ .... 255、289
ルーティング制御 295
レイテンシ 9
レガシー 20
レコード
~のソート 93
レスポンス 79
レスポンスタイム .... 248、293
レプリカ 95
レプリケーション .... 15、95、254
ローカリティ➡局所性
ロードアベレージ .... 33、42、47、247、273
~を見る 65
ロードバランサ .... 9、16、38、96、236、
.... 238、240、247、251
ログ .... 63、94、172、302、321、323
ロック 73
ロボット➡ボット

ワ行

ワーカー 299
分かち書き 201
ワーカープロセス 302
割り込み信号 42
割り算 125

333

● 著者紹介

伊藤 直也
Naoya Ito

㈱はてな執行役員最高技術責任者（本書執筆時点）。共著作に『Blog Hacks』（オライリー・ジャパン）、『［24時間365日］サーバ/インフラを支える技術』（技術評論社）。情報処理学会主催「ソフトウェアジャパン2009」ソフトウェアジャパンアワード受賞、「楽天テクノロジーカンファレンス2008」テクノロジーアワード銀賞受賞。

田中 慎司
Shinji Tanaka

㈱はてな執行役員（本書執筆時点）、情報学博士。現在、はてなのサービスを支える600台を超えるサーバから成るシステムのパフォーマンスからインフラまでを統括。共著作に『［24時間365日］サーバ/インフラを支える技術』（技術評論社）。他、監訳多数。

● カバー・本文デザイン
西岡 裕二

● レイアウト
逸見 育子（技術評論社）

● 本文図版
加藤 久（技術評論社）

WEB+DB PRESS plusシリーズ
[Web開発者のための]
大規模サービス技術入門
——データ構造、メモリ、OS、DB、サーバ/インフラ

2010年　8月　5日　初　版　第1刷発行
2025年10月15日　初　版　第7刷発行

著　者		伊藤 直也 田中 慎司
発行者		片岡 巌
発行所		株式会社技術評論社 東京都新宿区市谷左内町21-13 　電話　03-3513-6150　販売促進部 　　　　03-3513-6175　第5編集部
印刷／製本		TOPPANクロレ株式会社

定価はカバーに表示してあります。

本書の一部または全部を著作権法の定める範囲を超え、無断で複写、複製、転載、あるいはファイルに落とすことを禁じます。

ⓒ2010　伊藤 直也、田中 慎司

造本には細心の注意を払っておりますが、万一、乱丁（ページの乱れ）や落丁（ページの抜け）がございましたら、小社販売促進部までお送りください。送料小社負担にてお取り替えいたします。

ISBN 978-4-7741-4307-1 C3055
Printed in Japan

本書に関するご質問は記載内容についてのみとさせていただきます。本書の内容以外のご質問には一切応じられませんので、あらかじめご了承ください。
なお、お電話でのご質問は受け付けておりませんので、書面またはFAX、弊社Webサイトのお問い合わせフォームをご利用ください。

〒162-0846
東京都新宿区市谷左内町21-13
株式会社技術評論社
『大規模サービス技術入門』係
FAX 03-3513-6173
URL https://gihyo.jp/
　　（技術評論社Webサイト）

ご質問の際に記載いただいた個人情報は回答以外の目的に使用することはありません。使用後は速やかに個人情報を廃棄します。